"十四五"时期国家重点出版物出版专项规划项目
材料研究与应用丛书

有机化学

Organic Chemistry

韩光范　郭文录　主　编

哈尔滨工业大学出版社
HARBIN INSTITUTE OF TECHNOLOGY PRESS

内 容 简 介

本书是根据教育部有机化学教学大纲界定的范围编写的,内容包括:绪论,烷烃,烯烃和炔烃,脂环烃,芳香烃,对映异构,卤代烃,醇、酚、醚,醛和酮,羧酸及其衍生物,含氮化合物,杂环化合物,碳水化合物,氨基酸、蛋白质和核酸,有机波谱分析。

本书从加强基础课程的角度出发,对教学内容进行了精简和优化,力求做到少而精和简明扼要,注重基础知识和基本原理,将基本结构理论和化学性质结合起来,帮助学生更深入地理解和掌握有机化学的内容。

本书是高等学校生物类、材料类、环境类各专业基础课教材,也是科技工作者和其他相关专业人员的参考书和自学用书。

图书在版编目(CIP)数据

有机化学/韩光范,郭文录主编. —哈尔滨:哈尔滨工业
大学出版社,2005.12(2025.2 重印)
 ISBN 978 - 7 - 5603 - 2222 - 3

 Ⅰ.①有… Ⅱ.①韩…②郭… Ⅲ.①有机化学-高等
学校-教材 Ⅳ.①O62
 中国版本图书馆 CIP 数据核字(2005)第 102423 号

策划编辑　许雅莹　杨　桦
责任编辑　张秀华
封面设计　刘　乐
出版发行　哈尔滨工业大学出版社
社　　址　哈尔滨市南岗区复华四道街 10 号　邮编 150006
传　　真　0451－86414749
网　　址　http://hitpress.hit.edu.cn
印　　刷　哈尔滨起源印务有限公司
开　　本　787 mm×1 092 mm　1/16　印张 14.5　字数 332 千字
版　　次　2005 年 12 月第 1 版　2025 年 2 月第 7 次印刷
书　　号　ISBN 978 - 7 - 5603 - 2222 - 3
定　　价　48.00 元

(如因印装质量问题影响阅读,我社负责调换)

前　言

　　为了适应高等学校面向 21 世纪的教学内容和课程体系改革的需要,培养高素质的复合型人才,我们在多年教学改革和教学实践的基础上,编写了这本书。

　　本书根据教育部基础课程教学大纲的要求,结合目前各学校生源的具体情况,在内容的编写上,采用由浅入深、循序渐进的原则,使读者能够尽快地达到教学的基本要求。为了能够实现在较少的学时内完成教学大纲规定的教学内容,我们对本书的内容进行了精简和优化,突出强调基础知识和基本原理方面的阐述,将基本的结构理论和性质结合起来,使本书的内容更切合实际,更有利于学生对教学内容的深入理解和掌握。

　　本书由 15 章组成,主要内容包括:绪论,烷烃,烯烃和炔烃,脂环烃,芳香烃,对映异构,卤代烃,醇、酚、醚,醛和酮,羧酸及其衍生物,含氮化合物,杂环化合物,碳水化合物,氨基酸、蛋白质和核酸,有机波谱分析。本书是高等学校生物类、材料类、环境类各专业本科生的基础课教材,也是科技工作者及其相关专业人员的参考书和自学用书。和本书共同出版的还有《有机化学例题分析与习题解答》。

　　本书由韩光范和郭文录主编,其中,韩光范编写第 6、7、14 章,郭文录编写第 1、2、13 章,张洪杰编写第 3 章,盛建国编写第 4、5 章,高玉华编写第 8、9 章,林生岭编写第 10、15 章,陈传祥编写第 11、12 章,汪芳明为本书的出版作了大量的工作,全书由韩光范和郭文录统稿并定稿。

　　限于编者水平,书中难免有疏漏和不足之处,敬请读者批评指正。

编　者

2005 年 8 月

目　　录

第 1 章　绪论 ·· （1）

1.1　有机化合物和有机化学 ··· （1）

1.2　有机化合物中的共价键 ··· （3）

1.3　有机化学中的酸碱概念 ··· （6）

1.4　有机化合物的分类 ··· （7）

习题 ·· （9）

第 2 章　烷烃 ·· （10）

2.1　烷烃的通式、同系列和构造异构 ································· （10）

2.2　烷烃的命名 ·· （11）

2.3　烷烃的结构 ·· （14）

2.4　烷烃的性质 ·· （17）

习题 ·· （20）

第 3 章　烯烃和炔烃 ·· （22）

3.1　单烯烃 ··· （22）

3.2　炔烃 ··· （31）

3.3　二烯烃 ··· （34）

习题 ·· （38）

第 4 章　脂环烃 ·· （40）

4.1　脂环烃的分类和命名 ··· （40）

4.2　脂环烃的性质 ·· （42）

4.3　环烷烃的结构 ·· （43）

习题 ·· （48）

第 5 章　芳香烃 ·· （50）

5.1　苯分子的结构 ·· （51）

5.2　苯同系物的异构和命名 ··· （52）

5.3　苯及其同系物的性质 ··· （53）

5.4　苯环上亲电取代反应的定位规律 ································· （59）

5.5　稠环芳烃 ……………………………………………………………… (62)

5.6　重要化合物 …………………………………………………………… (66)

习题 …………………………………………………………………………… (67)

第6章　对映异构 …………………………………………………………… (69)

6.1　物质的旋光性 ………………………………………………………… (69)

6.2　手性分子和对映异构体 ……………………………………………… (70)

6.3　构型的表示方法和命名 ……………………………………………… (72)

6.4　含有两个手性碳原子的化合物 ……………………………………… (74)

6.5　不含手性碳原子化合物的对映异构 ………………………………… (75)

6.6　外消旋体的拆分 ……………………………………………………… (76)

习题 …………………………………………………………………………… (76)

第7章　卤代烃 ……………………………………………………………… (78)

7.1　卤代烃的分类和命名 ………………………………………………… (78)

7.2　卤代烷烃 ……………………………………………………………… (79)

7.3　卤代烯烃和卤代芳烃 ………………………………………………… (86)

7.4　重要的卤代烃 ………………………………………………………… (88)

习题 …………………………………………………………………………… (89)

第8章　醇、酚、醚 ………………………………………………………… (91)

8.1　醇 ……………………………………………………………………… (91)

8.2　酚 ……………………………………………………………………… (98)

8.3　醚 ……………………………………………………………………… (103)

习题 …………………………………………………………………………… (106)

第9章　醛和酮 ……………………………………………………………… (108)

9.1　醛、酮的分类和命名 ………………………………………………… (108)

9.2　醛、酮的物理性质 …………………………………………………… (109)

9.3　醛、酮的化学性质 …………………………………………………… (110)

9.4　重要的醛和酮 ………………………………………………………… (118)

习题 …………………………………………………………………………… (120)

第10章　羧酸及其衍生物 ………………………………………………… (123)

10.1　羧酸 ………………………………………………………………… (123)

10.2　羟基酸 ……………………………………………………………… (129)

10.3　羧酸衍生物 ………………………………………………………… (132)

习题 …………………………………………………………………………… (137)

第 11 章　含氮化合物 ··· （139）

　　11.1　硝基化合物 ··· （139）

　　11.2　胺 ··· （142）

　　11.3　重氮和偶氮化合物 ··· （150）

　　习题 ··· （154）

第 12 章　杂环化合物 ··· （156）

　　12.1　杂环化合物的分类和命名 ··· （156）

　　12.2　五元杂环化合物 ··· （158）

　　12.3　六元杂环化合物 ··· （162）

　　12.4　稠杂环化合物 ··· （165）

　　习题 ··· （167）

第 13 章　碳水化合物 ··· （169）

　　13.1　单糖 ··· （169）

　　13.2　二糖和多糖 ··· （176）

　　习题 ··· （178）

第 14 章　氨基酸、蛋白质和核酸 ··· （180）

　　14.1　氨基酸 ··· （180）

　　14.2　蛋白质 ··· （185）

　　14.3　核酸 ··· （191）

　　习题 ··· （197）

第 15 章　有机波谱分析 ··· （198）

　　15.1　电磁波谱的概念 ··· （198）

　　15.2　红外光谱 ··· （199）

　　15.3　紫外光谱 ··· （203）

　　15.4　核磁共振谱 ··· （207）

　　15.5　质谱 ··· （215）

　　习题 ··· （218）

参考文献 ··· （222）

第1章 绪 论

1.1 有机化合物和有机化学

1.1.1 有机化合物和有机化学

有机化学是化学的一个重要分支,早在 18 世纪后期,人们开始从动植物中获得了一系列较纯的有机化合物,如酒石酸、柠檬酸、乳酸和吗啡等。由于当时化学理论的不完善及合成技术的落后,使得许多化合物只能从生物体中分离得到,并被认为不能用人工方法合成。因而这些化合物被叫做有机化合物,而研究这些化合物的化学称为有机化学(Organic Chemistry)。以区别于主要研究矿物质的"无机化学"。当时化学家认为,从有"生命力"的动植物中才能制造出有机物,而在实验室里是不能用人工的方法合成出有机化合物的。这就是所谓的"生命力"论,它严重地阻碍了有机化学的发展。

到了 19 世纪,随着科学的发展,人们终于用无机物合成了一些有机物。例如,1828 年德国化学家魏勒(F.Wöhler)在实验室里蒸发氰酸铵水溶液时得到了典型的有机物尿素,即

$$KOCN + NH_4Cl \longrightarrow NH_4OCN + KCl$$

$$NH_4OCN \xrightarrow{\triangle} NH_2CONH_2$$

这是在实验室里第一次由无机化合物合成的有机化合物。这一成果极大地动摇了当时占统治地位的"生命力"学说。有机化合物和无机化合物之间并没有绝对分界,它们互相联系,可以在一定条件下相互转化。此后,乙酸等有机化合物相继由碳、氢等元素合成,"生命力"学说才逐渐被人们抛弃。有机化合物的人工合成研究得到了迅速的发展。

在不断地研究中,人们发现有机化合物分子中都含有碳元素。1848 年德国化学家凯库勒(A.KeKule)把有机化合物定义为含碳化合物。因此,有机化学被定义为研究碳化合物的化学。

有机化合物除了含有碳元素以外,一般还含有氢元素。所有的有机化合物都可以看做是碳氢化合物以及它们的衍生物。因而有机化学就是研究碳氢化合物及其衍生物的化学。到 19 世纪中叶,更多的有机物被人工合成出来,有机化学由实验性学科转变为实验与理论并重的学科,它的涵义也发生了深刻的变化。

有机化学真正成为一门独立的、系统的学科,是在有机化学结构理论建立以后,1856 年德国化学家凯库勒(A.Kekule)提出碳原子为四价和碳原子之间可以相互结合成键的概念,1865 年又提出苯的环状结构学说。19 世纪末 20 世纪初,德国化学家费歇尔(E.Fischer)

从蛋白质水解产物中分离出氨基酸等物质。1932 年德国物理化学家休克尔(E. Hückel)用量子化学方法研究芳香族化合物的结构。1933 年英国化学家英戈尔德(C. K. Ingold)用化学动力学方法研究饱和碳原子上的取代反应机理。这对有机化合物的结构和反应机理的研究起了重要作用。随着各种分析仪器的不断发展,有机化学发展迅速,不仅建立了完整的有机化学工业体系,如"三药一料"(医药、农药、炸药和染料),"三大合成"材料(塑料、合成橡胶和合成纤维)的工业化生产,还完成了一些生物碱、碳水化合物、抗菌素、有生物活性多肽和核糖核酸等一系列天然产物的全合成。20 世纪 60 年代完成了胰岛素的全合成;出现了分子轨道对称守恒原理和前线轨道理论。60 年代末开始了有机合成的计算机辅助设计研究;70 年代至 80 年代初,进行了前列腺素、维生素 B_{12} 的全合成等等。

我国是世界文明古国之一,酿酒、制醋及用中草药治病等有几千年的历史,为人类的进步做出了重大贡献。1965 年,我国科学家在世界上首次人工合成了具有生物活性的结晶——牛胰岛素。1983 年又合成了相对分子质量为 26 000 的具有完整生物活性的酵母丙氨酸转移核糖核酸,标志我国在有机化学和生物化学研究领域达到了世界领先水平。

有机化学与药学、医学、分子生物学、生物化学乃至材料学等关系密切。当前有机分子的设计、识别与组装、功能材料和不对称合成、资源化学、绿色合成、原子经济合成、金属有机化学、化学生物信息学等已成为研究的重点。有机化学不仅是化学专业的重要课程,而且也是生物学、药学、环境工程、材料学等专业的主要基础课程。因此,只有掌握有机化学的基本理论、基本知识和基本操作技能,才能更好地学好后续专业课程,为将来从事生产和科学技术研究打下良好的基础。

1.1.2　有机化合物的特点

有机化合物在组成、结构、性质及其应用上与无机化合物相比有以下不同的特点:

1. 有机化合物结构上的主要特点

数目庞大,结构复杂。现在世界上有机化合物的数量已超过 1 000 万种,而且这个数量还在与日俱增。有机化合物存在的数量与其结构的复杂性有密切的关系。有机化合物中都含有碳原子,碳原子之间的结合能力比其他元素的原子要强得多。碳原子之间可以互相结合成链状的、环状的、有分支的,各种各样的从简单到复杂的结构。而结构稍有不同,即使元素组成不变,也能成为另一种化合物。因此,有机化学中普遍存在着同分异构现象(分子式相同而结构式不同的化合物叫同分异构)。同分异构是造成有机化合物数目庞大的主要原因。

2. 有机化合物性质上的特点

(1)易燃、热稳定性差

大多数有机化合物易燃烧,热稳定性差。人们常利用这个性质初步区别无机化合物和有机化合物。

(2)熔点和沸点低

许多有机化合物常温是气体、液体或低熔点的固体。液体有机化合物挥发性较大,大多数有机化合物的熔点在 400℃ 以下。它们的熔点、沸点较低,是因为大多数有机化合物分子间只存在着微弱的范德华力。随着相对摩尔质量的增加,有机化合物的熔点、沸点逐渐升高。

(3)大多数有机化合物难溶于水,易溶于有机溶剂

一般有机化合物的极性很弱,或完全没有极性,因此,大多数有机化合物在水中的溶解度很小(或不溶于水),易溶于有机溶剂中,符合"相似相溶"的规律。

(4)反应速率慢、副反应多

有机化合物的化学反应速率一般较慢,有的需要几十小时或几十天才能完成,这是因为大多数有机化合物之间的反应要经历共价键断裂和新共价键形成的过程。因此,往往需要加热、光照或加入催化剂等措施来加快反应进行。另外,有机化学反应往往不是单一的,常伴随副反应发生。

1.2　有机化合物中的共价键

共价键是成键的两个原子通过共用电子对使两者结合在一起的力。共价就是电子对共用或共享。例如,乙烷、乙烯、乙炔分子中存在碳碳单键、双键、叁键。

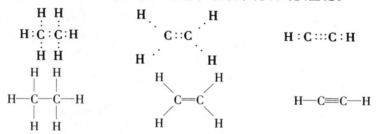

共价键是有机分子中最典型的化学键,原子之间以共价键相结合是有机化合物最基本的结构特征。目前解释共价键本质的理论有价键理论、分子轨道理论和杂化轨道理论等。本章只介绍价键理论,杂化轨道理论等在后面章节中介绍。

1.2.1　价键理论

原子间形成的共价键可以看作是成键原子轨道重叠或电子配对。当两个原子都有一个未成对电子,并且自旋方向相反,相互配对才能形成稳定的共价键。

$$H\uparrow \ + \ \downarrow H \longrightarrow H—H$$

在形成共价键后,它就不能和其他电子再配对,即共价键具有饱和性。

原子轨道重叠时,重叠的程度越大,形成的共价键越牢固。因此,原子轨道只能在一定方向上进行最大重叠,这就是共价键的方向性。例如,在 HCl 分子中,氢原子的 $1s$ 轨道与氯原子的 $3p_x$ 轨道有四种可能的重叠方式,如图 1.1 所示。

从图 1.1 可以看出,氯化氢分子采用(a)的重叠方式成键,可使 s 和 p_x 轨道的有效重叠最大,形成的共价键牢固。

根据原子轨道的重叠原则,原子轨道有两种不同的重叠方式,可形成不同的共价键,一类叫 σ 键,另一类叫 π 键。原子轨道沿两核连线方向以"头碰头"的方式进行重叠所形

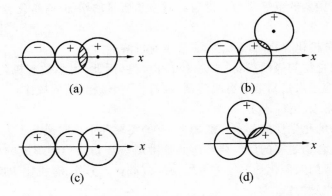

图 1.1 s 和 p_x 轨道(角度分布)可能的重叠方式示意图

成的化学键叫 σ 键,如图 1.2(a)。原子轨道沿两核连线方向以"肩并肩"的方式进行重叠所形成的化学键叫 π 键,如图 1.2(b)。一般来说,π 键没有 σ 键牢固,比较容易断裂。

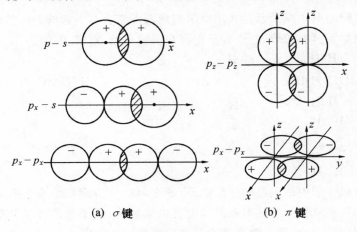

图 1.2 σ 键和 π 键(重叠方式)示意图

1.2.2 共价键的性质

1.键长

分子内成键两原子核之间的平均距离称为键长。键长可以用分子光谱或 X 射线衍射方法测得。常见的共价键的键长见表 1.1。

表 1.1 一些常见的共价键键长

共价键	键长/nm	共价键	键长/nm
C—H	0.109	C—F	0.141
O—H	0.097	C—Cl	0.177
N—H	0.103	C=C	0.134
C—N	0.147	C≡C	0.120
C—O	0.143	C=N	0.128
C—C	0.154	C≡N	0.116

相同原子之间,单键、双键、叁键的键长依次减小;同类型的共价键中,键长越短,键的强度越大,键就越牢固。不同的化合物中,同类型共价键的键长略有不同。

2. 键能

键能指气态原子 A 与 B 结合成气态 A－B 分子所放出的能量,或是气态的 A－B 分子解离成气态的 A 和 B 原子所吸收的能量(单位 $kJ \cdot mol^{-1}$)。对双原子分子来说,键能在数值上等于键解离能。对多原子分子来说,取解离能的平均值为该键的键能。例如,甲烷分子中 C—H 键的键能为甲烷分子解离为气态碳原子和气态四个氢原子所吸收能量的 1/4,$E_{C-H} = (435.1 + 443.5 + 443.5 + 338.9) \div 4 = 415.2 \ kJ \cdot mol^{-1}$。键能越大,键越稳定。

3. 键角

在分子中两个相邻共价键之间的夹角称为键角,例如

在表示分子的立体结构(分子中原子或基团在空间的分布)时,常使用立体透视式,其中实线"—"所连原子或基团在纸面上,楔形实线"▶"离开纸面指向读者,楔形虚线"ⅠⅢⅢⅢ"背向读者,中心原子在纸面上。

如果知道了某分子内全部化学键的键长和键角数据,分子的立体构型就确定了。可见,键角和键长是描述分子立体结构的两个要素。

4. 键的极性

当两个相同原子形成共价键,其电子云对称地分布在两个原子之间时,这种共价键没有极性,称为非极性共价键。当两个不同原子形成共价键时,由于两个原子的电负性不同,使电负性较大的原子带有部分负电荷,另一个电负性较小的原子带有部分正电荷,这种键称为极性键。一般说来,两个原子的电负性差别越大,键的极性越强。多原子分子的极性由分子中各共价键的极性和空间构型共同决定。

键的极性大小用偶极矩来表示,偶极矩数值上(μ)等于正、负电荷中心之间的距离(d)与正或负电荷量(q)的乘积:$\mu = q \cdot d$,单位为库仑·米($C \cdot m$),偶极矩是矢量。通常用"$+\!\!\!\!\rightarrow$"表示极性共价键的偶极方向,箭头指向带有负电荷的成键原子,有时也可以用 δ^+ 或 δ^- 表示原子带有部分正电荷或部分负电荷的情况。

$$H—H \qquad\qquad Cl—Cl \qquad\qquad \overset{\delta^+ \ \ \ \delta^-}{H—Cl}$$
$$\mu = 0 \qquad\qquad \mu = 0 \qquad\qquad \mu = 3.57 \times 10^{-30} \ C \cdot m$$

在分子中,偶极距为零的分子是非极性分子,反之为极性分子;偶极距越大,分子的极性越强。

1.2.3 共价键的断裂方式

在化学反应中,共价键有两种断裂方式,即均裂和异裂。

1．均裂

共价键断裂时两个原子之间的共用电子对均匀分裂,两个原子各保留一个电子,这种断裂方式称为均裂。均裂生成的两个具有单电子的原子或原子团叫做自由基。

$$A:B \longrightarrow A\cdot + B\cdot$$

通过均裂产生自由基而进行的反应叫自由基反应。均裂反应发生的条件是光照、辐射、加热或使用自由基引发剂。

2．异裂

共价键断裂时,两个原子之间的电子对完全转移到其中一个原子上,生成了正、负离子。这种断裂方式称为异裂。

$$A:B \longrightarrow A^+ + :B^-$$

通过异裂产生离子而进行的反应叫离子型反应。离子型反应多是在极性条件下发生的,有的还需使用离子型催化剂。

1.3　有机化学中的酸碱概念

1.3.1　酸碱质子理论

1923 年布朗斯特(J.N.Brönsted)提出了酸碱质子理论。酸碱质子理论认为:凡能给出质子的物质都是酸,酸给出质子后生成碱;凡能与质子结合的物质都是碱,碱结合质子后生成酸。

$$HCl + H_2O \rightleftharpoons H_3O^+ + Cl^- \tag{1}$$
$$\text{强酸}\qquad\text{强碱}\qquad\text{弱酸}\qquad\text{弱碱}$$

$$CH_3COOH + H_2O \rightleftharpoons H_3O^+ + CH_3COO^- \tag{2}$$
$$\text{弱酸}\qquad\text{弱碱}\qquad\text{强酸}\qquad\text{强碱}$$

从上面两个反应式看出,HCl 是强酸给出质子后,Cl^- 为弱碱,这个碱是原来酸 HCl 的共轭碱,而酸 HCl 是原来碱 Cl^- 的共轭酸。给出质子能力强的酸就是强酸,接受质子能力强的碱是强碱。HCl 是个强酸,水在此则是个强碱,它的碱性比 Cl^- 强得多。在式(1)中 H_3O^+ 作为一个酸,它给出质子的能力不强,在此它是个弱酸。由此可以看出,强酸的共轭碱必是弱碱(如 HCl 与 Cl^-),而强碱的共轭酸必是弱酸(如 H_2O 与 H_3O^+)。在式(2)中,弱酸 CH_3COOH 的共轭碱 CH_3COO^- 是个强碱。在这个反应中实际是 CH_3COO^- 和 H_2O 争夺质子。酸性越强,共轭碱的碱性必定越弱;酸性越弱,共轭碱的碱性必定越强。

1.3.2　酸碱电子理论

有些有机反应不体现质子的得失,而是呈现电子的转移。1923 年路易斯(G.N.Lewis)

提出了酸碱电子理论,根据路易斯的定义,凡是能接受电子对的物质称为酸;凡是能给予电子对的物质称为碱。酸是电子对的接受体;碱是电子对的给予体。

$$H^+ \quad + \quad :OH^- \longrightarrow H_2O$$
$$\text{路易斯酸} \quad \text{路易斯碱}$$

$$\overset{\displaystyle F}{\underset{\displaystyle F}{F:B}} \quad + \quad :NH_3 \longrightarrow F_3B-NH_3$$
$$\text{路易斯酸} \quad \text{路易斯碱}$$

H^+ 和 BF_3 是酸,因为它们缺少电子,需要一对电子以填满它们的价电子层。OH^-、$:NH_3$ 是碱,因为它们含有可以共享的电子对。一种物质呈酸性,它一定是缺少电子,具有接受电子对的能力,是亲电试剂。一种物质呈碱性,它一定至少具有一对未共用的电子对,具有给予电子对的能力,是亲核试剂。在亲电试剂参与的反应中,它进攻反应物分子的负电中心,得到电子而形成一个新的共价键;在亲核试剂参与的反应中,它进攻反应物分子的正电中心,给予电子而形成一个新的共价键。大多数有机反应都可以看成是路易斯酸碱反应。

1.4 有机化合物的分类

有机化合物的分类方法一般有两种:一种是按分子中碳原子的连接方式(碳的骨架)分类,另一种是按分子中含有的官能团分类。

1.4.1 按碳骨架分类

①开链化合物。分子中碳原子相互连接成长短不等的碳链为开链化合物。

$$CH_3-CH_2-CH_2-CH_3 \qquad CH_3-\underset{\underset{\displaystyle CH_3}{|}}{CH}-CH_3 \qquad CH_3-CH=CH-CH_3$$

丁烷	2-甲基丙烷	2-丁烯
butane	2-methyl propane	2-butene

②脂环(族)化合物。分子中碳原子相互连接形成大小不等的环状结构。

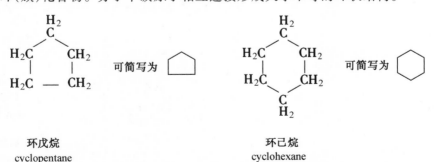

环戊烷		环己烷
cyclopentane		cyclohexane

③芳香族化合物。分子中含有苯环结构的化合物,它们的性质与脂肪化合物有很大

差别。

苯
benzene

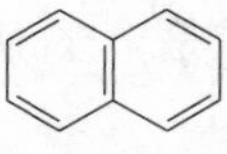

萘
naphthalene

④杂环化合物。分子中含有碳原子和其他杂原子(N、O、S 等)所组成的环。

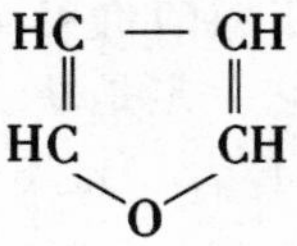

呋喃
furan

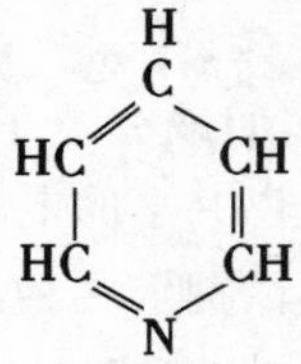

可简写为

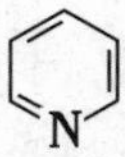

吡啶
pyridine

可简写为

1.4.2　按官能团分类

按分子中含有相同的、容易发生某些特征反应的原子(如卤素原子)、原子团[如—OH (羟基)、—COOH(羧基)]或某些特征化学键结构[如(双键 $\diagdown C = C \diagup$)、(叁键 —C≡C—)]等来进行分类。由于这些容易发生反应的原子、基团体现了分子中这一部分原子、原子团或特征结构的存在,也决定着化合物的一些主要性质,因此,又把它们叫做官能团。含有相同官能团的有机化合物都具有类似的性质,所以按官能团分类就为研究数目庞大的有机化合物提供了更为方便、系统的方法。常见的官能团及其化合物列于表 1.2 中。

表 1.2　一些重要官能团的结构和名称

官能团	名称	官能团	名称
$\diagdown C = C \diagup$	双键	$-X(-F、-Cl、-Br、-I)$	卤原子（卤基）
$-C\equiv C-$	叁键	$-SH$	巯基
$-OH$	羟基	$-NH_2$	伯胺基 ⎫
$\diagdown C = O$	羰基	$(R)-NH-(R)$	仲胺基 ⎬ 氨基
$\overset{H}{\diagdown} C = O$	醛基	$\overset{R}{\underset{R}{R-N}}$	叔胺基 ⎭
$\overset{(R)}{\underset{(R)}{\diagdown}} C = O$	酮基	$-CN$ $-NO_2$ $-SO_3H$	氰基 硝基 磺酸基
$\overset{O}{\underset{\parallel}{}}$ $-C-OH$	羧基	$(R)-O-(R)$	醚基

习　题

1. 有机化合物的特点是什么？

2. 将下列共价键按极性大小排列。

   H—N，H—O，H—F，H—B，H—C

3. 已知 CO_2 的偶极距为零，请推测 CO_2 分子的立体构型。

4. 预测下列各对化合物中，哪个是较强的酸？

   (1) CH_3OH 和 CH_3NH_2 (2) CH_3OH 和 CH_3SH

   (3) H_3O^+ 和 NH_4^+ (4) NH_4^+ 和 NH_3

5. 写出下列碱的共轭酸。

   (1) CH_3OH (2) $C_2H_5O^-$ (3) CH_3SH

6. 写出下列化合物官能团的名称，并指出这些化合物各属于哪一类。

   (1) $(CH_3)_3CCl$ (2) $CH_3CH_2OCH_3$ (3) $CH_3CH{=\!=}CHCH_3$

   (4) 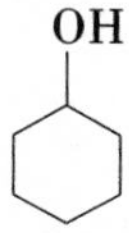   (5)

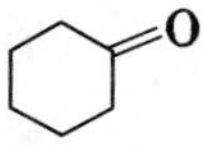

第2章 烷 烃

分子中只含碳和氢两种元素组成的有机化合物叫碳氢化合物,简称烃(hydrocarbon)。烃是有机化合物的母体,其他有机物可以看作是烃的衍生物。烃的种类很多,可以分为以下几类:

$$
烃
\begin{cases}
开链烃
\begin{cases}
饱和烃——烷烃 \\
不饱和烃
\begin{cases}
烯烃 \\
炔烃
\end{cases}
\end{cases} \\
环状烃
\begin{cases}
脂环烃
\begin{cases}
环烷烃 \\
环烯烃
\end{cases} \\
芳香烃
\end{cases}
\end{cases}
$$

开链烃又叫脂肪烃。饱和开链烃分子中碳原子之间都以单键相连,碳的其余价键完全被氢原子所饱和,这种烃称为烷烃(alkane)。由于石蜡是烷烃的混合物,所以烷烃又称为石蜡烃。石油和天然气是烷烃的主要来源。

2.1 烷烃的通式、同系列和构造异构

2.1.1 烷烃的通式和同系列

甲烷是最简单的烷烃,分子式是 CH_4。其它是 C_2H_6、C_3H_8、C_4H_{10} 等。从甲烷开始,每增加一个碳原子就相应地增加两个氢原子,因此,烷烃的通式可用 C_nH_{2n+2} 来表示。其中 n 为碳原子数目。凡是符合同一通式,具有类似结构和性质、组成上相差一个或多个 CH_2 的一系列化合物称为同系列。同系列中各个化合物互称同系物(homologue)。相邻的两个同系物在组成上的差 CH_2 称为系差。

2.1.2 构造异构

在有机化合物中,分子式相同而分子结构不同的化合物称为同分异构体(isomer)。在同分异构体中,如果它们结构的不同是由于分子中各原子的不同连接方式或次序而引起的,叫做构造异构体(constitutional isomer)。甲烷、乙烷、丙烷没有异构体,丁烷有两种异构体,一种是碳原子的连接方式是直链叫正丁烷,沸点为 $-0.5℃$;另一种是带支链的叫异丁烷,沸点为 $-11.7℃$。

$$CH_3CH_2CH_2CH_3 \qquad\qquad CH_3—CH—CH_3$$
$$\underset{}{} \qquad\qquad\qquad\qquad\qquad |$$
$$\qquad\qquad\qquad\qquad\qquad\qquad CH_3$$

正丁烷   异丁烷

显然,烷烃分子含碳数目越多,连接方式就越多。因此,随着碳原子数目的增加,异构体的数目也增加得很快。一个分子式究竟有多少种异构体,通常采用下面的步骤写出。

①先写出烷烃的最长直链式,如含有 6 个碳原子的己烷 C_6H_{14} 的最长直链式为:

$$CH_3—CH_2—CH_2—CH_2—CH_2—CH_3$$

②写出少一个碳原子的直链式,把剩余的一个碳原子当做一个支链(甲基)连在主链上,并依次变动支链的位置。例如,少一个碳原子的直链用甲基接上去的可能性有两种:

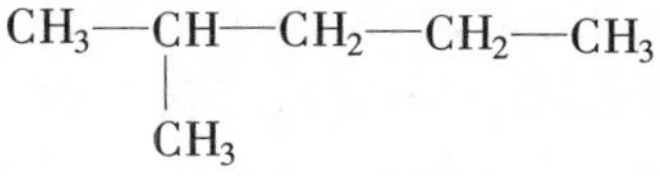

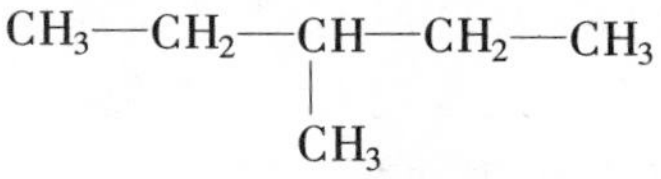

$$CH_3—CH—CH_2—CH_2—CH_3 \qquad CH_3—CH_2—CH—CH_2—CH_3$$
$$\ \ \ \ \ \ \ \ \ \ \ | \qquad\qquad\qquad\qquad\qquad\qquad\qquad | $$
$$\ \ \ \ \ \ \ \ \ \ CH_3 \qquad\qquad\qquad\qquad\qquad\qquad\ CH_3$$

③再写出少两个碳原子的直链式,把剩余的两个碳原子作为取代基(两个甲基或一个乙基)连在不同的碳或同一个碳上:

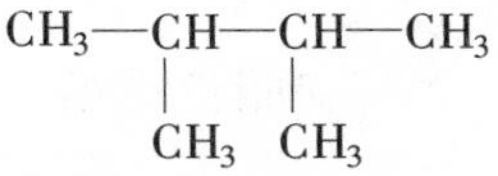

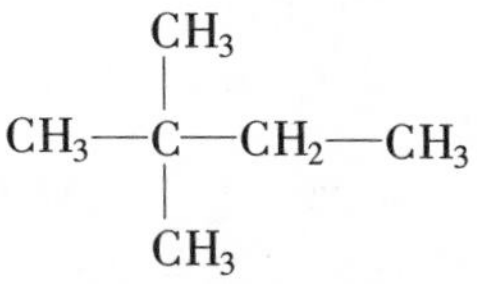

$$CH_3—CH—CH—CH_3 \qquad\qquad CH_3—C—CH_2—CH_3$$

通过上面的讨论可知,己烷的构造异构有 5 种。

2.1.3 碳原子和氢原子的类型

烷烃分子中的碳原子按照它们所连碳原子数目的不同,可分为四类:只与一个碳原子直接相连的碳原子称为伯碳原子(或一级碳原子,记作 1°);与两个碳原子直接相连的碳原子称为仲碳原子(或二级碳原子,记作 2°);与三个碳原子直接相连的碳原子称为叔碳原子(或三级碳原子,记作 3°);与四个碳原子直接相连的碳原子称为季碳原子(或四级碳原子,记作 4°)。

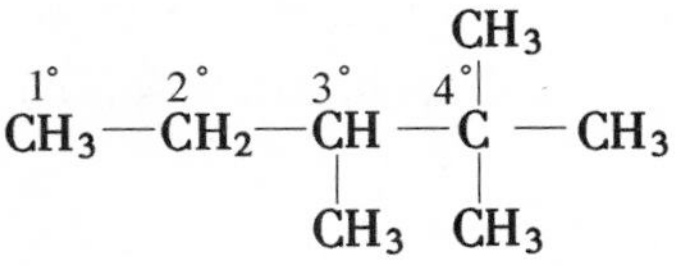

$$\overset{1°}{CH_3}—\overset{2°}{CH_2}—\overset{3°}{CH}—\overset{4°}{C}—CH_3$$

与伯、仲、叔碳原子相连的氢原子分别称为伯、仲、叔氢原子(或一级、二级、三级氢原子)。

2.2 烷烃的命名

2.2.1 烃基的概念

烃分子中去掉一个氢原子后余下的原子团称为烃基。常用 R – 表示。如果去掉不同的氢原子,则形成异构的烃基。

$$CH_3—$$
甲基
methyl

$$CH_3CH_2—$$
乙基
ethyl

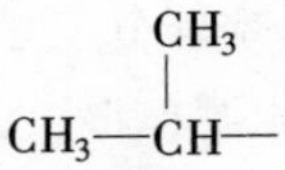

$$CH_3CH_2CH_2—$$
丙基
propyl

$$\overset{\displaystyle CH_3}{\underset{\displaystyle CH_3—CH—}{|}}$$
异丙基
iso-propyl

2.2.2 普通命名法

普通命名法简便,适用于比较简单的烷烃,命名原则有两条:

①直链的烷烃根据分子中含碳原子的数目称为正某烷,碳原子数目在 10 以内的烷烃,用天干字甲、乙、丙、丁、戊、己、庚、辛、壬、癸表示;分子中碳原子数目在 10 以上的用十一、十二、十三等中文数字表示。

$$CH_3—(CH_2)_2—CH_3$$
丁烷
butane

$$CH_3—(CH_2)_{10}—CH_3$$
十二烷
dodecane

②支链烷烃用"异、新"等字区别不同的异构体。"异"字指链端第二个碳原子连有一个甲基支链的烷烃;"新"字指链端第二个碳原子上连有两个甲基支链的烷烃。

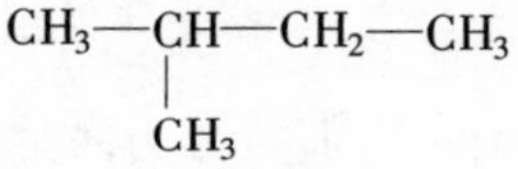

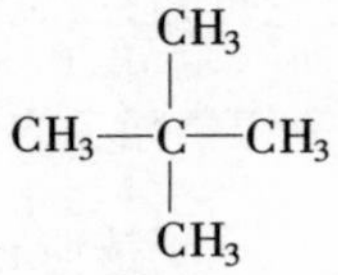

$$\underset{\displaystyle CH_3}{\overset{\displaystyle CH_3—CH—CH_2—CH_3}{|}}$$
异戊烷
iso-pentane

$$\overset{\displaystyle CH_3}{\underset{\displaystyle CH_3}{CH_3—\overset{|}{\underset{|}{C}}—CH_3}}$$
新戊烷
n-pentane

2.2.3 系统命名法

对于结构比较复杂的烷烃,采用系统命名法。系统命名法是采用国际纯粹与应用化学联合会(International Union of Pure and Applied Chemistry)于 1979 年公布的命名原则,结合我国的文字特点而制订的。

1.直链烷烃

按普通命名法命名。

$$CH_3(CH_2)_4CH_3$$
己烷
hexane

$$CH_3(CH_2)_{11}CH_3$$
十三烷
tridecane

2.支链烷烃

①在分子中选择一个最长的碳链为主链,根据主链所含的碳原子数而称为某烷。支链作为取代基,命名时将烷基写在母体名称的前面,称为某基某烷。

②从靠近取代基近的一端开始用 1,2,3 依次给主链上的碳原子编号,使取代基的位

次最小,把取代基的位置(用阿拉伯数字表示)和名称写在母体名称的前面,二者之间加一对开线。

$$\overset{6}{CH_3}-\overset{5}{CH_2}-\overset{4}{CH_2}-\overset{3}{CH_2}-\overset{2}{CH}-\overset{1}{CH_3}$$
$$\underset{CH_3}{|}$$

2 - 甲基己烷

2-methyl hexane

③如果含有不同的取代基时,命名时按次序规则,较优基团后列出。

$$CH_3-CH_2-CH-CH_2-CH-CH_3$$
$$\quad\quad\quad\underset{CH_2}{|}\quad\quad\quad\underset{CH_3}{|}$$
$$\quad\quad\quad\underset{CH_3}{|}$$

2 - 甲基 - 4 - 乙基己烷

4-ethyl-2-methyl hexane

④如果含有几个相同的取代基则将它们合并,可用二、三、四……表示其数目,要逐个标明这些取代基所在碳的位次,位次号之间用逗号分开。

$$\quad\quad\quad\quad\underset{}{\overset{CH_3}{|}}$$
$$CH_3-CH-C-CH_2-CH_2-CH_3$$
$$\quad\quad\underset{CH_3}{|}\;\underset{CH_3}{|}$$

2,3,3 - 三甲基己烷

2,3,3-trimethyl hexane

⑤如有等长的碳链均可作为主链时,应选择连有取代基最多的碳链为主链。

$$\overset{1}{CH_3}-\overset{2}{CH}-\overset{3}{CH}-\overset{4}{CH}-CH_2-CH_2-CH_3$$
$$\quad\quad\underset{CH_3}{|}\;\underset{CH_3}{|}\;\underset{\overset{5}{CH}-CH_3}{|}$$
$$\quad\quad\quad\quad\quad\quad\underset{\overset{6}{CH_2}-CH_3}{|}$$
$$\quad\quad\quad\quad\quad\quad\quad\quad 7$$

2,3,5 - 三甲基 - 4 - 丙基庚烷

2,3,5-trimethyl-4-propyl heptane

⑥如果复杂支链上还有取代基,则这个支链的名称可放在括号中或用带撇的数字把支链中碳原子编号,使用括号时,数字不用带撇,使用带撇符号时,则不使用括号。

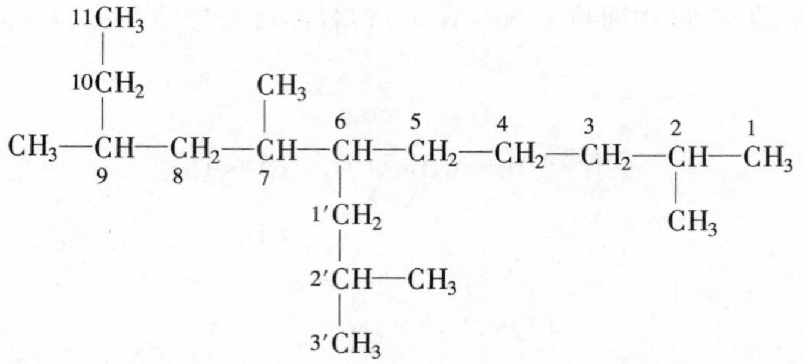

$$\begin{array}{c}
^{11}\text{CH}_3 \\
|\\
^{10}\text{CH}_2 \quad\quad\quad \text{CH}_3 \\
|\quad\quad\quad\quad\quad |\\
\text{CH}_3-\underset{9}{\text{CH}}-\underset{8}{\text{CH}_2}-\underset{7}{\text{CH}}-\underset{6}{\text{CH}}-\underset{5}{\text{CH}_2}-\underset{4}{\text{CH}_2}-\underset{3}{\text{CH}_2}-\underset{2}{\text{CH}}-\underset{1}{\text{CH}_3}\\
|\quad\quad\quad |\\
^{1'}\text{CH}_2 \quad\quad \text{CH}_3\\
|\\
^{2'}\text{CH}-\text{CH}_3\\
|\\
^{3'}\text{CH}_3
\end{array}$$

2,7,9 – 三甲基 – 6 – (2 – 甲基丙基)十一烷 或 2,7,9 – 三甲基 – 6 – 2′ – 甲基丙基十一烷

2,7,9-trimethyl-6-(2-methyl propyl)undecane 或 2,7,9-trimethyl-6-2′-methyl propyl undecane

2.3　烷烃的结构

2.3.1　甲烷的结构和 sp^3 杂化轨道

用近代物理方法测得,甲烷分子为正四面体结构。碳原子居于正四面体的中心,和碳原子相连的四个氢原子居于正四面体的四个顶点,如图 2.1(a)所示,四个 C—H 键的键长均为 0.110 nm,H—C—H 键角均为 109°28′。

碳原子在基态的核外电子排布是 $1s^2 2s^2 2p_x^1 2p_y^1$。有两个未成对的电子,按电子配对理论只能形成两个共价键,键角应为 90°。实际上,碳原子在有机化合物中几乎都是 4 价,为了解决上述矛盾,1931 年鲍林(L. Pauling)提出了杂化轨道理论。按杂化轨道理论,碳原子在形成甲烷分子时,先从碳原子的 $2s$ 轨道上激发一个电子到空的 $2p_z$ 轨道上去,这样就具有了四个各占据一个轨道的未成对的价电子,即形成 $1s^2 2s^1 2p_x^1 2p_y^1 2p_z^1$ 的电子层结构(激发过程中,所需要的能量约 402 kJ·mol^{-1} 可被成键后释放出的能量所补偿)。然后碳原子的一个 $2s$ 轨道和三个 $2p$ 轨道"杂化",形成四个新等能量的 sp^3 杂化轨道,每一个 sp^3 杂化轨道含有 $\frac{1}{4}s$ 成分和 $\frac{3}{4}p$ 成分,如下所示。

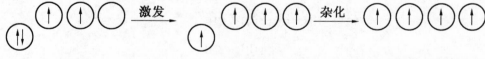

基态　　　　　　　　　**激发态**　　　　　**杂化态（ sp^3 杂化）**

sp^3 杂化轨道的形状具有一头大一头小的两端。杂化轨道大的一端用于成键,因此杂化轨道成键时可实现最大程度的重叠,以形成更强的共价键,如图 2.1(b)、(c)所示。

四个 sp^3 杂化轨道对称地分布在碳原子的周围,它的对称轴之间的夹角是 109°28′,这样的分布可以使四个轨道彼此在空间的距离最远,电子之间的相互斥力最小,体系最稳定。

当四个氢原子分别沿着 sp^3 杂化轨道对称轴方向接近碳原子时,氢原子的 $1s$ 轨道可以同碳原子的 sp^3 杂化轨道进行最大程度的重叠,形成四个等同的 C—H 键,如图 2.1(c)所示。每个 H—C—H 键角应是 109°28′,因此,甲烷分子具有正四面体的空间结构。这与实验测得的结果相符。

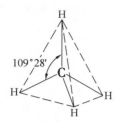

(a)正四面体形结构的
　　CH₄分子

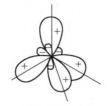

(b)四个sp^3杂化轨道
角度分面图

(c)碳原子的四个sp^3杂化轨道分别与
四个H原子的s轨道重叠

图 2.1　CH_4分子的空间构型和sp^3杂化轨道及成键示意图

2.3.2　其他烷烃的结构

乙烷分子中的碳原子同甲烷一样也是sp^3杂化的。两个碳原子各以一个sp^3杂化轨道重叠形成 C—C σ 键,两个碳原子又各以三个sp^3杂化轨道分别与氢原子的$1s$轨道重叠形成 C—H 键。乙烷中六个 C—H σ 键都是等同的,如图 2.2 所示。从图 2.2 乙烷分子形成的示意图中可以看出(C—H 或 C—C 键中),成键轨道是沿着它们的轴向重叠的,只有这样才能达到最大程度的重叠。

根据物理方法测定,多于两个碳原子烷烃的碳链不是排布在一条直线上,可以形成多种曲折形式。为了方便,在书写构造式时,常写成直链简式或折线式,如戊烷可写成

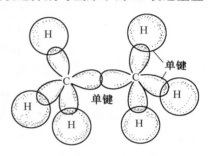

图 2.2　乙烷分子形成的示意图

$$CH_3CH_2CH_2CH_2CH_3 \quad \text{或} \quad \wedge\wedge$$

2.3.3　乙烷的构象

在乙烷分子中,保持一个甲基不动,另一个甲基沿着 C—C 单键旋转,这时两个碳原子上氢原子的空间相对位置在不断变化。这就形成了许多不同的空间排列方式。这种由于原子或原子团绕单键旋转而产生的分子中,各原子或原子团不同的空间排布称为构象(conformation)。乙烷的构象可以有无数种。当两个碳原子上的氢原子彼此相距最近时形成的构象称为重叠式构象;当两个碳原子上的氢原子彼此相距最远时,形成一个交叉式构象。重叠式构象或交叉式构象是乙烷的两个典型构象。如图 2.3 所示乙烷的球棒模型。各种构象也可用透视式、纽曼投影式表示,例如,乙烷的重叠式构象和交叉式构象如图 2.4所示。

透视式表示从斜侧面看到的乙烷分子模型的形象。在透视式中,虽然各键都可以看到,但各氢原子间的相对位置不能很好地表达出来。因此纽曼(Newman)提出了以投影方法观察和表示乙烷立体结构的方法,叫做纽曼投影法。按照这个方法,要从碳碳单键的延长线上观察化合物分子,投影时以圆圈表示碳碳单键上的碳原子。由于前后两个碳原子重叠,纸面上只能画出一个圆圈。前面碳上的三个碳氢键可以从圆心出发,彼此以 120°夹

角向外伸展的三根线代表。后面碳上的三个碳氢键,从圆周出发彼此以120°夹角向外伸展的三根线来代表。乙烷分子的纽曼投影式如图2.5所示。

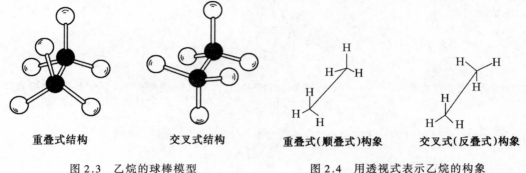

重叠式结构　　　　交叉式结构　　　　重叠式(顺叠式)构象　　　交叉式(反叠式)构象

图2.3　乙烷的球棒模型　　　　　　　图2.4　用透视式表示乙烷的构象

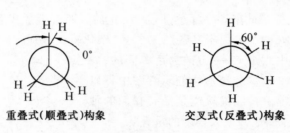

重叠式(顺叠式)构象　　　　　　交叉式(反叠式)构象

图2.5　乙烷分子的纽曼投影式图

纽曼投影式是把两个碳原子按 σ 键轴向进行投影,当旋转角为0°、120°、240°、360°时,形成重叠式构象,旋转角为60°、180°、300°时,形成交叉构象,在重叠式构象中,两个碳上的C—H键是重叠相对,而C—H σ键的电子因相距最近而相互排斥,产生的扭转张力最大,该构象内能较大,不稳定,可自动转变为交叉式构象。在交叉式构象中,扭转张力最小,内能最低,稳定性最好。这两种构象的能量差为

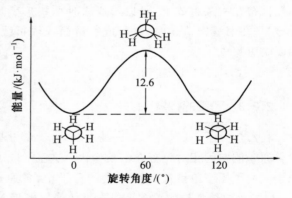

图2.6　乙烷不同构象时的能量曲线

$12.6\ \text{kJ}\cdot\text{mol}^{-1}$,此为能垒。乙烷分子在室温下因热运动互相碰撞而产生的能量就是以克服 $12.6\ \text{kJ}\cdot\text{mol}^{-1}$ 的能垒。所以,乙烷是各种构象不断变化的动态平衡体。一般情况下,乙烷构象是指它的交叉式和重叠式两种典型的构象。图2.6为乙烷不同构象时的能量曲线。

2.3.4　正丁烷的构象

正丁烷含有4个碳原子,构象比乙烷更复杂,当沿着 C_2 和 C_3 之间单键的键轴旋转时可以形成四种典型的构象,如图2.7所示。

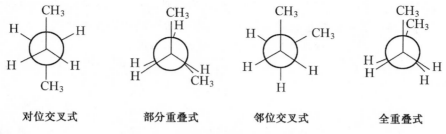

| 对位交叉式 | 部分重叠式 | 邻位交叉式 | 全重叠式 |

图 2.7　丁烷四种构象的纽曼投影式

从图 2.8 看出,四种构象的稳定性次序为:对位交叉式 > 邻位交叉式 > 部分重叠式 > 全重叠式。四种构象中最稳定的是对位交叉式。

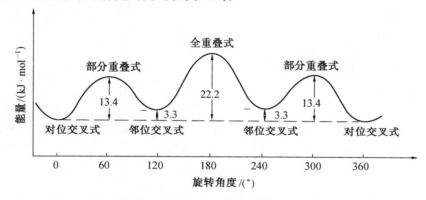

图 2.8　正丁烷分子不同构象的能量曲线

2.4　烷烃的性质

2.4.1　物理性质

有机化合物的物理性质通常是指它们的聚集状态,沸点、熔点、溶解度、折光率及波谱性质等。纯物质的物理性质在一定条件下都有固定的数值,常把这些数值称为物理常数。通过测定物理常数可以鉴定物质的纯度。

物质的状态,烷烃在常温和常压下,一个碳到四个碳的烷烃为气体,五个碳到十六个碳的烷烃是液体,十七个碳以上是固体。

沸点(bp),直链烷烃的沸点随相对分子质量的增加,色散力增大,沸点升高。高级同系物沸点上升的幅度逐渐缩小,在同分异构体中,有支链烷烃的沸点较低。

熔点(mp),烷烃的熔点也随碳原子数的增加呈现不规则的上升。具有偶数碳原子的直链烷烃其对称性较好,在固体中有较高的晶格能,熔点比含奇数碳原子烷烃的熔点升高较多。在有支链的烷烃中,当相对分子质量相同时对称性好的熔点较高。

密度(d_4^{20}),烷烃的密度小于1,随着相对分子质量的增大而升高,最后接近于 0.79。

溶解度,烷烃是非极性化合物,不溶于水易溶于有机溶剂,符合"相似相溶"规律。

折光率(n_0^{20}),在一定温度下,一定波长的光透过纯物质时所测得的折光率是不变的。在烷烃的同系列中随碳链增长折光率增大。一些直链烷烃的物理常数见表 2.1。

表 2.1　一些正烷烃的物理性质

状态	名称	沸点/℃	熔点/℃	密度(d_4^{20})	折光率(n_0^{20})
气体	甲烷	−161.7	−182.6	0.424	—
	乙烷	−88.6	−182.0	0.546	—
	丁烷	−0.5	−138.0	0.579	1.3562(−15℃)
液体	戊烷	36.1	−129.7	0.6263	1.3577
	己烷	68.7	−95.3	0.6594	1.3750
	庚烷	98.4	−90.5	0.6837	1.3877
	辛烷	125.6	−56.8	0.7028	1.3976
	壬烷	150.7	−53.7	0.7179	1.4056
	癸烷	174.0	−29.7	0.7298	1.4102
	十一烷	195.8	−25.6	0.7402	1.4172
	十六烷	287.1	18.1	0.7733	1.4345
固体	十七烷	303.0	22.0	0.7780	1.4369
	二十烷	324.7	36.4	0.7797	1.430 7(50℃)

2.4.2　化学性质

烷烃是一类不活泼的有机化合物,在室温下烷烃与强酸、强碱、强氧化剂等都不起作用。由于烷烃有很好的稳定性,石油醚(含五个碳和六个碳的烷烃)、汽油、煤油等都可以为溶剂,凡士林(含十八个碳到三十四个碳的烷烃)可作为润滑剂。但在高温、高压、光照或催化剂的影响下,烷烃也能发生一些化学反应。

1.氧化反应

烷烃在空气中燃烧,生成 CO_2 和 H_2O,放出大量热。

$$C_nH_{2n+2} + (\frac{3n+1}{2})O_2 \xrightarrow{燃烧} nCO_2 + (n+1)H_2O \qquad \Delta H^{\ominus} < 0$$

$$C_{10}H_{22} + 15\frac{1}{2}O_2 \xrightarrow{燃烧} 10CO_2 + 11H_2O \qquad \Delta H^{\ominus} = -6\ 778\ kJ \cdot mol^{-1}$$

甲烷和氧气按下面反应式中的比例反应时,遇火花即爆炸而且极为剧烈。这个反应就是矿井瓦斯爆炸的原因。

$$CH_4 + 2O_2 \longrightarrow CO_2 + 2H_2O \qquad \Delta H^{\ominus} = -889.8\ kJ \cdot mol^{-1}$$

在同碳数烷烃的异构体中,直链烷烃的燃烧热最大,支链越多,燃烧热越小。烷烃如果控制在适当的条件下可以发生部分氧化,得到醇、醛、酮和羧酸。

$$CH_3CH_2CH_3 + O_2 \xrightarrow[\triangle]{MnO_2} HCOOH + CH_3COOH + CH_3\overset{\overset{\displaystyle O}{\|}}{C}CH_3$$

甲酸　　　　乙酸　　　　丙酮

将石蜡(含二十个碳到三十个碳的烷烃)氧化得到高级脂肪酸。

$$RCH_3—CH_2R' + O_2 \xrightarrow[110～120℃]{MnO_2} RCOOH + R'COOH$$

其中十个碳到二十个碳的脂肪酸可代替天然油脂用来制肥皂。

2. 裂化反应

烷烃隔绝空气加热到高温,分子中 C—C 键和 C—H 键发生断裂,生成相对分子质量较小的烷烃、烯烃等,这种反应叫裂化反应(pyrolysis)。裂化反应在石油化工生产中非常重要。

$$CH_3CH_2CH_2CH_3 \xrightarrow[500℃]{裂化} \begin{cases} CH_4 + CH_2=CHCH_3 \\ CH_3CH_3 + CH_2=CH_2 \\ CH_2=CHCH_2CH_3 + H_2 \end{cases}$$

3. 烷烃的卤代反应

甲烷是很稳定的烷烃,在强烈日光照射下,甲烷与氯气发生反应,生成氯代甲烷和氯化氢。

$$CH_4 + Cl_2 \xrightarrow{光照} CH_3Cl + HCl$$

在光的照射下或加热到 350～400℃ 进行氯代反应,生成各种氯代甲烷的混合物。

$$CH_4 + Cl_2 \xrightarrow{光照} CH_3Cl + HCl$$

$$CH_3Cl + Cl_2 \xrightarrow{光照} CH_2Cl_2 + HCl$$

$$CH_2Cl_2 + Cl_2 \xrightarrow{光照} CHCl_3 + HCl$$

$$CHCl_3 + Cl_2 \xrightarrow{光照} CCl_4 + HCl$$

甲烷卤代反应的历程:

在甲烷的氯代反应中,首先是氯分子在光照或加热条件下吸收能量,氯分子裂解生成两个各带一个电子的氯原子(称氯自由基)。

(1)链的引发

$$Cl—Cl \xrightarrow{光照} 2Cl·$$

凡具有未成对电子的原子或基团称为自由基(或游离基)。书写时,一般在原子或基团符号旁加上一个点"·",以表示未成对电子的存在。氯自由基非常活泼,可以夺得甲烷中的氢原子生成氯化氢和甲基自由基。

(2)链的增长

$$Cl· + H—CH_3 \longrightarrow HCl + ·CH_3$$

甲基自由基也是非常活泼的,当它与氯分子中的氯结合时,生成了氯甲烷和新的另一个氯自由基。

$$Cl—Cl \ + \ ·CH_3 \ \longrightarrow \ Cl· \ + \ Cl—CH_3$$

新的氯自由基可以夺取新产生的一氯甲烷分子中的氢原子,生成 HCl 和一氯甲基自由基,一氯甲基自由基再与 Cl_2 作用生成二氯甲烷及氯自由基,如此循环可以得到三氯甲烷及四氯化碳。

$$Cl· \ + \ CH_3Cl \ \longrightarrow \ ·CH_2Cl \ + \ HCl$$
$$Cl_2 \ + \ ·CH_2Cl \ \longrightarrow \ CH_2Cl_2 \ + \ Cl·$$
$$Cl· \ + \ CH_2Cl_2 \ \longrightarrow \ ·CHCl_2 \ + \ HCl$$
$$Cl_2 \ + \ ·CHCl_2 \ \longrightarrow \ CHCl_3 \ + \ Cl·$$
$$Cl· \ + \ CHCl_3 \ \longrightarrow \ ·CCl_3 \ + \ HCl$$
$$Cl_2 \ + \ ·CCl_3 \ \longrightarrow \ CCl_4 \ + \ Cl·$$

(3)链的终止

自由基之间的彼此结合,反应就会逐渐停止,如

$$Cl· \ + \ Cl· \ \longrightarrow \ Cl_2$$
$$Cl· \ + \ ·CH_3 \ \longrightarrow \ CH_3—Cl$$
$$CH_3· \ + \ CH_3· \ \longrightarrow \ CH_3—CH_3$$

自由基反应一般是高温、光照、辐射或自由基引发剂(如过氧化物)所引起,通常在气相或非极性溶剂中进行。

习 题

1.写出 C_7H_{16} 所有同分异构体的构造式,并用系统命名法命名。

2.用系统命名法命名下列化合物。

(1)

$$
\begin{array}{c}
\qquad\qquad CH_3 \\
H_3C—CH—CH_2—C—CH_2—CH_3 \\
\ \ \ |\qquad\qquad\quad | \\
\ \ CH_3\qquad\quad H_2C—CH_3
\end{array}
$$

(2)

$$
\begin{array}{c}
H_3C—CH_2 \\
\quad\ HC—CH_3 \\
H_3C—CH_2
\end{array}
$$

(3) $CH_3CH_2CHCH(CH_3)_2$
$\qquad\quad |$
$\qquad\ CH(CH_3)_2$

(4) $(CH_3)_2CH—C(CH_3)_3$

3.写出下列化合物的构造式。

(1)2,2,3,3 – 四甲基戊烷   (2)2,3 – 二甲基庚烷

(3)2,4 – 二甲基 – 4 – 乙基庚烷   (4)3,3 – 二乙基戊烷

4.用不同符号标出下列化合物中伯、仲、叔、季碳原子。

(1)

$$
\begin{array}{c}
\qquad\qquad CH_3\ CH_3 \\
CH_3—CH—CH_2—C—C—CH_2CH_3 \\
\quad\ \ |\qquad\qquad |\ \ | \\
\ CH_2—CH_3\quad CH_3\ CH_3
\end{array}
$$

(2)$CH_3CH(CH_3)CH_2C(CH_3)_2CH(CH_3)CH_2CH_3$

5.试将下列各化合物按其沸点由高到低排列成序:正庚烷,正辛烷,正己烷,2-甲基戊烷,2,3-二甲基丁烷,正癸烷。

6.举例说明下列名词。

(1)构象　(2)构造异构体　(3)同系列　(4)自由基　(5)自由基取代反应(链反应)

7.写出 $CH_3CH_3 + Cl_2 \xrightarrow{\text{光照}} CH_3CH_2Cl + HCl$ 的反应历程,包括链引发、链增长、链终止各步的反应式。

8.用纽曼投影式写出1,2-二溴乙烷最稳定及最不稳定的构象,并写出这些构象的名称。

第3章 烯烃和炔烃

分子中含有碳碳双键的烃叫做烯烃(alkene)。烯烃可根据含有双键的数目分为单烯烃、二烯烃和多烯烃。分子中含有碳碳叁键的烃叫做炔烃(alkyne)。相对于饱和烷烃而言,烯烃和炔烃属于不饱和烃(unsaturated hydrocarbon)。

3.1 单 烯 烃

单烯烃是指分子中含有一个碳碳双键的不饱和开链烃,单烯烃的通式为 C_nH_{2n}。碳碳双键是烯烃的官能团。

3.1.1 乙烯分子的结构

在单烯烃这类化合物中,乙烯的结构最为简单,分子式为 C_2H_4,经 X 光衍射和电子衍射等物理方法测定证明,乙烯分子是平面型分子,两个碳原子和四个氢原子均在同一平面上,乙烯分子中的每个碳原子都只和其他三个原子相连接,键角接近于120°,如图 3.1 所示。

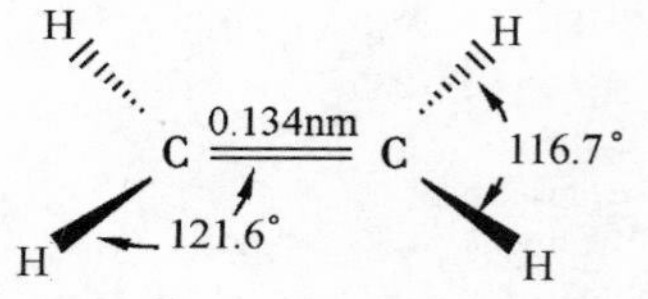

杂化轨道理论认为,乙烯分子中的碳原子是以 sp^2 杂化方式形成化学键的,即由碳原子的一个 $2s$ 轨道和两个 $2p$ 轨道进行杂化,形成 3 个完全等同的 sp^2 杂化轨道。这三个杂化轨道的对称轴是以碳原子为中心,

图 3.1 乙烯分子中的键角和双键键长

分别指向正三角形的三个顶点,相互之间构成了接近于120°的夹角,如图3.2(a)所示。这样,乙烯分子的两个碳原子各以两个 sp^2 杂化轨道分别与两个氢原子的 $1s$ 轨道交盖形成四个 C—H σ 键,两个碳原子之间又各以一个 sp^2 杂化轨道沿轴方向相互交盖形成一个 C—C σ 键。这五个键的对称轴都在同一平面上,如图3.2(b)所示。每个碳原子上还有一个未参加杂化的 $2p$ 轨道,它们是相互平行的,以侧面相互交盖而形成了另一种化学键,叫做 π 键,如图3.2(c)所示。

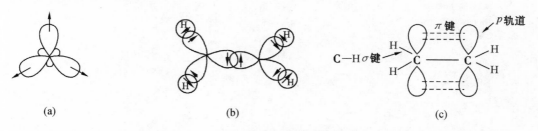

(a)　　　　　　　　　(b)　　　　　　　　　(c)

图 3.2 乙烯分子中化学键形成示意图

π键和σ键有如下不同之处：

①π键的电子云重叠程度远不如σ键,因此π键的键能较小,不如σ键牢固,较容易断裂。

②π键成键原子不能沿键轴旋转,而σ键成键原子可沿键轴"自由"旋转。

③π键的电子云不像σ键电子云那样集中在两个碳原子核的连线上,而是分散暴露在分子所在平面的上、下两方,距原子核较远,原子核对它的约束力较小,具有较大的流动性,容易受外界影响而极化,因此,乙烯表现出较大的化学活泼性。

乙烯中的C—C σ键和C—C π键的电子云比较如图3.3所示。

C—C σ键　　　　　　　　　　C—C π键

图3.3　乙烯中C—C σ键和C—C π键电子云分布的比较

3.1.2　烯烃的异构和命名

1.烯烃的异构

烯烃与烷烃相比,除了有碳干异构外,还有因双键位置不同而引起的异构,这样的异构叫做位置异构。碳干异构和位置异构均属于构造异构。

(1)构造异构

对于烯烃来说,用下面的例子来说明其构造异构,丁烯有三种构造异构体。

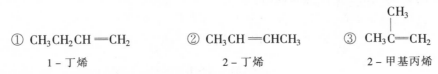

①　$CH_3CH_2CH=CH_2$　　　②　$CH_3CH=CHCH_3$　　　③　$CH_3\overset{\overset{\displaystyle CH_3}{|}}{C}=CH_2$

1-丁烯　　　　　　　　2-丁烯　　　　　　　　2-甲基丙烯

①、②与③互为碳链异构,①与②是双键的位置异构。

(2)顺反异构

在烯烃分子中,当双键的两个碳原子同时连接不同的原子或基团时,因双键不能自由旋转,原子或基团在空间就会有不同的排列方式,出现异构体,这种异构现象叫做顺反异构(*cis-trans* isomerism)。顺反异构属于构型异构,是立体异构的一种。在这样的异构体中,如果两个相同基团处于双键的同侧的叫顺式(*cis*),处于异侧的叫反式(*trans*)。

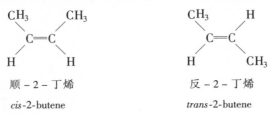

顺-2-丁烯　　　　　　　　　反-2-丁烯

cis-2-butene　　　　　　　　*trans*-2-butene

2．烯烃的命名

简单的烯烃通常采用普通命名。

$$CH_2{=}CH_2 \qquad CH_3CH{=}CH_2 \qquad \overset{\displaystyle CH_3}{CH_3C{=}CH_2}$$

乙烯 　　　　　　丙烯 　　　　　　异丁烯

ethene 　　　　　　propene 　　　　　　isobutene

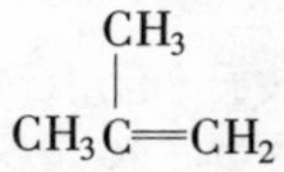

复杂的烯烃采用系统命名法命名,其要点如下:

① 选择含双键的最长碳链,把它作为主链,按主链上所含碳原子数目多少称为某烯。

② 从靠近双键的一端开始,依次将主链上的碳原子编号,使双键碳原子的编号最小。

③ 把双键碳原子的最小编号写在烯的名称前面。

④ 取代基所在位置、数目及名称要写在双键位次之前。

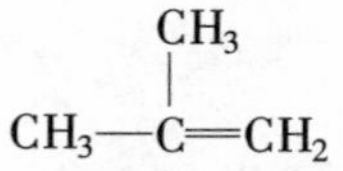

$$\overset{\displaystyle CH_3}{CH_3{-}C{=}CH_2} \qquad\qquad \overset{\displaystyle CH_2{-}CH_3}{CH_3{-}CH_2{-}CH_2{-}C{=}CH{-}CH_3}$$

2 – 甲基丙烯 　　　　　　　　　3 – 乙基 – 2 – 己烯

2-methyl propene 　　　　　　　　　3-ethyl-2-hexene

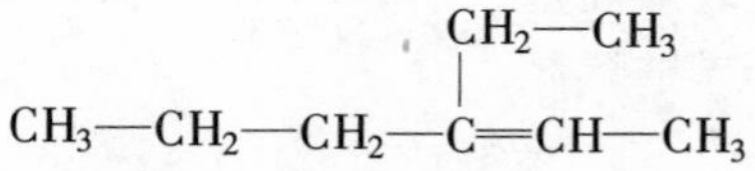

顺反异构体命名时,如果在碳碳双键的两个碳原子上有相同原子或基团时,可以用顺、反来表示其构型。但当两个双键的碳原子上没有相同原子或基团时,则无法用顺、反来说明其构型。在系统命名中,采用"*Z*"和"*E*"表示构型。在"*Z*、*E*"命名中,首先要利用次序规则(sequence rule)判定双键上所选基团的先后次序。

"次序规则"是英戈德(C. K. Ingold)等人为了解决构型命名中原子或原子团的顺序问题,而提出的原子或原子团的优先规则。其要点如下:

① 将与双键碳原子直接相连的原子按原子序数排列,原子序数大的放在前面,小的放在后面,同位素时质量大的在先,未共用电子对排在末位。

$$Br > Cl > O > N > D > H$$

② 如果直接相连的第一个原子的原子序数相同时,则比较与它相连的其他原子,按原子序数的大小,先比较最大的,若相同时,再顺次比较下去,决定该基团的大小优先顺序。

$$-CH_2CH_2CH_2CH_3 > -CH_2CH_2CH_2-H > -CH_2-CH_2-H$$

③ 当基团含有双键或叁键时,则当做两个或三个单键看待。

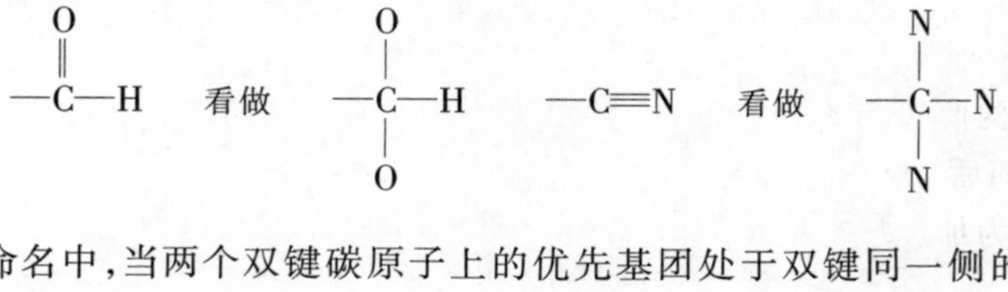

$$\underset{\displaystyle O}{\overset{\displaystyle O}{-\overset{\|}{C}-H}} \quad 看做 \quad \underset{\displaystyle O}{\overset{\displaystyle O}{-\overset{|}{C}-H}} \qquad -C{\equiv}N \quad 看做 \quad \underset{\displaystyle N}{\overset{\displaystyle N}{-\overset{|}{C}-N}}$$

在"*Z*、*E*"命名中,当两个双键碳原子上的优先基团处于双键同一侧的叫做 *Z* 型;处

于双键两侧的叫做 E 型。因此,当双键的两个碳原子各连接不同的原子或基团时,就有两种不同的异构体。

(E) – 3 – 甲基 – 4 – 异丙基 – 3 – 庚烯
(E)-3-methyl-4-isopropyl-3-heptene

(Z) – 3 – 甲基 – 3 – 己烯
(Z)-3-methyl-3-hexene

3.1.3 烯烃的物理性质

烯烃与烷烃的物理性质很相似,含 2 至 4 个碳原子的烯烃为气体,5 至 15 个碳原子的为液体,高级烯烃为固体。对于直链烯烃,每增加一个 CH_2,增加沸点 20 ~ 30℃。在同分异构体中,支链烯烃比直链烯烃沸点高。同分子量的烯烃顺式异构体比反式异构体沸点略高,而熔点则相反。所有的烯烃几乎不溶于水,但可溶于非极性溶剂,如四氯化碳和乙醚等。常见烯烃的物理常数如表 3.1 所示。

表 3.1　常见烯烃的物理常数

烯　　烃	熔点/℃	沸点/℃	相对密度 d_4^{20}	烯　　烃	熔点/℃	沸点/℃	相对密度 d_4^{20}
乙烯	– 169.1	– 103.7	—	2 – 甲基 – 1 – 丁烯	– 137.6	31.2	0.6504
丙烯	– 185.2	– 47.4	—	3 – 甲基 – 1 – 丁烯	– 168.5	20.7	0.6272
1 – 丁烯	– 184.3	– 6.3	—	2 – 甲基 – 2 – 丁烯	– 133.8	38.5	0.6623
反 – 2 – 丁烯	– 106.5	0.9	0.6042	1 – 己烯	– 139.8	63.3	0.6731
顺 – 2 – 丁烯	– 138.9	3.7	0.6213	2,3 – 二甲基 – 2 – 丁烯	– 74.3	73.2	0.7080
异丁烯	– 140.3	– 6.9	0.5942	1 – 庚烯	– 119.0	93.6	0.6970
1 – 戊烯	– 138.0	30.0	0.6405	1 – 辛烯	– 101.7	121.3	0.7149
反 – 2 – 戊烯	– 136.0	36.4	0.6482	1 – 壬烯	—	146.0	0.7300
顺 – 2 – 戊烯	– 151.4	36.9	0.6556	1 – 癸烯	– 66.3	170.5	0.7408

3.1.4 烯烃的化学性质

烯烃的化学性质比烷烃活泼。烯烃的化学性质主要表现在碳碳双键的加成与氧化。

1.加成反应(addition reaction)

烯烃的结构使碳碳双键成为这类化合物的反应中心,而其最典型的反应就是双键中的 π 键断开,随后形成两个 σ 键,不饱和的烯烃变成了饱和的烷烃或者取代烷烃。我们把这类反应称为加成反应。加成反应包括与氢的加成,与卤素的加成,与酸的加成等。

(1)加氢反应

烯烃在铂、钨或镍等金属催化剂的存在下,可以与氢加成而生成烷烃。

$$\diagdown C = C \diagup \quad + \quad H_2 \quad \xrightarrow[\text{Pt}]{\text{催化剂}} \quad \diagdown \underset{H}{\overset{H}{C}} - \underset{H}{\overset{H}{C}} \diagup$$

烯烃与氢的加成需要很高的活化能,事实上,较难反应。但使用催化剂可以降低反应活化能,使反应容易发生。凡是分子中含有碳碳双键的化合物,都可在适当条件下进行催化氢化。加氢反应是定量完成的,所以可通过反应吸收氢的量来确定分子中含有碳碳双键的数目。

(2)亲电加成反应(electrophilic addition reaction)

烯烃分子中 π 电子受核的束缚比较小,结合较松散,容易极化,因此,可以作为电子的来源,给别的反应物提供电子。反应时,把它作为反应底物。与它反应的试剂应是缺电子的化合物或者基团,称为亲电试剂(electrophilic reagent),因此,把不饱和烃与亲电试剂发生的加成反应称为亲电加成反应。

① 与卤化氢的加成。烯烃与卤化氢加成得到一卤代烷。

$$\diagup C = C \diagdown \quad + \quad HX \quad \longrightarrow \quad \diagup \underset{H}{C} - \underset{X}{C} \diagdown$$

烯烃与卤化氢的加成分两步完成,第一步,烯烃在卤化氢中离解出来的氢质子(H^+)攻击下,生成碳正离子(carbonium ion)。碳正离子是活泼中间体,它带有一个正电荷,最外层有六个电子。带正电荷的碳原子以 sp^2 杂化轨道与三个原子或原子团结合,形成三个 σ 键,与碳原子处于同一平面。碳原子剩余的 p 轨道与这个平面垂直。这一步反应较慢,是关键步骤。

$$\diagup C = C \diagdown \quad + \quad H - X \quad \xrightarrow{\text{慢反应}} \quad -\underset{H}{C} - \overset{+}{C} - \quad + \quad X^-$$

第二步,碳正离子与卤离子作用生成一卤代烷,此反应快速。

$$-\underset{H}{C} - \overset{+}{C} - \quad + \quad X^- \quad \xrightarrow{\text{快反应}} \quad \underset{H}{C} - \underset{X}{C}$$

乙烯是对称的,反应后产物只有一种。而不对称的烯烃(如丙烯)与不对称试剂(如卤化氢)加成时,其加成产物从理论上应有两种异构产物,但实际上以一种产物为主,如丙烯与氯化氢加成主要生成 2 - 氯丙烷。

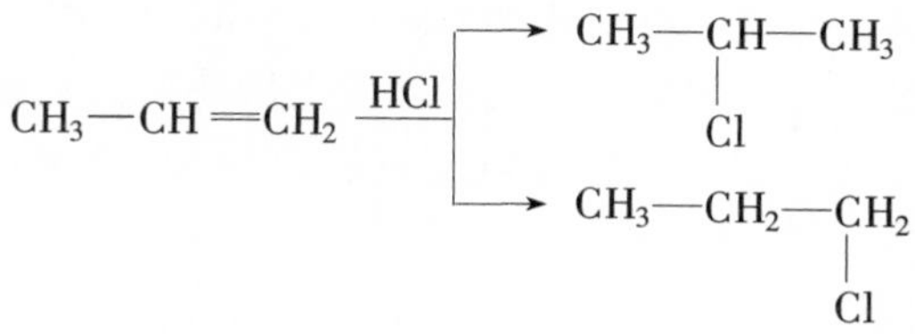

$$CH_3-CH=CH_2 \xrightarrow{HCl} \begin{cases} \rightarrow CH_3-\underset{\underset{Cl}{|}}{CH}-CH_3 \\ \\ \rightarrow CH_3-CH_2-\underset{\underset{Cl}{|}}{CH_2} \end{cases}$$

俄国化学家马尔柯夫尼柯夫(Markovnikov)在大量的实验基础上总结出一条规律:当不对称烯烃与不对称试剂进行加成反应时,试剂中带正电部分(如氢)总是加在含氢较多的双键碳原子上,而带负电部分(如 X^-)则加到含氢较少的双键碳原子上。该规律称为马尔柯夫尼柯夫规则,简称马氏规则。

马氏规则可以通过诱导效应(inductive effect)来解释:

在共价化合物中,当成键的两个原子或基团电负性不同时,形成共价键的一对电子偏向于电负性比较大的原子或基团一边,电负性比较大的原子或基团带部分负电荷,电负性比较小的原子或基团带部分正电荷,这种因某一原子或基团电负性的不同而引起分子中 σ 键电子云分布发生变化,进而引起分子性质变化的效应叫做诱导效应。

$$\overset{\delta\delta\delta^+}{CH_3}\longrightarrow\overset{\delta\delta^+}{CH_2}\longrightarrow\overset{\delta^+}{CH_2}\longrightarrow\overset{\delta^-}{Cl}$$

诱导效应通常用 I 表示,在比较原子或基团的诱导效应时常以 C—H 键中的氢原子作为标准。凡原子或基团的吸电子能力比氢原子大的,具有吸电子的诱导效应,用 $-I$ 表示,如—F,—Cl,—Br,—I,—OH,—OCH$_3$,—NO$_2$ 等,这样的基团被称为吸电子基团。若原子或基团吸电子能力比氢原子小的,即具有给电子的诱导效应,用 $+I$ 表示,如—CH$_3$ 等烷基,这样的基团也叫做推电子基团。

下面再来讨论丙烯与 HX 加成反应。

在丙烯分子中,甲基是推电子基团。甲基斥电子的结果是使双键上的电子云向分子的另外一端移动,使两个双键碳原子上的电子云密度不相等,直接与甲基相连的双键碳原子上电子云密度较小,而另一个含氢原子较多的双键碳原子上电子云密度较大。因此,H^+ 优先进攻含氢原子较多的碳原子,X^- 加到含氢原子较少的碳原子上。

$$CH_3\rightarrow CH=CH_2 \xrightarrow{H^+} CH_3-\overset{+}{CH}-CH_2 \xrightarrow{X^-} CH_3-\underset{\overset{|}{X}}{CH}-CH_3$$

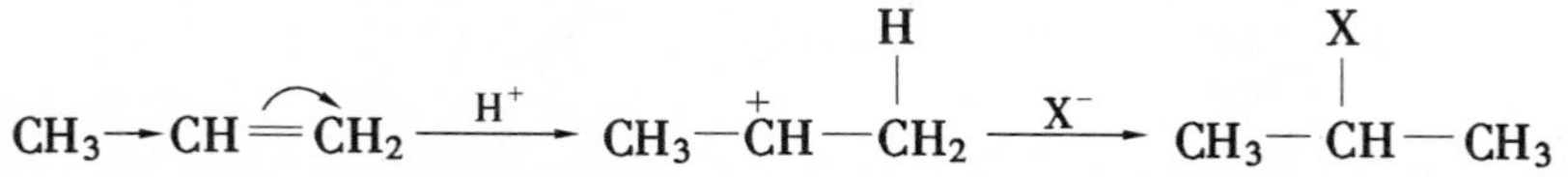

另外,从反应生成的中间体碳正离子结构来看,H^+ 分别进攻丙烯分子中的两个双键碳原子时,可以得到不同结构的碳正离子:

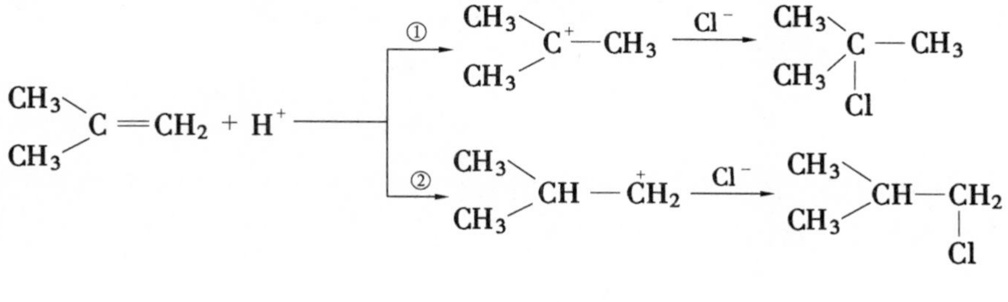

$$\underset{CH_3}{\overset{CH_3}{>}}C=CH_2 + H^+ \longrightarrow \begin{cases} ① \ \underset{CH_3}{\overset{CH_3}{>}}\overset{+}{C}-CH_3 \xrightarrow{Cl^-} \underset{CH_3}{\overset{CH_3}{>}}\underset{\overset{|}{Cl}}{C}-CH_3 \\ \\ ② \ \underset{CH_3}{\overset{CH_3}{>}}CH-\overset{+}{CH_2} \xrightarrow{Cl^-} \underset{CH_3}{\overset{CH_3}{>}}CH-\underset{\overset{|}{Cl}}{CH_2} \end{cases}$$

碳正离子连接的烷基表现为给电子的诱导效应,遵循物理学中电荷越分散,体系越稳定的理论。碳正离子的稳定性与带正电荷的碳原子上所连取代基有关。若连接的推电子基团越多,正电荷越分散,则碳正离子越稳定。所以丙烯与 H^+ 加成时,优先按①的方式进行,生成马氏加成产物。

根据这种观点,下列正碳离子稳定性次序为

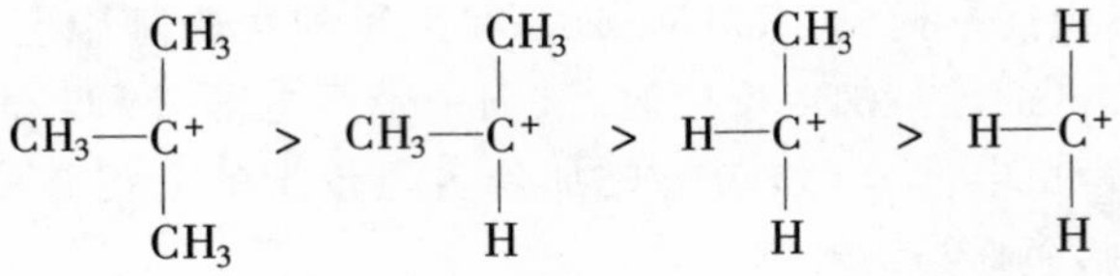

$$
\underset{CH_3}{\overset{CH_3}{CH_3-C^+}} > \underset{H}{\overset{CH_3}{CH_3-C^+}} > \underset{H}{\overset{CH_3}{H-C^+}} > \underset{H}{\overset{H}{H-C^+}}
$$

②与卤素的加成。烯烃与氯、溴等很容易加成,产生相邻两个碳原子上各连一个卤素原子的二卤代烷。

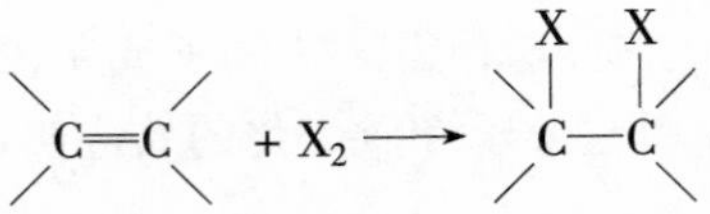

$$
\underset{/}{\overset{\backslash}{C}}=\underset{\backslash}{\overset{/}{C}} + X_2 \longrightarrow \underset{/}{\overset{X\quad X}{C-C}}\underset{\backslash}{}
$$

下面通过烯烃与溴的加成来说明反应机理:

第一步,形成 π 配合物。由于烯烃中 π 键的存在,使烯烃具有供电性,当溴分子接近烯烃分子时,溴分子受到烯烃 π 电子的影响发生极化,溴分子极化成一端带部分正电荷,一端带部分负电荷的极性分子。溴分子中带部分正电荷的一端与烯烃双键的 π 电子相互作用形成 π 配合物。

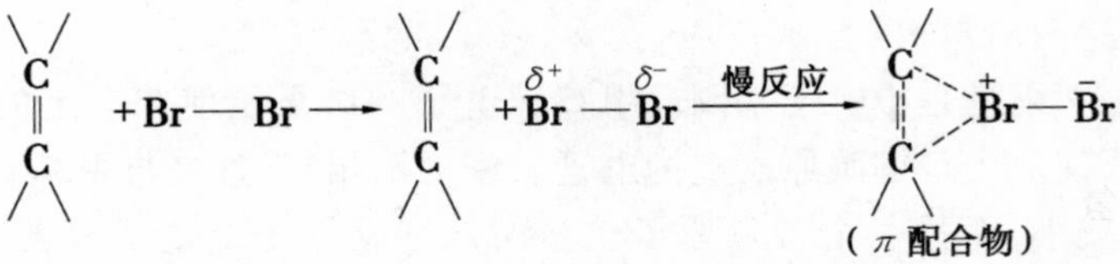

$$
\underset{C}{\overset{C}{\|}} + Br-Br \longrightarrow \underset{C}{\overset{C}{\|}} + \overset{\delta^+}{Br} - \overset{\delta^-}{Br} \xrightarrow{\text{慢反应}} \underset{C}{\overset{C}{\vdots}}\overset{+}{Br}-\bar{Br}
$$

(π 配合物)

第二步,π 配合物中间体生成溴鎓正离子和溴负离子。这是因为溴分子继续受到 π 键电子云的影响,极化的结果是溴分子内的 Br—Br σ 键异裂,生成环状中间体溴鎓正离子和溴负离子。

$$
\underset{\underset{\underset{Br}{|}}{\overset{+}{Br}}}{C-C} \xrightarrow{\text{慢反应}} \underset{\overset{+}{Br}}{C-C} + Br^-
$$

溴鎓正离子

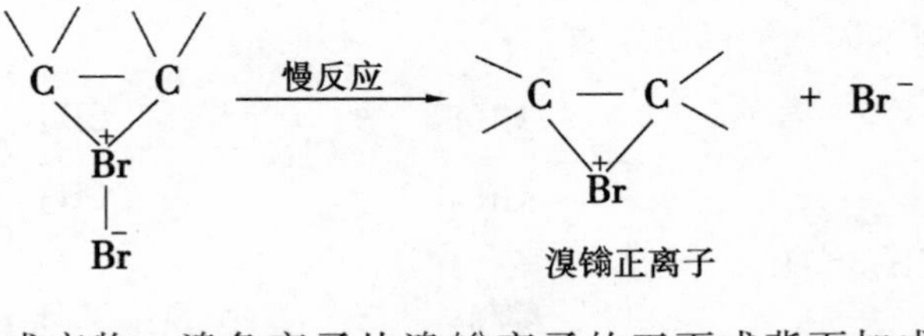

第三步,生成加成产物。溴负离子从溴鎓离子的正面或背面加成,可能得到顺式加成和反式加成两种溴化物,如下所示。

由于溴鎓离子中的溴占据较大空间,阻碍溴负离子与它的同侧加成,因此加成主要按式①,即反式加成进行。但并非所有的加成都是反式加成,也有按式②进行的加成反应,得到顺式加成产物。

在实验室中,常借卤素和烯烃的加成反应进行烯烃的定性和定量分析。定性分析常用体积分数为5%溴的四氯化碳溶液和烯烃反应,在滴入溴溶液后,溴的颜色马上消失,表明发生了加成反应。可以用氯化碘或溴化碘与烯烃定量反应来鉴定石油或脂肪中的不饱和化合物的含量。

③与硫酸的加成。烯烃与硫酸反应也是亲电加成反应,产物符合马氏规则。

$$CH_3-CH=CH_2 + H_2SO_4(浓) \xrightarrow{50℃} CH_3-\underset{\underset{OSO_3H}{|}}{CH}-CH_3 \xrightarrow{H_2O} CH_3-\underset{\underset{OH}{|}}{CH}-CH_3$$

$$\underset{\underset{CH_3}{|}}{\overset{\overset{CH_3}{|}}{C}}=CH_2 + H_2SO_4(浓) \xrightarrow{50℃} CH_3-\underset{\underset{OSO_3H}{|}}{\overset{\overset{CH_3}{|}}{C}}-CH_3 \xrightarrow{H_2O} CH_3-\underset{\underset{OH}{|}}{\overset{\overset{CH_3}{|}}{C}}-CH_3$$

当然产物还可以水解,这是工业和实验室制备醇的方法之一。

(3)自由基加成——过氧化物效应(radical addition——peroxide effect)

烯烃与溴化氢的加成,若有过氧化物的存在,则生成反马氏规则的加成产物。

$$CH_3-CH=CH_2 + HBr \xrightarrow{过氧化物} CH_3-\underset{\underset{H}{|}}{CH}-\underset{\underset{Br}{|}}{CH_2}$$

这种由于过氧化物存在而引起的反马氏规则的加成反应,称为过氧化物效应。由于过氧化物中的过氧链不稳定,容易均裂形成自由基,然后与烯烃进行自由基加成反应。

只有溴化氢有反马氏取向,氯化氢和碘化氢无过氧化物效应。因为H—Cl键牢固,不易产生氯自由基;H—I键虽弱,容易生成碘自由基,但因碘自由基的活性较低,难与双键加成,不能进行链的传递。

2.氧化反应(oxidation reaction)

烯烃可以看做一个电子源,它容易给出电子,自身被氧化。因氧化剂的强度和反应条件不同,得到不同的产物。

（1）高锰酸钾氧化烯烃

用弱碱性高锰酸钾溶液对烯烃进行氧化，可以得到顺式邻二羟基产物。

$$C=C + KMnO_4 \xrightarrow{OH^-} C-C \ (OH \ OH) + MnO_2$$

用酸性、热或浓的高锰酸钾溶液氧化烯烃，氧化更快，更彻底，不会停留在邻二醇阶段，可继续反应至碳碳键断裂生成酮或酸，生成的酮或酸是烯烃双键断裂得到的。根据得到的酮或酸的结构可以推断出原烯烃的结构。

$$R^1-\underset{R^2}{C}=CH-R^3 \xrightarrow[H^+]{KMnO_4} R^1-\underset{R^2}{C}=O + O=\underset{R^3}{C}-OH$$

若生成甲酸时，高锰酸钾过量，会得到二氧化碳和水。

$$R-CH=CH_2 + KMnO_4（过量）\xrightarrow{H^+} RCOOH + HCOOH \xrightarrow{[O]} CO_2\uparrow + H_2O$$

（2）臭氧氧化反应

烯烃和臭氧在低温时，极易反应，生成臭氧化合物，经进一步处理，得到醛或醛酮混合物。因此也可以利用此反应推断原烯烃的结构。

$$\underset{R^2}{\overset{R^1}{C}}=\underset{R^4}{\overset{R^3}{C}} + O_3 \longrightarrow \underset{R^2}{\overset{R^1}{C}}\underset{O-O}{\overset{O}{\diagup\diagdown}}\underset{R^4}{\overset{R^3}{C}} \xrightarrow[Zn]{H_2O} \underset{R^2}{\overset{R^1}{C}}=O + O=\underset{R^4}{\overset{R^3}{C}}$$

由于生成的臭氧化物易发生爆炸，因此直接在溶液中进行水解，而不分离。

$$\underset{CH_3}{\overset{CH_3}{C}}=CH_2 + O_3 \longrightarrow \underset{CH_3}{\overset{CH_3}{C}}\underset{O-O}{\overset{O}{\diagup\diagdown}}CH_2 \xrightarrow[H_2O]{Zn} \underset{CH_3}{\overset{CH_3}{C}}=O + HCHO$$

（3）空气催化氧化

工业上，乙烯和空气在活性银或氧化银催化下加热直接氧化生成环氧乙烷。

$$CH_2=CH_2 + \frac{1}{2}O_2 \xrightarrow[250\,℃]{Ag} \underset{O}{CH_2-CH_2}$$

此反应要控制反应条件，如反应温度不能过高，否则会生成二氧化碳和水。丙烯在氧化铜催化下，生成丙烯醛。

$$CH_2=CH-CH_3 + O_2 \xrightarrow[370\,℃]{CuO} CH_2=CH-CHO + H_2O$$

3.聚合反应(polymerization reaction)

聚合反应是烯烃的一种重要性能。反应是在催化剂或引发剂的作用下,双键打开,并按一定的方式聚合成一长链大分子。例如,乙烯的聚合

$$nCH_2 \!=\! CH_2 \xrightarrow[\text{60~75℃, 0.1~1 MPa}]{\text{烷基铝, TiCl}_4} \{CH_2 \!-\! CH_2\}_n$$

3.2 炔 烃

分子中含有碳碳叁键的不饱和碳氢化合物叫做炔烃。碳碳叁键是炔烃的官能团,含有一个碳碳叁键的开链单炔烃通式是 C_nH_{2n-2}。

3.2.1 乙炔分子的结构

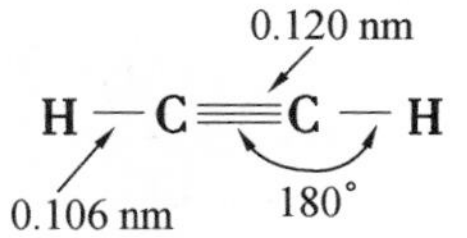

最简单的炔烃是乙炔,分子式为 C_2H_2,结构式为 H—C≡C—H。经 X 光衍射和电子衍射等物理方法测定证明,乙炔分子具有线型结构,即四个原子排在一条直线上,分子中各键的键长与键角如图 3.4 所示。

图 3.4 乙炔分子中的键长和键角

根据杂化轨道理论,乙炔分子中的碳原子是 sp 杂化的,两个碳原子之间各用一个 sp 杂化轨道"头碰头"互相重叠形成一个 C—C σ键($sp - sp$),又分别用一个 sp 杂化轨道分别和一个氢原子的 $1s$ 轨道形成一个 C—H σ键($sp - s$),这三个 σ 键在一条直线上。此外,每个碳原子还有两个互相垂直的未参与杂化的 p 轨道,当两个碳原子的 p 轨道彼此平行侧面重叠,形成两个互相垂直的 π 键时,就构成碳碳叁键,如图 3.5(a)所示。叁键是由一个 σ 键和两个互相垂直的 π 键组成的,两个 π 键电子云对称分布于 C—C σ键键轴的周围,呈圆筒状,如图 3.5(b)所示。

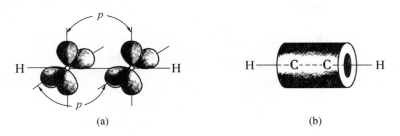

(a)   (b)

图 3.5 乙炔分子形成及电子云示意图

炔烃的叁键比烯烃的双键短,这是由于两个碳原子之间的电子密度较大,使两个碳原子更为靠近。

3.2.2 炔烃的异构和命名

1.炔烃的异构

炔烃的异构包括碳链异构和官能团位置异构,如戊炔有三种异构体:

$$CH_3CH_2CH_2C\equiv CH \qquad CH_3CH_2C\equiv CCH_3 \qquad \overset{\displaystyle CH_3}{\underset{|}{CH_3CHC}}\equiv CH$$

因为炔烃叁键碳原子上不能连有支链,所以炔烃没有顺反异构,炔烃的异构体数目比烯烃的异构体数目要少。

2.炔烃的命名

简单的炔烃采用普通命名法,复杂的炔烃采用系统命名法,规则与烯烃的命名类似,即选取含叁键最长的链为主链,按主链上的碳原子数命名为某炔,编号由距叁键最近的一端开始,取代基的位置、数目及名称写在叁键位次之前。

$$\overset{1}{CH_3}-\overset{2}{C}\equiv \overset{3}{C}-\overset{4}{C}H-\overset{4}{C}H_3$$
$$\underset{6}{CH_2}$$
$$\underset{6}{CH_3}$$

4-甲基-2-己炔

4-methyl-2-hexyne

$$\overset{7}{CH_3}\overset{6}{CH}\overset{5}{CH}\overset{4}{CH_2}\overset{3}{C}\equiv \overset{2}{C}\overset{1}{CH_3}$$
带 CH_3 支链

5,6-二甲基-2-庚炔

5,6-dimethyl-2-heptyne

如果炔烃分子中还含有双键的话,则选取含双键和叁键最长的链为主链,碳链编号时应使双键与叁键所在位置的两个数字之和最小。

$$CH_3-CH=CH-C\equiv CH$$

3-戊烯-1-炔

(不叫2-戊烯-4-炔)

$$CH_3-C\equiv C-CH_2-CH-CH=CH_2$$
$$\underset{|}{CH_2CH_3}$$

3-乙基-1-庚烯-5-炔

(不叫5-乙基-6-庚烯-2-炔)

3.2.3 炔烃的物理性质

简单炔烃的熔点、沸点及密度一般都比碳原子数相同的烷烃和烯烃高一些,见表3.2。

表3.2 一些常见炔烃的物理常数

名 称	熔点/℃	沸点/℃	相对密度(d_4^{20})
乙 炔	-80.8(压力下)	-84.0(升华)	0.6181(-32℃)
丙 炔	-101.5	-23.2	0.7062(-50℃)
1-丁炔	-125.7	8.1	0.6784(0℃)
1-戊炔	-90.0	40.2	0.6901
2-丁炔	-32.3	27.0	0.6910
2-戊炔	-101.0	56.1	0.7107
1-己炔	-132.0	71.3	0.7155
1-庚炔	-81.0	99.7	0.7328
1-辛炔	-79.3	125.2	0.747
1-壬炔	-50.0	150.8	0.760
1-癸炔	-36.0	174.0	0.765

这是由于炔烃分子较短小、细长,在液态和固态中,分子彼此靠得更近,分子间的范德华力很强。炔烃分子极性极弱,不易溶于水,易溶于石油醚、乙醚、苯和四氯化碳。1 体积的丙酮可溶 25 体积的乙炔。因为乙炔在较大的压力下,爆炸力极强,所以储存乙炔的钢瓶内就填充了用丙酮浸透的硅藻土或碎软木,这样,在较小的压力下就可溶解大量乙炔。

3.2.4 炔烃的化学性质

炔烃具有不饱和的叁键,它像烯烃一样可以进行加成、氧化等反应。不同的是炔烃分子中碳碳叁键上的氢具有弱酸性,可以成盐,进行烷基化反应等。

1.加成反应

炔烃与烯烃相似,也可以发生加成反应。但是,由于 sp 杂化碳原子的电负性比 sp^2 杂化碳原子的电负性强,因而电子结合的更为紧密,尽管叁键比双键多一对电子,也不容易给出电子与亲核试剂结合,所以叁键的亲电加成比双键的亲电加成反应慢。

(1)催化加氢

炔烃在催化剂存在下,根据反应条件可以控制使其加上一分子氢生成烯烃,或加上两分子氢生成烷烃。在使用一般的催化剂(如镍、铂、钯等)时,反应不会停留在烯烃阶段,而是生成烷烃。

$$CH_3C\equiv CCH_3 \xrightarrow{H_2}{Pt} [CH_3CH=CHCH_3] \xrightarrow{H_2}{Pt} CH_3CH_2CH_2CH_3$$

为使反应停留在烯烃阶段,采用活性较低的催化剂。

(2)和卤化氢的加成

炔烃和烯烃一样,可和卤化氢进行加成反应,而且加成产物遵循马氏规则。反应分两步进行,先加一分子卤化氢,生成卤代烯烃;后者再加一分子卤化氢,生成同碳二卤代烷。

$$R-C\equiv C-H \xrightarrow{HX} R-\underset{X}{C}=CH_2 \xrightarrow{HX} R-\underset{X}{\overset{X}{C}}-CH_3$$

同碳二卤化合物

(3)和卤素的加成

卤素与炔烃反应首先生成卤代烯烃,再生成卤代烷,如乙炔与溴反应如下:

$$HC\equiv CH \xrightarrow{Br_2} HC=CH \xrightarrow{Br_2} HC-CH$$

$$\underset{Br}{|}\ \underset{Br}{|} \qquad \underset{Br}{\overset{Br\ Br}{|\ |}}\ \underset{Br}{|}$$

2.端基炔氢的酸性

由于不同碳氢化合物中的碳原子杂化状态不同,碳原子的电负性会随 s 成分的增加而增大,所以炔烃中碳原子的电负性比烷烃、烯烃中的碳原子的电负性大,使 C—H 上 σ

电子云更偏向于碳原子,氢原子比较容易解离,表现出酸性。端基炔氢的酸性体现在含有端基氢的炔烃可以与强碱氨基钠反应。

$$RC\equiv CH + NaNH_2 \longrightarrow RC\equiv CNa + NH_3$$

端基炔氢酸性的另一个例子是炔氢能与某些重金属离子反应,生成不溶性的炔化物。例如,生成的乙炔化银是白色的沉淀,炔化亚铜是红棕色的沉淀。

$$HC\equiv CH + 2Ag(NH_3)_2^+ \longrightarrow AgC\equiv CAg \downarrow$$
乙炔化银

$$RC\equiv CH + Cu(NH_3)_2^+ \longrightarrow RC\equiv CCu \downarrow$$
炔化亚铜

银和铜的炔化物在水中是很稳定的,但干燥时受热或震动易发生爆炸。因此,实验完毕后,需用硝酸分解,或者用浓盐酸处理使其破坏或分解,以免发生危险。

3.氧化反应

炔烃经高锰酸钾氧化,可发生碳碳叁键的断裂,生成两分子羧酸或一分子羧酸和一分子二氧化碳。

$$RC\equiv CR' \xrightarrow[OH^-,100℃]{KMnO_4} \xrightarrow{H^+} RCOOH + R'COOH$$

$$RC\equiv CH + KMnO_4 + KOH \longrightarrow R\overset{O}{\overset{\|}{-}C}-OH + MnO_2 + K_2CO_3 + H_2O$$

3.3 二 烯 烃

碳氢化合物中含有两个双键的烯烃叫做二烯烃。二烯烃的系统命名法与烯烃相似,选取含有两个双键的碳链为主链,称为某二烯。标出两个双键的位置及取代基的位置和名称。

$$\begin{array}{c} CH_2=C-CH=CH_2 \\ | \\ CH_3 \end{array}$$
2-甲基-1,3-丁二烯
2-methyl-1,3-butadiene

$$\begin{array}{c} CH_2=CH-CH-C=CH_2 \\ |\quad\ \| \\ CH_3\ CH_2 \end{array}$$
2,3-二甲基-1,4-戊二烯
2,3-dimethyl-1,4-pentadiene

二烯烃的性质与两个双键在分子中的相对位置有关,因此二烯烃可以分为:

(1)孤立二烯烃(isolated diene)

分子中两个碳碳双键被两个或两个以上的 CH_2 隔开的二烯烃,两个双键之间没有相互影响,例如,1,4-戊二烯。这样的二烯烃性质与一般的烯烃性质相似。

(2)累积二烯烃(cumulative diene)

分子中的一个碳原子同时连接两个碳碳双键的二烯烃,例如,丙二烯。这样的二烯烃为数不多,但其在立体化学研究中很有意义。

(3)共轭二烯烃(conjugated diene)

共轭二烯烃是指分子中双键和单键相互交替的二烯烃,例如,1,3-丁二烯。共轭二烯烃除具有烯烃的一般性质外,还具有特殊的结构和性质,下面将重点讨论。

3.3.1 共轭二烯烃的结构

1,3-丁二烯是最简单的共轭二烯烃,下面以其为代表说明共轭二烯烃的结构。经 X 光衍射和电子衍射等物理方法测定证明,在 1,3-丁二烯分子中,四个碳原子和六个氢原子都处在同一平面上。1,3-丁二烯的分子结构如图 3.6 所示。

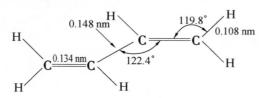

图 3.6   1,3-丁二烯分子中键长和键角

杂化轨道理论认为,1,3-丁二烯分子中四个碳原子都是 sp^2 杂化,碳原子之间均以 sp^2 杂化轨道相互重叠形成 C—C σ 键,同时以 sp^2 杂化轨道与氢原子的 $1s$ 轨道重叠形成 C—H σ 键。四个碳原子上未参加杂化的 p 轨道垂直于该平面,p 轨道互相平行,彼此侧面重叠,如图 3.7(a)所示。形成包含四中心(四个碳原子)、四电子(四个 p 电子)的大 π 键,π 电子不是定域在各自原先的两个碳原子之间,而是扩展到整个大 π 键共轭体系,这样的现象称为电子的离域(delocalization)。为了区别于一般的定域 π 键,称其为共轭大 π 键。大 π 键的电子云如图 3.7(b)所示。

(a)   (b)

图 3.7   1,3-丁二烯分子中的 p 轨道重叠与大 π 键电子云示意图

在共轭大 π 键中,电子云分布在四个碳原子周围。每一个电子不只是受到两个核的束缚,而是受到四个核的束缚,因此增强了分子的稳定性。由于 π 电子的离域作用是贯穿在整个共轭体系中,且 π 电子的离域体现了分子内原子间相互影响的电子效应,因此,在共轭体系中,如果任何一个原子受到外界的影响,那么这个影响会传递给整个共轭体系。在共轭体系中,这种由于 π 电子的离域而引起多个 π 键之间的相互作用称为共轭作用。分子中由于共轭 π 键相互作用而引起分子性质的改变叫做共轭效应(conjugative effect)。

3.3.2 共轭效应

①共轭体系中所有原子均在同一平面内,形成大 π 键的 p 电子云都垂直于这个平面,如图 3.7(a)所示。

②共轭 π 键的生成使电子云的分布趋向平均化,即键长平均化。分子中不存在典型的单键、双键,而是一个大 π 键,如图 3.7(b)所示。

③共轭二烯烃催化加氢放出的热量比非共轭二烯烃催化加氢放出的热量要小。降低的能量叫做共轭能。孤立二烯烃的氢化热约为单烯烃的氢化热的 2 倍。如丙烯的氢化热为 125.2 kJ·mol^{-1},1,4 - 戊二烯的氢化热为 254.4 kJ·mol^{-1}。共轭二烯烃的氢化热比孤立二烯烃的氢化热要低。如 1,3 - 戊二烯的氢化热为 226.0 kJ·mol^{-1}。共轭体系越大,每个碳碳双键的平均氢化热越小,体系的稳定性越高。

④由于 π 电子的转移,使共轭链上出现正负极性交替的现象。

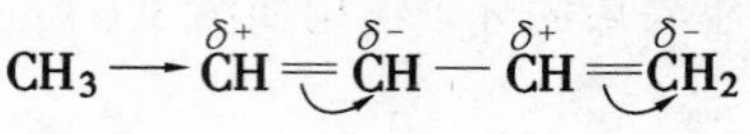

$$CH_3 \longrightarrow \overset{\delta+}{C}H = \overset{\delta-}{C}H - \overset{\delta+}{C}H = \overset{\delta-}{C}H_2$$

3.3.3 共轭 π 键的分类

(1) π – π 共轭

单双键交替出现的,如 1,3 - 丁二烯。在这样的分子中,四个 p 轨道的对称轴互相平行时,它们可以从侧面以最大程度地重叠,形成一个离域的大 π 键。这种由两个或多个 π 键上的 p 轨道组成的 π 键之间的共轭,为 π – π 共轭。

(2) p – π 共轭

与双键碳原子相连的原子由于整个分子共平面,其 p 轨道与双键的 π 轨道平行并发生侧面重叠,形成共轭。凡由 π 轨道与相邻原子的 p 轨道组成的体系,统称 p – π 共轭体系,如图 3.8 所示。

(a) 氯乙烯的 p–π 共轭   (b) 烯丙基正离子中的 p–π 共轭

图 3.8　p – π 共轭

(3) σ – π 共轭和 σ – p 共轭

与碳碳双键相连的饱和碳原子的 C—H σ 键可与 π 键产生微弱的共轭作用,这种共轭也叫做 σ – π 共轭,如图 3.9 所示。烷基自由基、碳正离子、碳负离子等反应中间体,其中心碳原子为 sp^2 杂化。如果与中心碳原子相连的饱和碳原子上具有 C—H σ 键,那么 σ 轨道也可与中心碳原子的 p 轨道微弱地重叠,这种共轭是 σ – p 共轭。显然,参与共轭的 C—H σ 键越多,电子离域的范围就越大,就有利于电荷的分散,这种中间体就越稳定。根据 σ – p 共轭可以解释正碳离子的稳定次序,与诱导效应得到的结论是一致的。

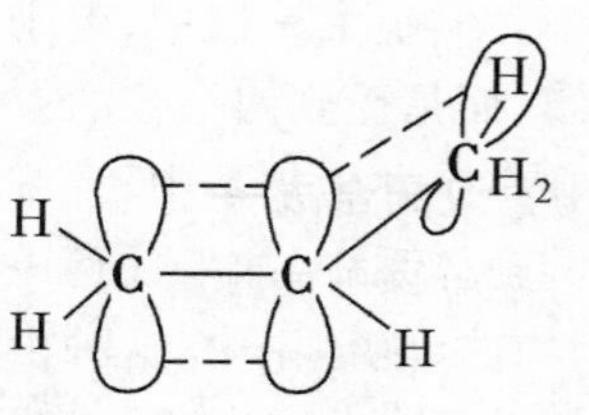

共轭效应的强度按下列顺序排列

图 3.9　丙烯中 σ – π 共轭

3.3.4 共轭二烯烃的化学性质

共轭二烯烃除具有烯烃的普遍性质外,还具有自己的一些特点。

1.1,2－和1,4－加成反应

共轭二烯烃和卤素、卤化氢等发生亲电加成反应比单烯烃容易,会有两种不同的产物。反应为

$$CH_2{=}CH{-}CH{=}CH_2 + HBr \longrightarrow CH_2CHCH{=}CH_2 + CH_2CH{=}CHCH_2$$
$$\qquad\qquad\qquad\qquad\qquad\qquad\quad |\quad |\qquad\qquad\quad |\qquad\qquad\quad |$$
$$\qquad\qquad\qquad\qquad\qquad\qquad\quad H\ \ Br\qquad\qquad H\qquad\qquad Br$$

这要从反应机理来说明,反应分两步进行。第一步,H^+加到双键碳原子上,生成碳正离子。碳正离子(Ⅰ)为烯丙基型碳正离子,带正电荷的碳原子的空 p 轨道既可与 π 键形成 $p-\pi$ 共轭体系,又受到甲基 $+I$ 效应的影响,从而使体系的正电荷得以分散,较稳定。而碳正离子(Ⅱ)是一个稳定性差的伯碳正离子,因此,反应第一步主要形成更稳定的碳正离子(Ⅰ)。

$$CH_2{=}CH{-}CH{=}CH_2 + HBr$$

C-1加成 $\quad CH_2{=}CH{-}\overset{+}{C}H{-}CH_3 + Br^-$　（Ⅰ）

C-2加成 $\quad CH_2{=}CH{-}CH_2{-}\overset{+}{C}H_2 + Br^-$　（Ⅱ）

$$\underset{3}{CH_2}{=}\underset{2}{\overset{+}{CH}}{-}\underset{1}{CH}{-}CH_3 \longrightarrow \overset{\delta+}{CH_2}{=}\overset{\delta-}{CH}{-}\overset{\delta+}{CH}{-}CH_3$$

第二步,溴离子加到带微量正电荷的碳原子上得到产物。

$$\underset{4}{\overset{\delta+}{CH_2}}{=}\underset{3}{\overset{\delta-}{CH}}{=}\underset{2}{\overset{\delta+}{CH}}{-}\underset{1}{CH_3} + Br^-$$

C-2加成 $\quad CH_2{=}CH{-}CH{-}CH_3$
$$\qquad\qquad\qquad\qquad\qquad |$$
$$\qquad\qquad\qquad\qquad\quad Br$$
　　　　　　　　　　　1,2－加成产物

C-4加成 $\quad CH_2{-}CH{=}CH{-}CH_3$
$$\qquad\qquad\quad |$$
$$\qquad\qquad Br$$
　　　　　　　1,4－加成产物

2.双烯合成——Diels－Alder 反应

反应物由两部分组成,一个是共轭双烯(称双烯体),另一个为含双键的化合物(称为亲双烯体),所以反应又称为双烯合成。狄尔斯－阿德尔(Diels－Alder)反应是环状的1,4加成反应。反应属协同反应,其特征是新键的生成与旧键的断裂是协同进行的。反应的结果得到了一个六元环的化合物,这样的反应是合成六元环的重要方法。

最典型的双烯合成是双烯和一个含有"活化"了的烯类化合物(如双键的碳原子上带有吸电子基团醛基、氰基、羧基等)作用,合环是非常顺利的,反应是定量进行的。

习   题

1.写出下列化合物的命名。

(1) $CH_3-CH_2-\underset{\underset{CH_2CH_3}{|}}{C}=CH-CH_3$

(2)

(3) $CH_3\underset{\underset{CH_3}{|}}{CH}CH=CHCH_3$

(4) $CH_2=\underset{\underset{CH_3}{|}}{C}-CH=CH-CH_3$

(5) $CH_3CH=CHCH_2C\equiv CH$

(6) $CH_3(CH_2)_4C\equiv CH$

2.写出下列化合物的构造式。

(1) 3 - 丙基 - 1 - 己烯

(2) 3 - 丙基 - 1,4 - 戊二烯

(3) 1,5 - 己二烯 - 3 - 炔

(4) (Z) - 3 - 甲基 - 4 - 异丙基 - 3 - 庚烯

(5) 3,5 - 二甲基庚炔

(6) 顺 - 2 - 己烯

3.写出异丁烯与下列试剂反应所得产物的构造式和名称。

(1) H_2,Ni   (2) Br_2 (3) HBr(过氧化物)   (4) H_2SO_4

(5) O_3;然后 Zn,H_2O (6) 冷碱高锰酸钾 (7) 热的高锰酸钾

4.写出反应式表示 1 - 丁炔与下列试剂的反应。

(1) 1 mol H_2,Ni   (2) 2 mol H_2,Ni   (3) 2 mol Br_2 (4) H_2O,Hg^{2+},H^+

(5) $Ag(NH_3)_2^+OH$ (6) O_3,然后水解   (7) 热的高锰酸钾

5.完成下列反应。

(1) $(CH_3)_2C=CH_2 \xrightarrow{Br_2/CCl_4}$

(2) $(CH_3)_2C=CH_2 \xrightarrow{H_2SO_4} ? \xrightarrow[\text{加热}]{H_2O}$

(3) $CH_3CH_2C\equiv CH \xrightarrow{NaNH_2}$

(4) $CH\equiv CCH_2CH_3 + HBr \xrightarrow{HgSO_4}$

(5) $CH_2=CH-CH=CH_2 + Br_2 \xrightarrow{\text{高温}}$

(6) $CH_2=CH-C\equiv CH \xrightarrow[45\sim 60℃]{HCl,NH_4Cl-Cu_2Cl_2}$

(7)

6. 用反应式表示以乙炔为原料, 合成下列化合物的步骤(可选用必要的无机试剂)。

(1) $CH_3CH_2CHOHCH_3$ (2) $CH_3CH_2CCl_2CH_3$ (3) 丙醛

(4) 2 – 丁炔   (5) 2 – 戊炔   (6) $CH_3CH_2CH_2CH_2Br$

7. 用化学方法区别下列各组化合物。

(1) 乙烷, 乙烯和乙炔   (2) 1 – 丁炔和 1,3 – 丁二烯

(3) $CH_3CH_2CH_2C{\equiv}CH$ 和 $CH_3CH_2CH_2C{\equiv}CCH_3$

8. 某化合物 A, 分子式为 $C_{10}H_{18}$, 经催化加氢得到化合物 B, B 的分子式为 $C_{10}H_{22}$, 化合物 A 与过量的酸性高锰酸钾溶液反应, 得到下列三个化合物: CH_3COCH_3、$CH_3COCH_2CH_2COOH$ 和 CH_3COOH, 写出化合物 A 的结构式。

第4章 脂环烃

分子中含有环状碳骨架,其性质与开链的脂肪烃相类似的碳氢化合物,称为脂环烃。脂环烃及其衍生物广泛存在于自然界中,是有机化工的重要基础原料。

4.1 脂环烃的分类和命名

脂环烃按照分子中含有的碳环数目,可以分为单环烃、双环烃和多环烃。

4.1.1 单环烃

分子中只含有一个碳环的脂环烃称为单环烃。根据分子中组成环的碳原子数目,单环烃可以分为三元环烃、四元环烃、五元环烃等。

对于不带支链的单环烃,命名时是按照碳环上的碳原子的数目,叫做环某烃。

CH_2
CH_2—CH_2　　简写为　△

CH_2—CH_2
CH_2—CH_2　　简写为　□

环丙烷　　　　　　　　　　　　　　环丁烷
cyclopropane　　　　　　　　　　　cyclobutane

对于带有支链的单环烃,则把环上的支链看作是取代基。当取代基不止一个时,还要把环碳原子编号,编号时要使取代基的位次尽可能的小,同时根据次序规则中优先的基团排在后面的原则,把较小的位次给以次序规则中位于后面的取代基。

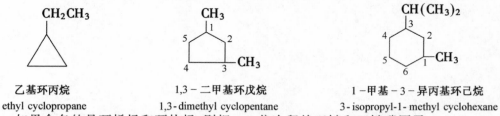

乙基环丙烷　　　　　1,3－二甲基环戊烷　　　　　1－甲基－3－异丙基环己烷
ethyl cyclopropane　　1,3-dimethyl cyclopentane　　3- isopropyl-1- methyl cyclohexane

如果命名的是环烯烃和环炔烃,则把1,2位次留给双键和三键碳原子。

3－甲基环戊烯　　　　　　　　　　1－甲基－3－异丙基环己烯
3-methyl cyclopentene　　　　　　3- isopropyl-1- methyl cyclohexene

由于碳原子连成环,因此,在二取代环烷烃的分子中,就存在顺反异构体,两个取代基在环同一侧的为顺式,分布在两侧的为反式,命名时分别用"顺(*cis*)"代表顺式异构体,用"反(*trans*)"代表反式异构体。

顺-1,4-二甲基环己烷
cis-1,4-dimethyl cyclohexane

反-1,4-二甲基环己烷
trans-1,4-dimethyl cyclohexane

4.1.2 双环烃

双环烃主要有桥环化合物和螺环化合物。

1.桥环化合物

两个碳环共用两个或两个以上碳原子的化合物叫做桥环化合物。桥环化合物结构上的共同点是,都有两个"桥头"碳原子(即两个环共用的碳原子)和三条连在两个"桥头"上的"桥"。

命名桥环化合物时,根据该化合物碳环上碳原子的总数命名为"双环某烷",环字后面加方括号,括号内用阿拉伯数字从大到小指出除去桥头碳原子的每一碳桥上碳原子的数目,数字之间用圆点分开。

双环[2.2.1]庚烷
bicyclo[2.2.1]heptane

双环[2.2.2]辛烷
bicyclo[2.2.2]octane

在给取代的桥环化合物命名时,桥环烃的环上碳原子编号首先从一个桥头碳原子开始,先编最长的桥至第二个桥头;再编余下的次长桥,回到第一个桥头碳原子;最后编最短的桥。环上的取代基或不饱和键可以选择位次时,则尽可能使它们的位次为小,命名时把它们的位置表示出来。

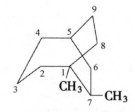

1,7-二甲基双环[3.2.2]壬烷
1,7-dimethyl-bicyclo[3.2.2]nonane

双环[2.2.2]-2-辛烯
bicyclo[2.2.2]-2-octene

2.螺环化合物

两个碳环共用一个碳原子的双环化合物叫做螺环化合物。螺环化合物中,两个环共用的碳原子叫做螺原子。

命名螺环化合物时,根据组成环的碳原子总数,命名为"螺某烷",再把连接于螺原子的两个环的碳原子数目(不包括共用碳原子),按由小到大的次序写在"螺"和"某烷"之间的方括号里,数字用圆点分开。螺环烃的环上碳原子的编号,从连接在螺原子上的一个碳原子开始,先编较小的环,然后经过螺原子再编第二个环。环上的取代基或不饱和键可以选择位次时,则尽可能使它们的位次为小。

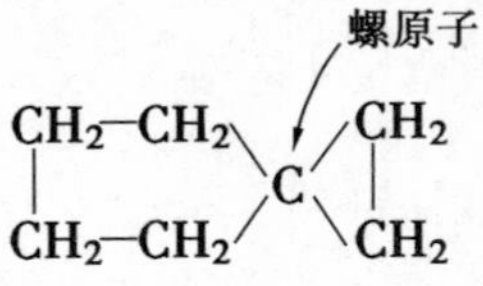

螺[2.4]庚烷
spiro[2.4]heptane

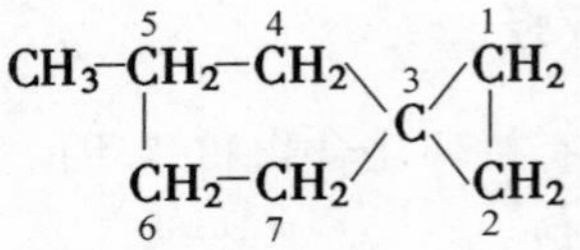

5-甲基螺[2.4]庚烷
5 - methyl spiro[2.4]heptane

4.2 脂环烃的性质

4.2.1 物理性质

环烷烃是无色、具有一定气味的物质。环烷烃的沸点、熔点和相对密度都比同碳原子数的直链烷烃高。表4.1给出一些环烷烃的物理常数。

表 4.1 一些环烷烃的物理常数

名　　称	熔点/℃	沸点/℃	相对密度(20℃)
环丙烷	-127	-33	
环丁烷	-80	13	
环戊烷	-94	49	0.746
环己烷	6.5	81	0.778
环庚烷	-12	118	0.810
环辛烷	14	149	0.830

4.2.2 化学性质

环烷烃的化学性质与烷烃相似,能够发生取代反应和氧化反应。如环戊烷与戊烷相似,在紫外光照射下或加热时,能与氯发生自由基取代反应,生成氯代环戊烷。环烯烃和环炔烃的化学性质与其相应烯烃和炔烃性质相似,能发生氧化反应、加成反应等。

三元环和四元环的环烷烃则与烷烃不同,它们表现出一种特殊的化学性质——较易开环,发生加成反应。

1．催化加氢

在催化剂铂、钯或镍的作用下，环丙烷、环丁烷和环戊烷与氢发生开环加成反应。

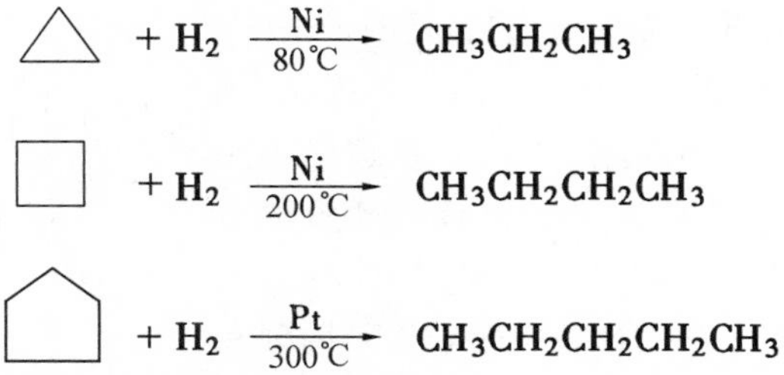

$$\triangle + H_2 \xrightarrow[80\,℃]{Ni} CH_3CH_2CH_3$$

$$\square + H_2 \xrightarrow[200\,℃]{Ni} CH_3CH_2CH_2CH_3$$

$$\pentagon + H_2 \xrightarrow[300\,℃]{Pt} CH_3CH_2CH_2CH_2CH_3$$

而在上述反应条件下，环己烷则不发生反应。

2．加卤素或卤化氢

环丙烷和环丁烷与溴也发生开环加成反应。

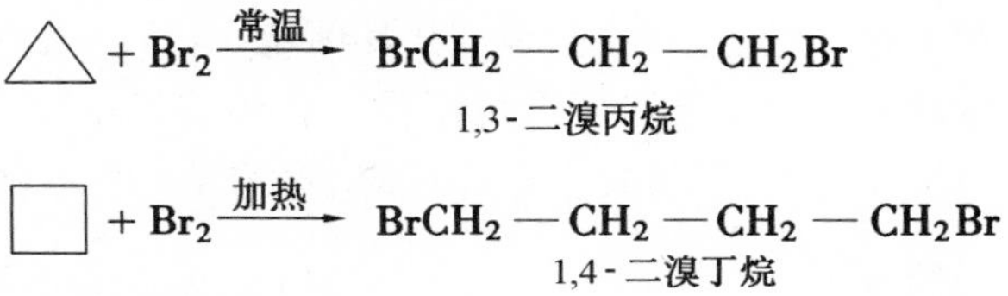

$$\triangle + Br_2 \xrightarrow{常温} BrCH_2 - CH_2 - CH_2Br$$
$$1,3\text{-}二溴丙烷$$

$$\square + Br_2 \xrightarrow{加热} BrCH_2 - CH_2 - CH_2 - CH_2Br$$
$$1,4\text{-}二溴丁烷$$

而环戊烷、环己烷与溴并不发生上述反应。

环丙烷还能与溴化氢发生开环加成反应。

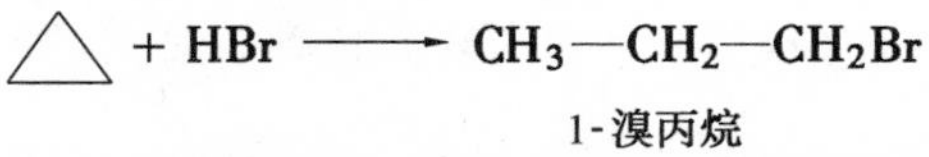

$$\triangle + HBr \longrightarrow CH_3 - CH_2 - CH_2Br$$
$$1\text{-}溴丙烷$$

环丙烷的烷基衍生物与溴化氢加成时，连接最多和最少氢原子的两个成环碳原子之间发生环的断裂，并且遵循马尔柯夫尼柯夫规则，即氢原子加到连接氢原子较多的碳原子上。

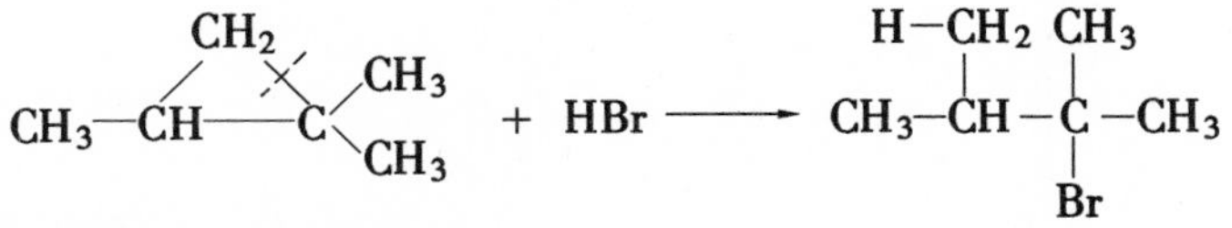

$$
\begin{array}{c}
CH_2 \\
CH_3-CH \underset{\diagdown}{\diagup} C \overset{CH_3}{\underset{CH_3}{}} + HBr \longrightarrow \quad CH_3-CH-C-CH_3 \\
\end{array}
$$

而环丁烷、环戊烷、环己烷并不反应。

从上述反应可以看出，在环烷烃中，三元环的稳定性最小，最易发生开环反应；四元环次之；五元环稳定性较大，不易发生开环反应；六元环一般不发生开环反应。

4.3 环烷烃的结构

4.3.1 环的张力——张力分子

直链烷烃的结构中，每一个碳原子都是 sp^3 杂化，碳碳和碳氢轨道对称轴之间的夹角是 109°28′，分子不存在张力。但在环烷烃中，环丙烷分子中碳碳原子之间的夹角是 60°，

而碳原子的 sp^3 轨道对称轴之间的夹角是 109°28′，这样，相邻两个碳原子以 sp^3 轨道重叠形成 C—C σ 键时，相互重叠的两个 sp^3 轨道的对称轴就不能在一条直线上，不能以"头顶头"的方式达到最大程度的重叠，而只能以弯曲的方式重叠。这样形成的 C—C σ 键是弯曲的，叫做弯曲键，如图4.1所示。因此环丙烷、环丁烷是张力分子，其张力来自环碳原子的 sp^3 轨道达不到最大程度的重叠。由于是以弯曲的方式重叠，sp^3 轨道重叠的程度显然较小，生成的弯曲键也就较弱，环丙烷分子的稳定性也就较小，因而较易发生开环反应。这是因为在

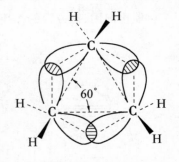

图4.1 环丙烷分子中的 C—C σ 键

环丙烷分子中产生了张力——角张力，来"迫使"环丙烷开环。此外，由于形成了弯曲键，不仅使 C—C σ 键变弱，而且使电子云分布在连接两个碳原子的直线的外侧，如图4.1所示。这就提供了亲电试剂进攻的位置，从而使环丙烷具有一定的烯烃的性质，例如，较易与 Br_2、HBr 等加成。环丁烷的结构与环丙烷相似，sp^3 轨道也是弯曲重叠，形成弯曲键。但是，弯曲的程度比环丙烷小，所以张力也较小，稳定性降低的程度也就较小，发生开环反应也就比环丙烷困难。在环烷烃中，三元环的稳定性最小，四元环次之，五元环稳定性较大，不易发生开环反应，六元环一般不发生开环反应。

4.3.2　环己烷的构象

在环己烷分子中，碳原子是 sp^3 杂化。碳原子以单键相连接，键角是 109°28′。如果键角保持 109°28′或接近 109°28′，环己烷分子中的六个碳原子就不可能在同一个平面内形成平面形的环，而是在不同的平面内形成折叠式的环。这种折叠式的环有两种主要形式，即环己烷的椅式构象和船式构象。

环己烷的椅式构象主要是因为其分子结构看上去像一把"靠背椅"，有"椅背"、"椅腿"、"椅面"三个平面组成。图4.2给出环己烷分子椅式构象的模型、透视式和纽曼投影式。

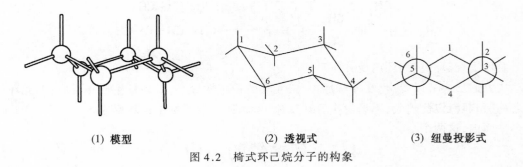

(1) 模型　　　　　　　　(2) 透视式　　　　　　(3) 纽曼投影式

图4.2　椅式环己烷分子的构象

从模型可以看出，在椅式环己烷分子中，每个碳原子都是等同的。椅式环己烷分子是非平面形，键角接近 109°28′，所以没有角张力。从模型还可看出，所有相邻的两个碳原子上的 C—H 键都是处于交叉式位置，所以也没有扭转张力。因此，椅式构象是环己烷能量最低、最稳定的构象。椅式构象也几乎是所有环己烷衍生物能量最低、最稳定的构象。

环己烷的船式构象主要是因为其分子结构看上去像一条"小船",有"船头","船底"和"船尾"三个平面组成。图 4.3 给出环己烷分子船式构象的模型、透视式和纽曼投影式。

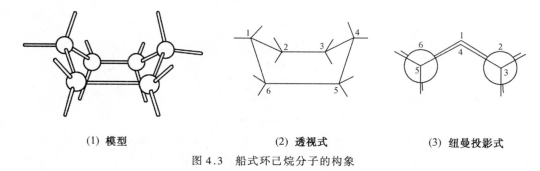

(1) 模型　　　　　　　(2) 透视式　　　　　　(3) 纽曼投影式

图 4.3　船式环己烷分子的构象

从模型可以看出,在船式环己烷分子中,C_2、C_3、C_5 和 C_6 这四个碳原子处在同一个平面内,可以看作是"船底";C_1 和 C_4 这两个碳原子则处在这个平面的上面,一个可以看作是"船头";另一个可以看作是"船尾"。船式环己烷分子是非平面形的,键角 $109°28'$,所以没有角张力。但是,在船式构象中,C_2 和 C_3、C_5 和 C_6 上的 C—H 键处于重叠式位置,存在着扭转张力。此外,在船式构象中,C_1 和 C_4 上的两个"旗杆"H 原子间的距离非常近,比两个 H 原子的"体积"(把 H 原子看成球形)的半径之和还小很多。这就使这两个 H 原子彼此产生排斥作用。因此,船式构象比椅式构象的能量高(大约高 $29.7 \ kJ·mol^{-1}$)。环己烷船式构象不是处在能量极小位置,而是处在能量极大位置。

如果把船式构象模型的右端向下翻,则得到椅式构象的模型(图 4.4)。这一翻动只涉及到绕着环己烷分子中的 C—C 单键的转动。许多物理方法已经证实,在常温下,环己烷的椅式构象和船式构象是互相转化的,在平衡混合物中,椅式构象占绝大多数(99.9%以上)。

船式构象　　　　　　　　　　　椅式构象

图 4.4　环己烷船式和椅式构象之间的相互转变

4.3.3　环己烷椅式构象中的 a 键和 e 键

从椅式环己烷分子的模型可以看出,C_1、C_3 和 C_5 处在同一平面内,C_2、C_4 和 C_6 处在另一个平面内,这两个平面彼此平行,如图 4.5(1);此外通过模型中心,还有一个垂直于这两个平行平面的轴线,如图 4.5(2)。电子衍射实验测得两个平行平面间的距离是 0.05 nm。

从模型,如图 4.5(3)还可以看出,椅式环己烷分子中的十二个 C—H 键分为两类,一类是六个 C—H 键与分子的轴线平行,是直立的,叫做 a 键,或直立键。在上边平面内的三个碳原子上的三个 C—H 键方向向上,在下边平面内的三个碳原子上的三个 C—H 键方向向下。另一类是六个 C—H 键分别与六个 a 键成 $109°28'$ 的角,可以粗略地看作是处于水平位置,叫做 e 键,或平伏键,指向环的外侧。在环己烷分子椅式构象中,每个碳原子都

连有一个 a 键和一个 e 键。

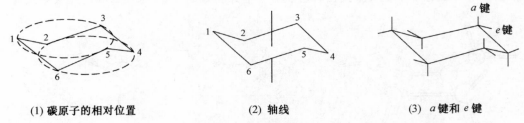

(1) 碳原子的相对位置　　　　(2) 轴线　　　　(3) a 键和 e 键

图 4.5　椅式环己烷分子模型

环己烷分子可以由一个椅式构象翻转成为另一个椅式构象,如图 4.6 所示。在这个过程中,由 C_1、C_3 和 C_5 所决定的上边的平面转变成为下边的平面,而由 C_2、C_4 和 C_6 所决定的下边的平面则转变成为上边的平面;同时,碳原子上原来的 a 键变成了 e 键,而原来的 e 键则变成了 a 键。

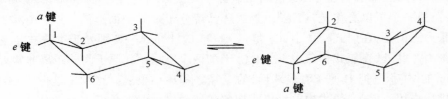

图 4.6　环己烷椅式构象之间的相互转变

4.3.4　取代环己烷的构象

在环己烷椅式构象中,连接在同一侧相间的碳原子上的三个 a 键(例如 C_1、C_3 和 C_5 上的三个 a 键)上的氢原子间的距离很近,是 0.25 nm,如图 4.7 所示。

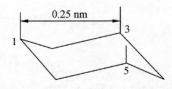

图 4.7　椅式环己烷分子中 C_1、C_3、C_5 原子上的 a 键间的距离

当环己烷分子中的一个氢原子被其它原子或基团(例如 Y)取代时,取代基 Y 可以是以 a 键也可以是以 e 键,与环碳原子相连接,从而产生了两种不同的构象异构体——连接 a 键的构象和连接 e 键的构象,如图 4.8 所示。

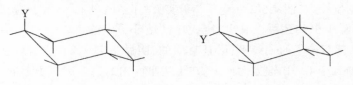

图 4.8　一取代环己烷椅式构象

取代基 Y 的"体积"比氢原子的大。从模型或透视式可以看出,由于 a 键和 e 键的方向不同,以 a 键与环碳原子相连接的取代基 Y 与环同侧的两个 a 键氢原子之间的距离较近,"拥挤"情况较严重,斥力较大,这叫做 1,3 - 二直立键的相互作用。由于这种作用,连接 a 键的构象异构体能量较高,稳定性较小。连接 e 键的构象异构体由于其 e 键指向环的外侧,没有这种排斥作用,因而能量较低,稳定性较大。所以取代基 Y 一般是以 e 键与环碳原子相连接。

当环己烷有两个取代基时,其优势构象可根据以下规律判断:

(1)椅式构象为最稳定的优势构象。

(2)取代基尽可能连接在 e 键上。

(3)取代基不同时,较大基团或体积特别大的基团处于 e 键时为优势构象。

例如 1,2 - 二甲基环己烷的顺、反两种异构体中,反式异构体的两个甲基全部连在 e 键上,而顺式异构体只有一个甲基连在 e 键上,所以反式比顺式稳定。在顺 - 4 - 叔丁基环己醇的两种椅式构象中,叔丁基在 e 键上的构象比在 a 键上的构象稳定,如图 4.9 所示。

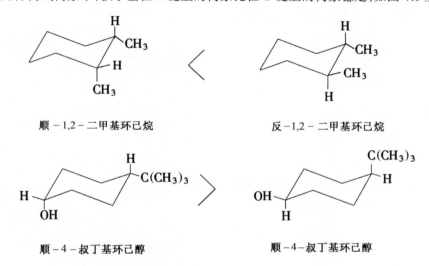

顺 - 1,2 - 二甲基环己烷　　　　　　反 - 1,2 - 二甲基环己烷

顺 - 4 - 叔丁基环己醇　　　　　　顺 - 4 - 叔丁基环己醇

图 4.9　双取代环己烷构象

4.3.5　十氢化萘的结构

十氢化萘是双环[4.4.0]癸烷广为采用的习惯名称,它有顺式和反式两种构型,可用下式表示

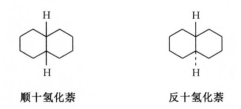

顺十氢化萘　　　　　　反十氢化萘

图 4.10　顺式和反式十氢化萘的平面结构式

顺十氢化萘和反十氢化萘都不是平面结构。

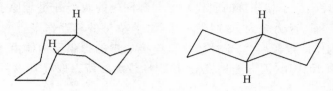

图 4.11　顺式和反式十氢化萘的构象

顺式和反式十氢化萘的稳定性不同,后者比前者稳定。主要原因为:反式十氢化萘桥头碳原子上的两个氢原子全部连接在 a 键上,其结构也比较平展。而在顺式异构体分子中,桥头碳原子上两个氢原子一个连接在 e 键上,另一个连接在 a 键上,其结构也比较拥挤,故分子能量较高,稳定性小。

习　　题

1.写出下列化合物的构造式或命名。

(1)1,1 – 二甲基环丙烷　　　　　　(2)1,2 – 二甲基环丙烷

(3)乙烯基环戊烷　　　　　　　　　(4)环丙基环戊烷

(5)反环辛烯　　　　　　　　　　　(6) ⬡—CH_2—CH=CH_2

(7) $\underset{H}{\overset{H}{\underset{C}{\overset{C}{|}}}}$(CH₂)₈　　　　　　(8) $\overset{H}{\underset{\triangle}{C}}$=$\overset{H}{\underset{\bigcirc}{C}}$

2.写出分子式为 C_5H_{10} 的环烷烃的所有构造异构体,并命名。

3.写出下列化合物的结构式。

(1)1,1 – 二甲基环庚烷　　　　　　(2)2,3 – 二甲基环戊烯

(3)1 – 环己烯基环己烯　　　　　　(4)3 – 甲基 – 1,4 – 环己二烯

(5)双环[4.4.0]癸烷　　　　　　　(6)双环[3.2.1]辛烷

(7)螺[4.5] – 6 – 癸烯

4.写出下列化合物最稳定构象的透视式。

(1)异丙基环己烷　　　　　　　　　(2)顺 – 1,3 – 二叔丁基环己烷

(3)反 – 1 – 甲基 – 2 – 异丙基环己烷　(4)反 – 1 – 乙基 – 3 – 叔丁基环己烷

(5)

5.完成下列反应式。

(1) 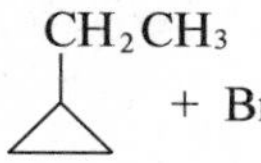 + Br$_2$ $\longrightarrow$

(2)  + KMnO$_4$/H$_3$O$^+$ $\xrightarrow{\triangle}$

(3) 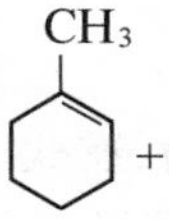 + HBr $\longrightarrow$

(4) 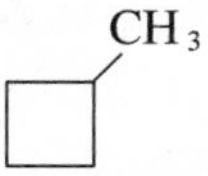 + Br$_2$ $\xrightarrow{光}$

6.1,3 – 丁二烯聚合时,除生成高分子聚合物外,还得到一种二聚体。该二聚体能发生下列反应:

(1)催化加氢后生成乙基环己烷;

(2)和溴作用可加四个溴原子;

(3)用酸性 KMnO$_4$ 氧化,能生成 β – 羧基己二酸:

$$HOOC—CH_2—CH—CH_2—CH_2—COOH$$
$$\qquad\qquad\quad COOH$$

根据以上事实,推测该二聚体的结构,并写出各步反应式。

7.某烃(A),经臭氧化并在 Zn 粉存在下水解,只得到一种产物 2,5 – 己二酮

$$CH_3—\overset{O}{\overset{\|}{C}}—CH_2—CH_2—\overset{O}{\overset{\|}{C}}—CH_3$$

试写出该烃可能的构造式。

8.分子式为 C$_4$H$_6$ 的三个异构体(A)、(B)和(C)能发生如下的化学反应。

(1)三个异构体都能与溴反应,对于等摩尔的样品而言,与(B)和(C)反应的溴量是(A)的 2 倍。

(2)三者都能和 HCl 发生反应,而(B)和(C)在 Hg^{2+} 催化下和 HCl 作用得到的是同一种产物。

(3)(B)和(C)能迅速地和含 HgSO$_4$ 的硫酸溶液作用,得到分子式为 C$_4$H$_8$O 的化合物。

(4)(B)能和硝酸银氨溶液作用生成白色沉淀。

试推测化合物(A)、(B)和(C)的结构,并写出有关反应式。

第5章　芳　香　烃

芳香烃(aromatic hydrocarbon)最初来源于从植物胶中提取出来的具有芳香气味的物质,后经研究发现这类物质具有高度不饱和性,但又不同于烯烃和炔烃,在化学性质上具有特殊稳定性,不易发生加成反应和氧化反应,却易发生取代反应。这种特性被称为芳香性。由于这类化合物结构中大多数含有苯环结构,因此,将苯及其含有苯环结构的化合物统称为芳香族化合物。随着有机化学研究的不断深入,芳香化合物这一名词的涵义有了新的发展,现在人们将具有特殊稳定性的不饱和环状化合物统称为芳香族化合物。芳香族碳氢化合物统称为芳烃。

芳烃可分为四大类:

(1)单环芳烃　分子中只含一个苯环结构的芳烃。

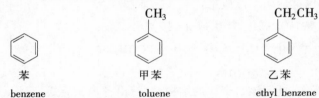

苯　　　　　　　　甲苯　　　　　　　　乙苯
benzene　　　　　　toluene　　　　　　ethyl benzene

(2)多环芳烃　分子中含有两个或两个以上独立的苯环结构的芳烃,又可以分成联苯和多苯代脂肪烃类。

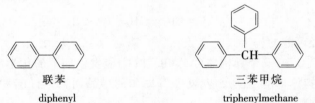

联苯　　　　　　　　　　　三苯甲烷
diphenyl　　　　　　　　　triphenylmethane

(3)稠环芳烃　分子中含有两个或两个以上苯环彼此通过共用相邻的两个碳原子稠合而成的芳烃。

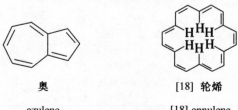

萘　　　　　　　　　　　　蒽
naphthalene　　　　　　　　anthracene

(4)非苯芳烃　分子中不含苯环,但具有芳香性的烃类化合物。

奥　　　　　　　　　　　[18] 轮烯
azulene　　　　　　　　　[18] annulene

5.1 苯分子的结构

苯的分子式为 C_6H_6。对于苯分子中六个碳和六个氢的组合方式,曾引起许多化学家的兴趣。从表面看,苯是高度不饱和分子,但其性质却与烯烃相差甚远,实验发现苯不易发生加成反应和氧化反应,却易发生取代反应。1865 年凯库勒(Kekule)根据苯的一元卤代物只有一种的事实,提出了苯的结构式,但将苯进行二卤代,发现邻二取代苯也只有一个,按其结构式分析却应存在两个异构体(如 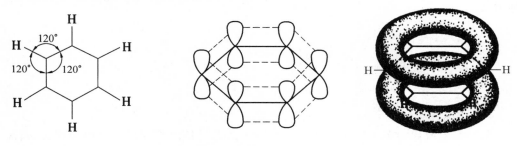),说明凯库勒结构式不能完全、正确地反映苯的结构。

近代物理方法证明,苯分子中的六个碳原子和六个氢原子都在同一平面内,六个碳原子构成平面正六边形,碳碳键长都是 0.140 nm,比碳碳单键(0.154 nm)短,比碳碳双键(0.134 nm)长,碳氢键长都是 0.108 nm,所有键角都是 120°。

图 5.1 苯分子的形状和 π 电子云图

杂化轨道理论认为,苯分子中六个碳原子都是 sp^2 杂化的,六个碳原子互相以 sp^2 杂化轨道形成六个 C—C σ 键,以 sp^2 杂化轨道分别与六个氢原子的 $1s$ 轨道形成六个 C—H σ 键(所有的 σ 键轴在同一平面内)。每个碳原子还有一个未参与杂化的 p_z 轨道(含一个 p_z 电子),这六个 p_z 轨道都垂直于碳氢原子所在的平面,互相平行,并且两侧同等程度地相互重叠,形成一个由六个 p 轨道组成的环状共轭 π 键,它含有六个 π 电子。这样,处于该 π 轨道中的 π 电子能够高度离域,使电子云密度完全平均化,从而能量降低,使苯分子得到稳定。

由此可见,苯分子有六个等同的 C—C σ 键、六个等同的 C—H σ 键和一个包括六个碳原子在内的环状共轭 π 键。因此,苯分子中的六个碳碳键是完全等同的。从电子云图可以看出,苯分子的六个碳原子的互相平行的六个 p_z 轨道互相重叠形成一个环状共轭 π 键,其形状像两个环分别处于苯环的上面和下面。

苯分子能量降低可以从氢化热的数据得到证实。

苯的氢化热为 208.5 kJ·mol^{-1},环己烯的氢化热为 119.5 kJ·mol^{-1},假想的 1,3,5 - 环己三烯的氢化热应为环己烯的 3 倍,即 358.5 kJ·mol^{-1}。苯的氢化热比假想的 1,3,5 - 环己三烯低 150 kJ·mol^{-1}。也就是说,由于环状共轭 π 键的形成使苯分子的能量降低了 150 kJ·mol^{-1},这个数值称为苯的共轭能。由于这种能量降低,而导致苯分子的稳定性较高。

历史上自 1865 年起就是用凯库勒构造式 ⬡ 来表示苯分子的结构。苯的凯库勒构造式虽然未能完全正确地反映苯分子的结构,但是,只要了解到凯库勒构造式表示的苯分子的结构并不是交替的三个 C—C 单键和三个 C=C 双键,而是六个等同的 C—C σ 键和一个包括六个 C 原子、六个电子的环状共轭 π 键,凯库勒构造式还是可以使用的。实际上,苯分子的凯库勒构造式仍在普遍使用。为了表示苯分子中有一个环状共轭 π 键,有些书刊上也采用 ⬡ 来表示苯的结构。

5.2 苯同系物的异构和命名

苯的同系物指的是苯和它的脂肪烃基取代物。

一烷基苯是以苯作为母体、烷基作为取代基来命名的,命名时常省略某基的"基"字,称为某苯。

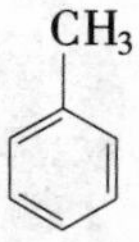

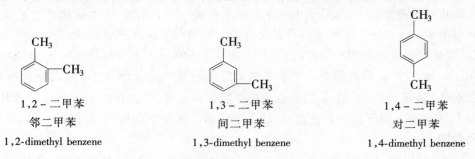

CH₃
甲苯
toluene

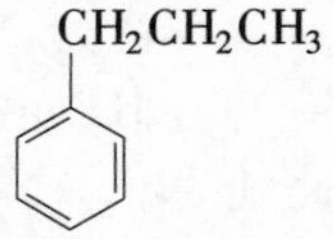

CH₂CH₂CH₃
丙苯
propyl benzene

苯的二元取代物有三种异构体。二烷基苯命名时是以邻、间、对或英文字母 o、m、p 作为字头来表明两个取代基的相对位次,或者用阿拉伯数字来表明取代基的位次。

1,2 - 二甲苯
邻二甲苯
1,2-dimethyl benzene

1,3 - 二甲苯
间二甲苯
1,3-dimethyl benzene

1,4 - 二甲苯
对二甲苯
1,4-dimethyl benzene

对于三个相同烷基取代苯,有三种异构体,也可用连、偏、均作为字头来表示。

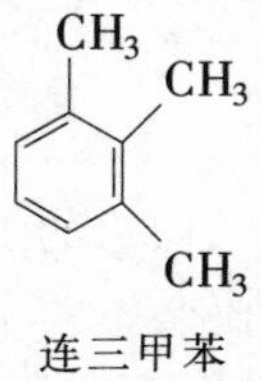

连三甲苯
1,2,3 - 三甲苯
1,2,3-trimethyl benzene

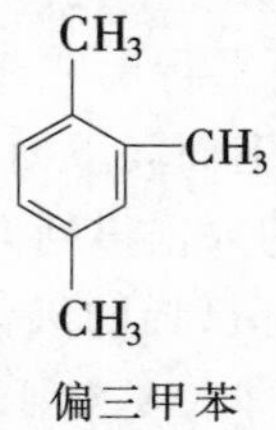

偏三甲苯
1,2,4 - 三甲苯
1,2,4-trimethyl benzene

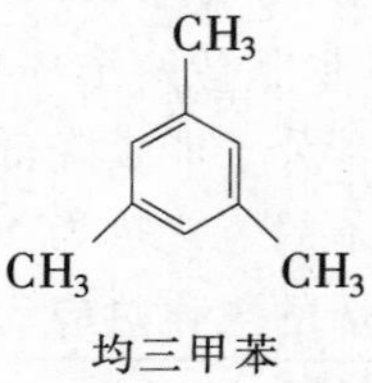

均三甲苯
1,3,5 - 三甲苯
1,3,5-trimethyl benzene

当苯环上连接的脂肪烃基比较复杂,或连接的是不饱和烃基,或烃链上有多个苯环时,则以脂肪烃作为母体,苯环作为取代基来命名。

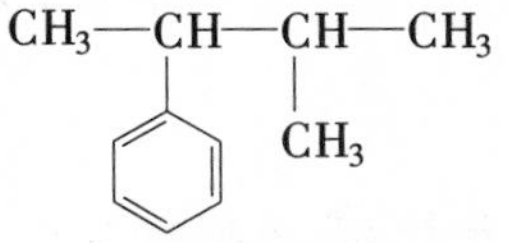

2 – 甲基 – 3 – 苯基丁烷
2-methyl-3-phenyl butane

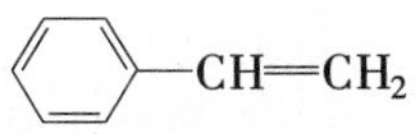

苯乙烯
styrene

芳烃分子中从苯环上去掉一个氢原子后剩下的基团称为芳基,常用 Ar – 表示。常见的苯基(C_6H_5—)一般是用 Ph –(phenyl 的缩写)表示。从单环芳烃的侧链上去掉一个或几个氢原子后剩下的基团则是以苯作为取代基的链烃基来命名的。

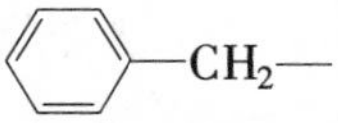

苯甲基(苄基)
benzyl

5.3 苯及其同系物的性质

5.3.1 苯及其同系物的物理性质

单环芳烃不溶于水,而溶于汽油、乙醚和四氯化碳等有机溶剂。一般单环芳烃都比水轻,沸点随相对分子质量增加而升高,对位异构体的熔点一般比邻位和间位异构的高,这可能是由于对位异构体分子对称,晶格能较大的缘故。

表5.1 一些常见单环芳烃的物理性质

化 合 物	熔点/℃	沸点/℃	相对密度(d_4^{20})
苯	5.5	80.1	0.879
甲苯	– 95	111.6	0.867
邻二甲苯	– 25.2	144.4	0.880
间二甲苯	– 47.9	139.1	0.864
对二甲苯	13.2	138.4	0.861
乙苯	– 95	136.2	0.867
正丙苯	– 99.6	159.3	0.862
异丙苯	– 96	152.4	0.862
苯乙烯	– 33	145.8	0.906

5.3.2 苯及其同系物的化学性质

苯具有环状的共轭 π 键,它有特殊的稳定性,不易发生加成反应和氧化反应。但是,

苯环上的 π 电子云暴露在苯环平面的上方与下方,容易受到亲电试剂的进攻,引起苯环上的氢被其他原子或原子团取代,称其为亲电取代反应。

1. 亲电取代反应(electrophilic substitution reaction)

(1)亲电取代反应的机理

在亲电取代反应中,首先是亲电试剂 E^+ 进攻苯环,快速地和苯环上的 π 电子形成 π 络合物。

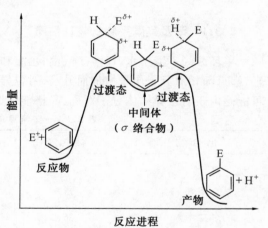

$$\bigcirc + E^+ \overset{快}{\rightleftharpoons} \text{π 络合物}$$

π 络合物仍然保持着苯环的结构。然后 π 络合物中亲电试剂 E^+ 进一步与苯环上的一个碳原子直接连接,形成活性中间体——σ 络合物,这是慢的一步。

$$\text{π 络合物} \overset{慢}{\rightleftharpoons} \text{σ 络合物} \overset{快}{\rightarrow}$$

在 σ 络合物中,苯环的封闭共轭体系被破坏,能量比苯高,不稳定,很容易脱去 1 个质子恢复成能量低的苯环结构,生成产物,这是快的一步,如图 5.2 所示。

(2)卤化

以铁粉或无水卤化铁为催化剂,苯与氯、溴发生取代反应生成氯苯或溴苯。

$$\bigcirc + Br_2 \xrightarrow[55\sim60\ ℃]{Fe} \text{溴苯} + HBr$$

溴苯继续溴代比苯困难些,产物主要是邻二溴苯和对二溴苯,其中邻二溴苯占总产物的 50%,对二溴苯占总产物的 45%。

图 5.2　苯亲电取代反应过程的能量曲线图

$$\text{溴苯} \xrightarrow{Br_2,Fe} \text{邻二溴苯} + \text{对二溴苯}$$

甲苯的溴代比苯容易,产物主要是邻溴甲苯和对溴甲苯。

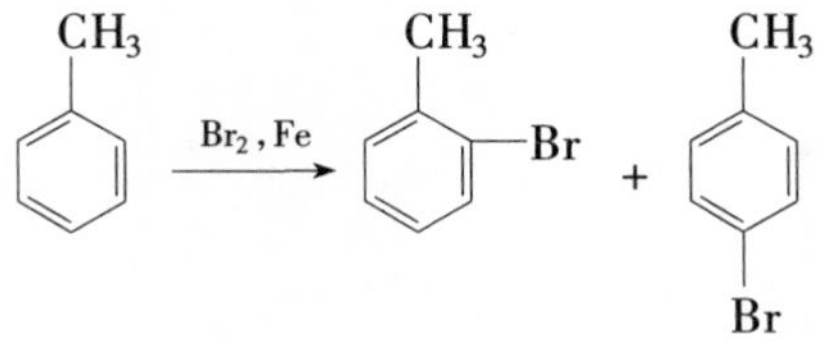

在苯的氯代或溴代反应中,起催化作用的是氯化铁或溴化铁。当用铁粉作催化剂时,氯或溴先与铁粉反应生成氯化铁或溴化铁,生成的氯化铁或溴化铁是真正的催化剂。以溴代为例,催化剂溴化铁的作用是极化溴分子而离解,产生亲电性的溴正离子。

$$Br_2 + FeBr_3 \longrightarrow \overset{\delta^+}{Br} \cdots\cdots \overset{\delta^-}{Br} \cdots\cdots FeBr_3 \longrightarrow Br^+ + \left[FeBr_4\right]^-$$

溴正离子进攻苯环发生亲电取代反应。

苯环上的氯代或溴代是不可逆反应。氯代或溴代是制备芳香族氯化物或溴化物的一个重要方法。

(3)硝化

苯及其同系物与浓硝酸和浓硫酸的混合物(通常称混酸)在一定温度下可发生硝化反应,苯环上的氢被硝基(—NO₂)取代,生成硝基化合物。

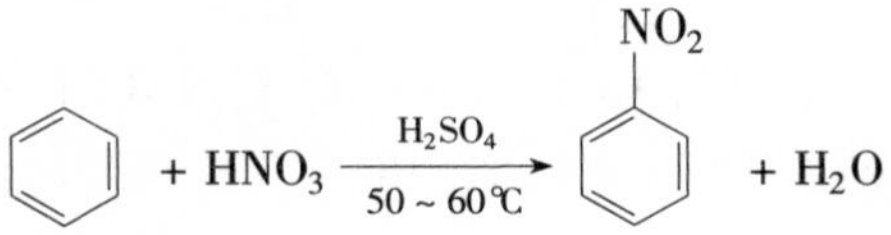

硝基苯继续硝化比苯困难,需要升高反应温度,生成的产物主要是间二硝基苯。

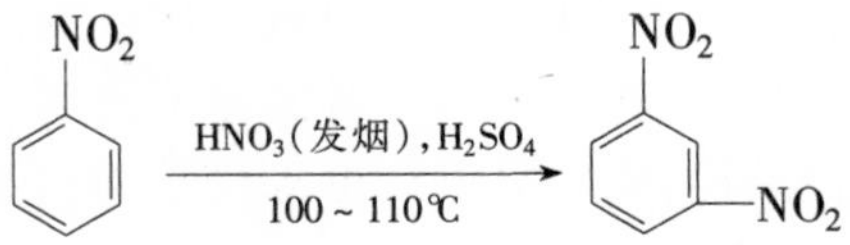

甲苯比苯容易硝化,硝化的主要产物是邻、对硝基甲苯。

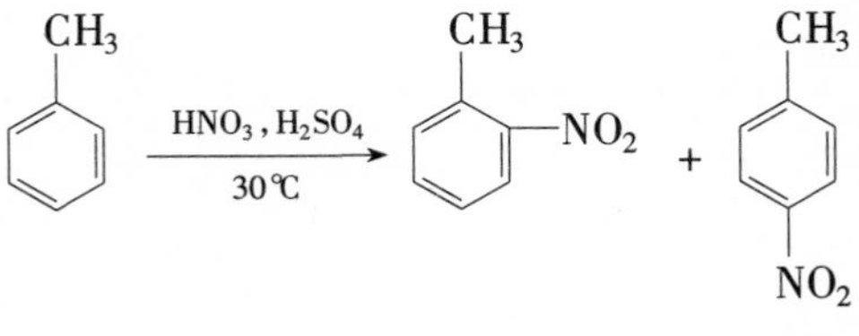

在苯环上的亲电取代反应中,对硝化反应机理研究得最为详细。以浓硝酸-浓硫酸硝化芳烃时,真正的硝化剂是 NO_2^+。NO_2^+ 是来自质子化 $H_2\overset{+}{O}$—NO_2 硝酸的异裂,它是亲电试剂。硝化反应与苯的溴代机理类似。

(4)磺化

苯及其同系物与浓 H_2SO_4 发生磺化反应,在苯环上引入磺(酸)基(—SO₃H),生成苯磺酸。

$$\text{\Large ⬡} + H_2SO_4 \underset{}{\overset{70\sim80℃}{\rightleftharpoons}} \text{\Large ⬡}SO_3H + H_2O$$

苯磺酸

如果用发烟硫酸($H_2SO_4 - SO_3$),25℃时即可反应。苯磺酸再磺化比苯困难,须采用发烟硫酸并在较高温度下进行。苯磺酸磺化的产物主要是间苯二磺酸。

$$\text{\Large ⬡}SO_3H \xrightarrow[200\sim230℃]{H_2SO_4-SO_3} \text{\Large ⬡}^{SO_3H}_{SO_3H}$$

甲苯比苯容易磺化,主要得到邻、对位的产物。

$$\text{\Large ⬡}CH_3 \xrightarrow[0℃]{H_2SO_4} \text{\Large ⬡}^{CH_3}_{SO_3H} + \text{\Large ⬡}^{CH_3}_{SO_3H}$$

以浓硫酸(H_2SO_4)或发烟硫酸($H_2SO_4 - SO_3$)进行磺化时,一般认为真正的磺化剂是SO_3或其共轭酸SO_3H^+。SO_3H^+是亲电试剂。磺化反应与苯的溴代机理类似。

与硝化、氯代和溴代不同,磺化反应是可逆反应。磺化反应的逆反应称为脱磺基反应或水解反应。高温和较低的硫酸浓度对脱磺基反应有利。利用磺化反应的可逆性,在有机合成中,可把磺酸基作为临时占位基团,以得到所需的产物。例如,由甲苯制取邻氯甲苯时,若用甲苯直接氯代,得到的是邻氯甲苯和对氯甲苯的混合物,分离困难。如果先用磺基占据甲基的对位,再进行氯代,就可避免对位氯代物的生成。产物再经水解,就可得到高产率的邻氯甲苯。

$$\text{\Large ⬡}CH_3 \xrightarrow{H_2SO_4} \text{\Large ⬡}^{CH_3}_{SO_3H} \xrightarrow{Fe,Cl_2} \text{\Large ⬡}^{CH_3}_{SO_3H}(Cl) \xrightarrow[150℃]{H_2O} \text{\Large ⬡}^{CH_3}(Cl)$$

(5)傅瑞德尔 - 克拉夫茨反应

在无水氯化铝的催化下,芳烃与氯代烷(或溴代烷)的反应称为傅瑞德尔(C. Friedel) - 克拉夫茨(J. M. Crafts)烷基化反应。

$$\text{\Large ⬡} + CH_3CH_2Cl \xrightarrow{AlCl_3} \text{\Large ⬡}CH_2CH_3 + HCl$$

傅瑞德尔－克拉夫茨烷基化反应在工业生产上有重要的意义,例如,苯分别与乙烯和丙烯反应,是工业上生产乙苯和异丙苯的方法。烷基化产物中的乙苯、异丙苯、十二烷基苯等都是重要的化工原料。乙苯经催化脱氢后生成苯乙烯,后者是合成树脂和合成橡胶的重要单体;异丙苯是生产苯酚、丙酮的主要原料;十二烷基苯磺化、中和后生成的十二烷基苯磺酸钠是重要的合成洗涤剂的原料。

在无水氯化铝催化下,芳烃与酰氯(RCOCl)反应生成芳酮是典型的傅瑞德尔－克拉夫茨酰基化反应。

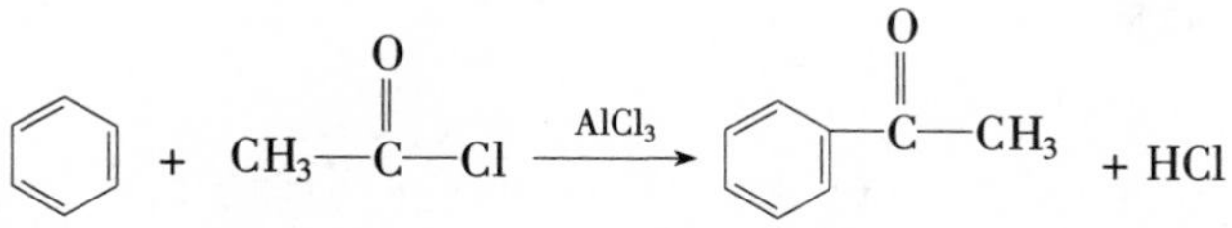

酰基化反应是不可逆的。由于酰基是一个吸电子的钝化苯环的取代基,酰基化产物芳酮的活性比反应物芳烃小,所以一般不发生多酰基化。酰基化时,引入的酰基也不发生重排。

除酰氯外,酸酐也常用作酰基化试剂,例如

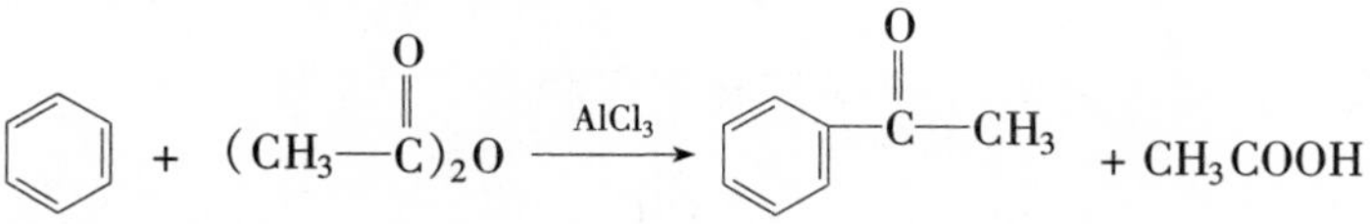

傅瑞德尔－克拉夫茨酰基化是制备芳酮的一个重要方法。

2.加成反应

苯环在一定条件下可以发生加成反应,例如与氢和氯加成。

(1)加氢

在催化剂 Pt、Pd、Ni 等作用下,苯环能与氢加成。

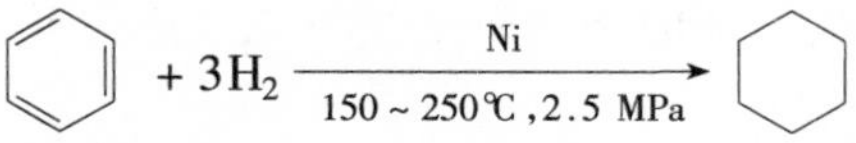

这是环己烷的工业制法。

(2)加氯

在日光或紫外光照射下,苯能与氯加成,生成六氯环己烷($C_6H_6Cl_6$),简称六六六。六六六曾作为农药大量使用,由于残毒严重,现在已经被淘汰。

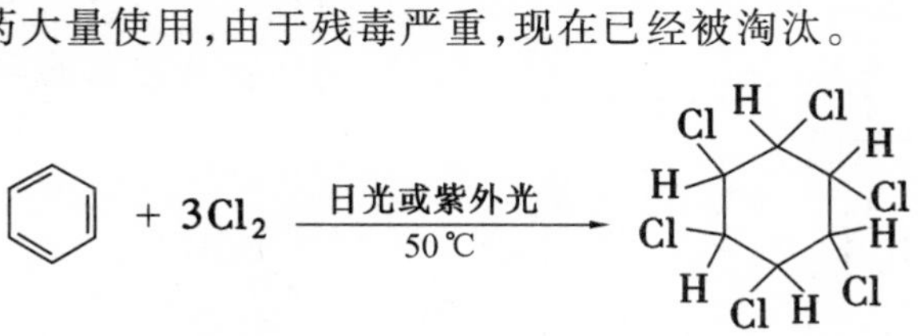

3.氧化反应

苯环很稳定不易被氧化,只是在催化剂存在下,高温时苯才会氧化开环,生成顺丁烯二酸酐。

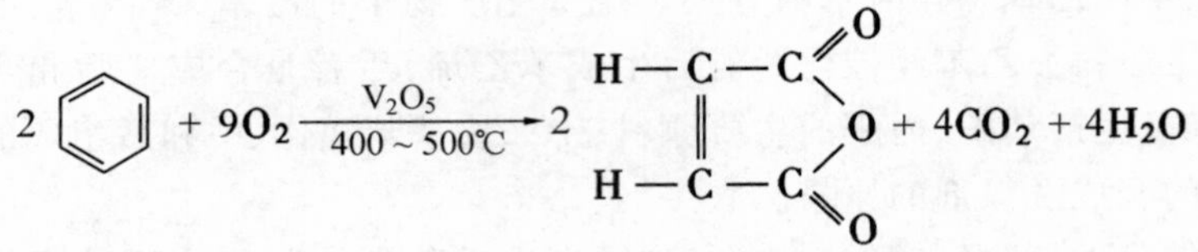

$$2 \text{苯} + 9O_2 \xrightarrow[400\sim500℃]{V_2O_5} 2 \text{(顺丁烯二酸酐)} + 4CO_2 + 4H_2O$$

这是顺丁烯二酸酐的工业制法。

4.芳烃侧链上的反应

(1)卤化

芳烃侧链上的卤化与烷烃卤化一样,是自由基反应。在加热或日光照射下,反应主要发生在与苯环直接相连的 $\alpha - H$ 原子上。

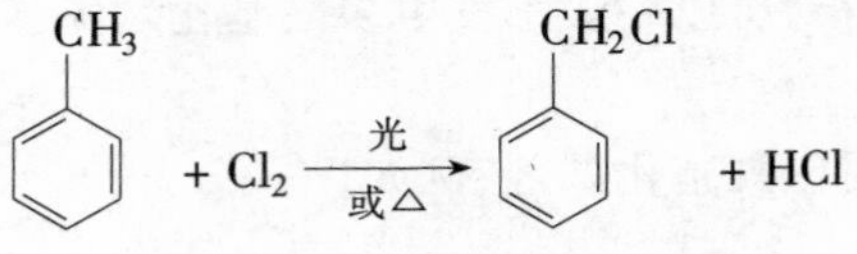

$$\text{甲苯}(CH_3) + Cl_2 \xrightarrow[\text{或}\triangle]{\text{光}} \text{苯}(CH_2Cl) + HCl$$

生成的苄氯可以继续氯化,生成苯二氯甲烷和苯三氯甲烷。

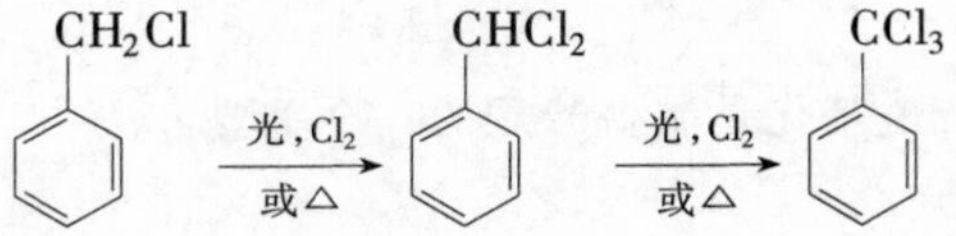

$$\text{苯}(CH_2Cl) \xrightarrow[\text{或}\triangle]{\text{光},Cl_2} \text{苯}(CHCl_2) \xrightarrow[\text{或}\triangle]{\text{光},Cl_2} \text{苯}(CCl_3)$$

控制氯的用量可以使反应停止在某一阶段。

甲苯与溴也可以发生侧链溴化。

(2)氧化

苯环侧链上有 $\alpha - H$ 时,苯环的侧链较易被氧化生成羧酸。

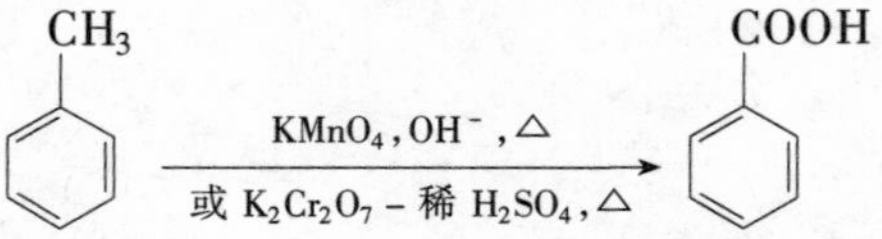

$$\text{甲苯}(CH_3) \xrightarrow[\text{或} K_2Cr_2O_7 - \text{稀} H_2SO_4,\triangle]{KMnO_4,OH^-,\triangle} \text{苯甲酸}(COOH)$$

苯甲酸

在侧链上只要有 $\alpha - H$,不论侧链的长短或多少,反应的最终产物都是侧链氧化成羧基。

$$\text{苯}(CH_2R)(CH_2R) \xrightarrow[\text{或} K_2Cr_2O_7 - \text{稀} H_2SO_4,\triangle]{KMnO_4,OH^-,\triangle} \text{苯}(COOH)(COOH)$$

若无 $\alpha - H$,如叔丁苯,一般不能被氧化。

5.4 苯环上亲电取代反应的定位规律

苯环在进行亲电取代反应时,如果苯环上已有一个取代基 Z,再引入的取代基可以进入原取代基 Z 的邻、间、对位,生成三种异构体。

假设原有取代基对取代反应进攻位置没有影响,那么邻位异构体应占 40%,间位异构体应占 40%,对位异构体应占 20%。事实上,甲苯硝化时,进攻试剂(NO_2^+)主要进入甲基的邻、对位,而且反应比苯容易发生;硝基苯硝化时,进攻试剂主要进入硝基的间位,而且反应比苯困难。由此可见,苯环上原有取代基除了对苯环的亲电取代反应活性有影响外,还对新引入的基团进入苯环的位置有定位作用。取代基的这种作用称为定位效应。苯环上原有取代基称为定位基。

5.4.1 两类定位基

根据大量的实验结果,可以把苯环上取代基的定位效应分为两类,如表 5.2 所示。

表 5.2 苯环亲电取代反应中的两类定位基

邻 对 位 定 位 基	间 位 定 位 基
强烈活化	强烈钝化
$-O^-$, $-NR_2$, $-NHR$, $-NH_2$, $-OH$	$-\overset{+}{N}R_3$, $-NO_2$, $-CF_3$, $-CCl_3$
中等活化	中等钝化
$-OR$, $-NHCOR$, $-OCOR$	$-CN$, $-SO_3H$, $-CHO$, $-COR$
较弱活化	$-COOH$, $-CONH_2$, $-\overset{+}{N}H_3$
$-Ph$, $-R$	
较弱钝化	
$-F$, $-Cl$, $-Br$, $-I$, $-CH_2Cl$	

第一类定位基——邻对位定位基。苯环上原有取代基指导新引入的取代基主要进入其邻位和对位(邻位和对位取代物之和 > 60%),称为邻对位定位基,亦称第一类定位基。在邻对位定位基中,除卤原子、氯甲基等外,一般都活化苯环,这种使苯环发生亲电取代反应活性增加的基团称为致活基团。它们都有推电子的共同特征。

第二类定位基——间位定位基。苯环上原有取代基指导新引入的取代基主要进入其间位(间位取代物 > 40%),称为间位定位基,亦称第二类定位基。间位定位基都钝化苯环,使苯环发生亲电取代反应的活性降低。它们都有吸电子的共同特征。

5.4.2 苯环上亲电取代反应定位规律的解释

定位基的定位效应以及影响亲电取代反应的其它因素(如立体效应)等,总称为定位规律。

1.取代基的电子效应

苯环上取代基的电子效应解释了定位规律。以—CH_3、—OH、—Cl 和—NO_2 为例,说明如下:

(1) —CH₃ —CH₃ 是一个活化苯环的邻对位定位基。—CH₃ 的电子效应是推电子效应(又称为 + I 和 + C)。—CH₃ 的推电子效应,一方面增大苯环上所有碳原子的电子云密度(与苯相比较),活化苯环,使亲电取代反应比苯容易;另一方面,还导致苯环中的 π 电子按照弯箭号所表示的方向转移,从而使苯环上邻位和对位碳原子上的电子云密度(δ⁻ 表示)比间位更大,亲电试剂优先选择进攻,所以是邻对位定位基。

(2) —OH —OH 是一个活化苯环的邻对位定位基。—OH 的电子效应是 − I 和 + C, − I 效应降低苯环上所有碳原子的电子云密度(与苯相比较),而 + C 效应则增大苯环上邻位和对位碳原子的电子云密度。+ C 效应是由于—OH 中氧原子的 p 轨道中有一对孤电子,可以和苯环产生 p − π 共轭作用,该孤电子对可以通过共轭效应向苯环离域,所以就增加了苯环的电子云密度。由于 + C > − I,净结果是增大了羟基邻位和对位碳原子的电子云密度,如表示苯环中电子共轭转移的弯箭号所示——活化苯环为邻对位定位基。

(3) —Cl —Cl 是一个钝化苯环的邻对位定位基。—Cl 的电子效应是 − I 和 + C, − I 效应降低苯环上所有碳原子的电子云密度(与苯相比较),而 + C 效应则增大苯环上邻位和对位碳原子的电子云密度。由于 − I > + C,净结果是,苯环上所有碳原子的电子云密度与苯相比较都有所减少——钝化苯环;但是,与间位相比较,氯苯分子中的邻位和对位碳原子的电子云密度减少的程度较小——邻对位定位。弯箭头号表示氯苯分子中苯环上 π 电子的共轭转移。

(4) —NO₂ —NO₂ 是一个钝化苯环的间位定位基。—NO₂ 的电子效应是 − I,降低苯环上所有碳原子的电子云密度——钝化苯环。另外,—NO₂ 的 − I 效应导致苯环中的 π 电子云按照弯箭号所表示的方向共轭转移,从而使苯环上邻位和对位的正电性较大(与间位相比较),也就是与间位相比较,邻位和对位的电子云密度较小,亲电试剂优先与间位反应。

2.取代基的立体效应

苯环上有邻对位定位基时,生成的邻位和对位产物之比与环上原有取代基和进入基团的性质都有关系。一般说来,这两种基团体积越大,空间位阻越大,邻位产物越少。这是取代基的立体效应所致。

苯环上原有取代基和进入基团的体积都很大时,产物中邻位异构体的量极少。例如,叔丁苯、溴苯进行磺化反应时,都几乎生成 100% 的对位产物。

5.4.3 二元取代苯的定位规律

苯环上已有两个取代基时,第三个取代基进入苯环的位置,主要取决于原来的两个取代基的定位效应。

(1)苯环上原有的两个定位基对于引入第三个取代基的定位效应一致时,第三个取代基主要进入它们共同确定的位置。例如下列化合物中再引入一个取代基时,取代基主要进入箭头所示的位置。

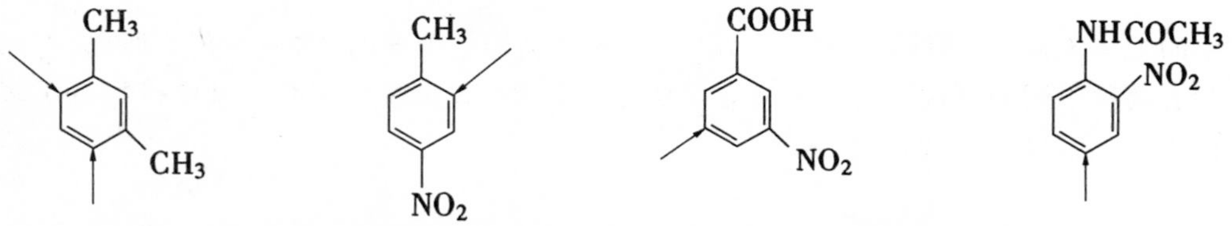

(2)苯环上原有的两个定位基对于引入第三个取代基的定位效应不一致时,第三个取代基进入苯环的位置,一般是邻对位定位基起主要定位作用,因为这类定位基活化苯环。

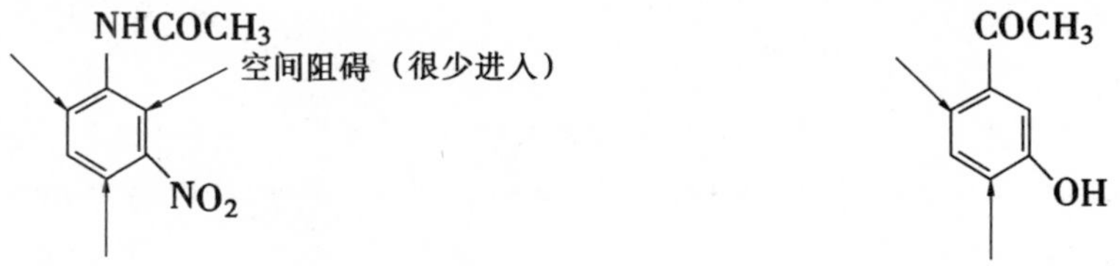

5.4.4 定位规律的应用

苯环上亲电取代反应定位规律,对于预测反应产物、选择正确的合成路线来合成苯的衍生物,具有重大的指导作用,现举例说明。

由甲苯合成邻溴苯甲酸和间溴苯甲酸,步骤如下:

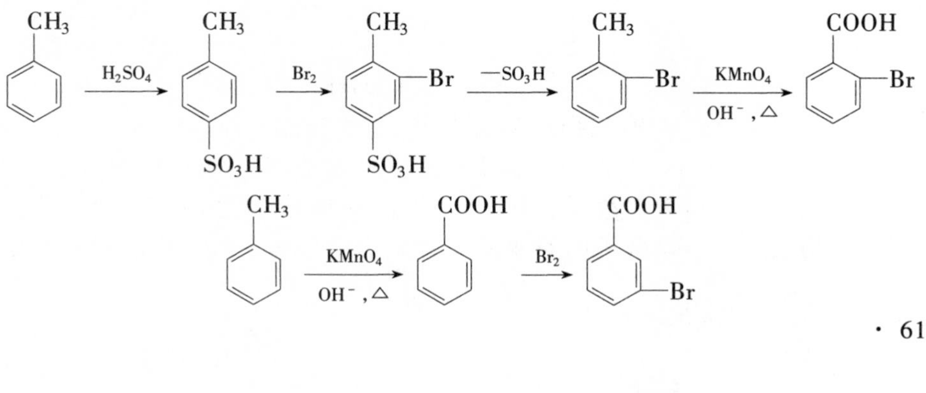

5.5 稠环芳烃

稠环芳烃主要有萘、蒽、菲等化合物。

5.5.1 萘

萘(naphthalene)是无色片状晶体,熔点80℃,沸点218℃,易升华。萘有特殊的气味,溶于乙醇、乙醚及苯中。萘是有机化工基础原料,它的很多衍生物是合成染料、农药和医药的重要中间体。

1.萘的衍生物的命名

萘环碳原子的编号如下:

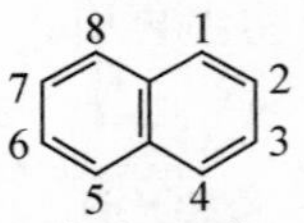

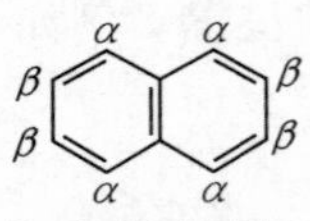

其中的1,4,5,8位是等同的,称为 α 位;2,3,6,7位也是等同的,称为 β 位。所以,一元取代萘有两种不同的异构体。命名为 α - 取代萘和 β - 取代萘。萘的二元取代物有更多的异构体,命名可参照下例。

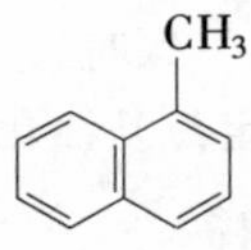

1 - 甲基萘或 α - 甲基萘

1-methylnaphthalene

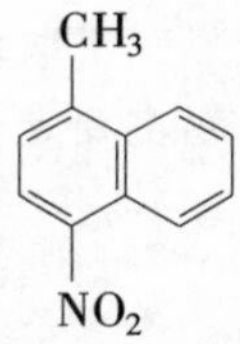

1 - 甲基 - 4 - 硝基萘

1-methyl-4-nitronaphthalene

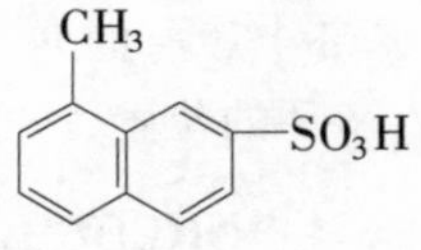

8 - 甲基 - 2 - 萘磺酸

8-methyl-2-naphthalenesulfonic acid

2.萘分子的结构

萘是由两个苯环稠合而成,成键方式与苯类似。经 X 衍射法测定,萘分子中的十个碳原子和八个氢原子均处于同一平面内,但萘分子中的碳碳键的键长并不是完全等同的。

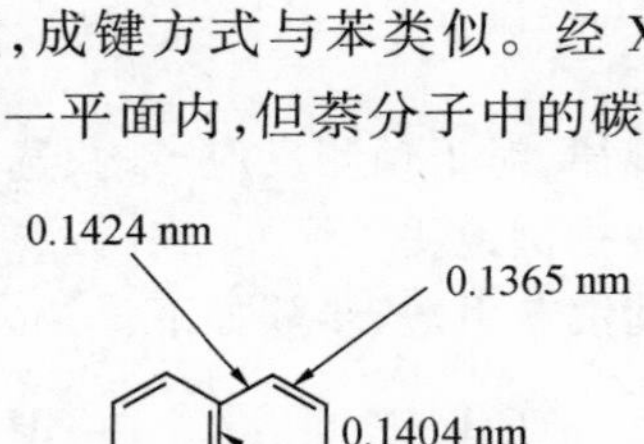

这是因为萘分子中的碳原子进行了 sp^2 杂化,每个碳原子都有垂直于萘环平面的 p 轨道,其中都有一个 p 电子。这些对称轴平行的 p 轨道侧面相互交盖,形成包含十个碳原子在内的共轭 π 键。所以在萘分子中没有一般的碳碳单键,也没有一般的碳碳双键,而是特殊的共轭大 π 键。萘分子中的共轭 π 键电子云分布在萘平面的上下两方,如图5.3所示。

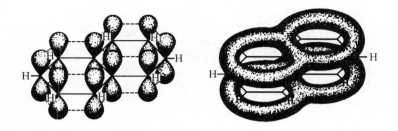

图 5.3　萘分子中的共轭 π 键及电子云图

3.萘的化学性质

萘的化学性质与苯相似。萘的共轭能是 254.8 kJ·mol^{-1}，比两个单独苯环的共轭能的总和(2×150 kJ·mol^{-1})低。因此,萘的稳定性比苯小,萘环的活泼性比苯大。

(1)亲电取代反应　萘比苯容易发生亲电取代反应。萘的 α 位比 β 位活泼,取代反应较易发生在 α 位。

卤代:在无水氯化铁催化下,萘与氯反应,主要生成 α－氯萘。

硝化:萘在 30～60℃与混酸反应,生成 α－硝基萘。

磺化:萘在较低温度下(80℃)与浓 H$_2$SO$_4$ 发生磺化反应,生成的主要产物是 α－萘磺酸,当反应升温至 165℃时,主要产物则是 β－萘磺酸。

傅瑞德尔－克拉夫茨酰基化:萘的酰基化得 α 位和 β 位取代的混合物,两种取代物的比例取决于反应条件。

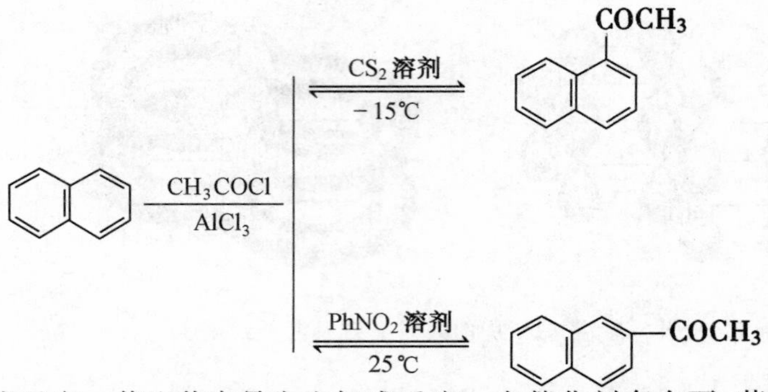

（2）加成反应 萘比苯容易发生加成反应。在催化剂存在下，萘与氢气反应，不同的条件可得到不同程度的加成产物。

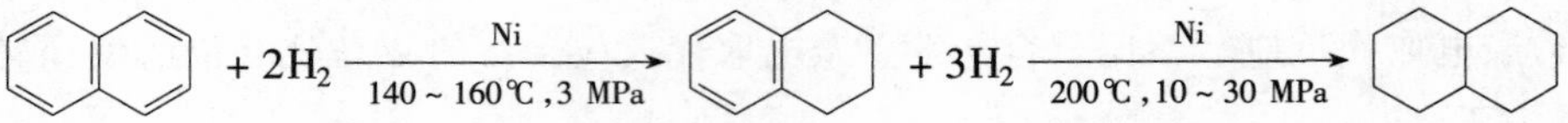

（3）氧化反应 萘比苯容易氧化。在催化条件下，萘被空气氧化生成邻苯二甲酸酐（俗称苯酐）。这是邻苯二甲酸酐的一个工业制法，也是萘的主要用途。

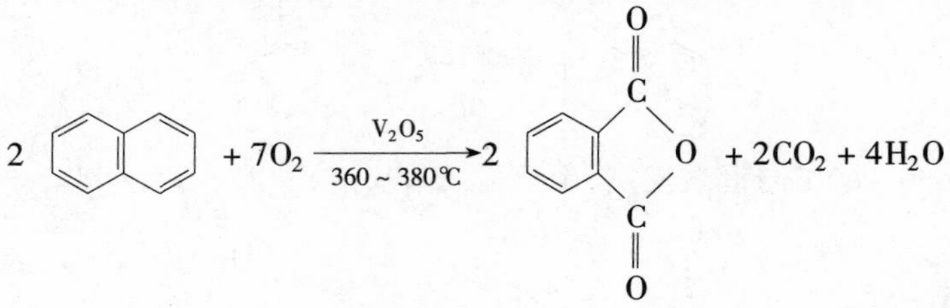

5.5.2 蒽

蒽（anthracene）是无色的片状晶体，有弱的蓝色荧光。不溶于水，难溶于乙醇和乙醚，易溶于热苯。熔点 217℃，沸点 354℃。蒽可从煤焦油中提取，主要用于合成蒽醌。

蒽是由三个苯环稠合成的直线形稠环化合物。蒽环的编号如下：

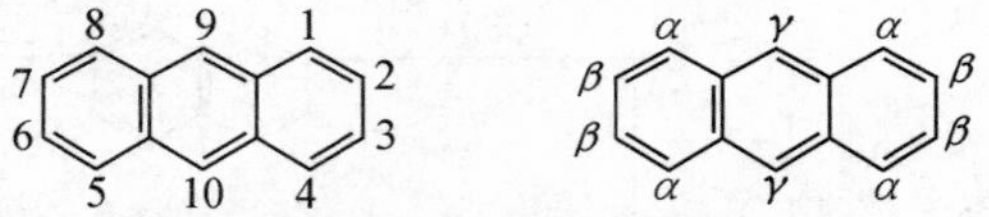

蒽分子中的碳原子不完全等同。蒽环上的碳原子可分成 α、β、γ 三组，其中 1,4,5,8 位是 α 位；2,3,6,7 位是 β 位；9,10 位是 γ 位。命名时，可按给定的编号表示取代基的位次。

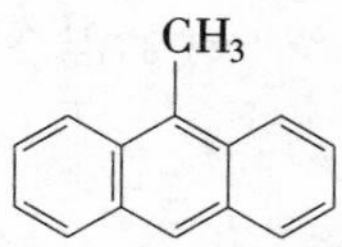

9-甲基蒽或 γ-甲基蒽

9-methyl anthracene

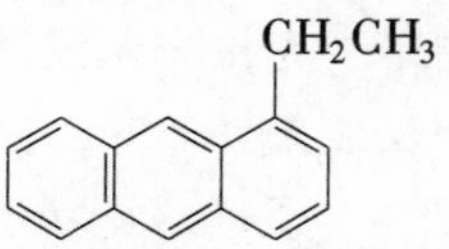

1-乙基蒽或 α-乙基蒽

1-ethyl anthracene

蒽可以发生亲电取代反应,也可以发生加成和氧化反应。在反应中,蒽环 9,10 位的活性最高。在路易斯酸催化剂存在下,蒽溴化生成 9 - 溴代产物。

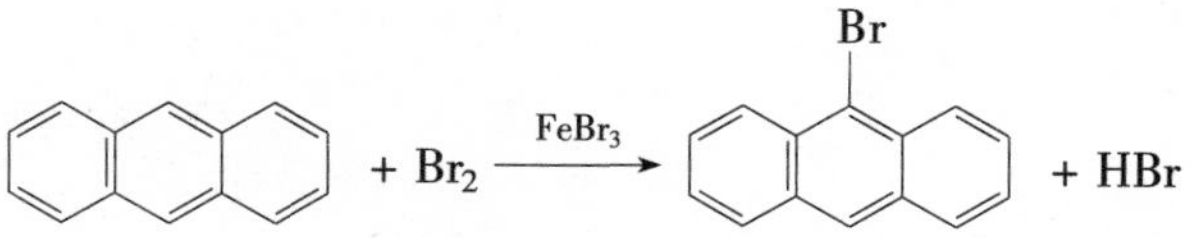

蒽的加成反应,一般都发生在 9,10 位上。原因是蒽在发生 9,10 位加成后,产物分子中留下两个独立的苯环,稳定性较高。若加成发生在其他位置,则产物分子中留下的是一个萘环,相比之下,不如上述加成产物稳定。

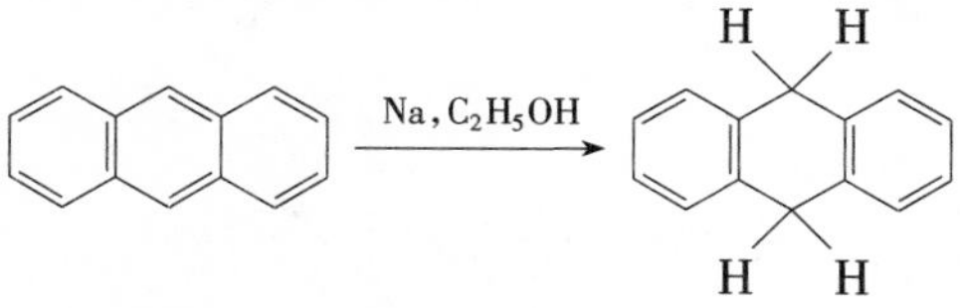

蒽的 9,10 位也容易发生氧化反应,生成蒽醌。这是工业上生产蒽醌的一个方法,蒽是一种化工原料。蒽醌的许多衍生物是染料的中间体,用于制备蒽醌染料。

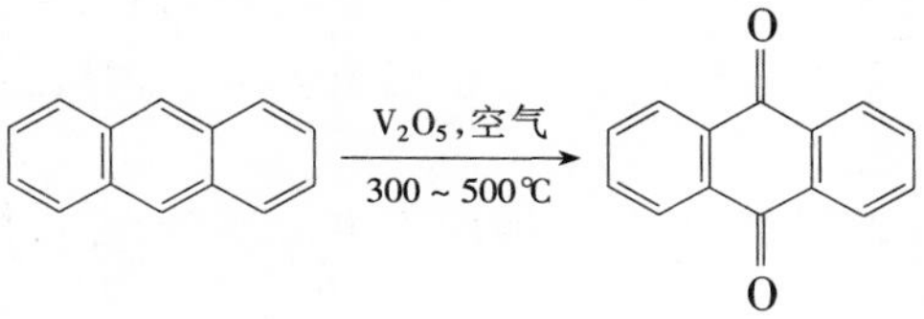

蒽醌(90%)

5.5.3 菲

菲(phenanthrene)是有光泽的无色片状晶体,熔点 101℃,沸点 340℃,不溶于水,易溶于苯,溶液有蓝色荧光。菲也可以从煤焦油中提取。

菲也是三个苯环稠合的稠环芳烃,但不是直线形的。菲与蒽是异构体。菲环的编号如下:

菲的化学性质与蒽相似,可以发生亲电取代、加成和氧化反应,反应中也以 9,10 位的活性最高。菲的氧化产物为 9,10 - 菲醌。目前,菲还没有找到突破性的重要用途。

5.5.4 致癌稠环芳烃

某些稠环芳烃有致癌作用,下面三种是典型的致癌稠环芳烃(carcinogenic aromatic hydrocarbon)。

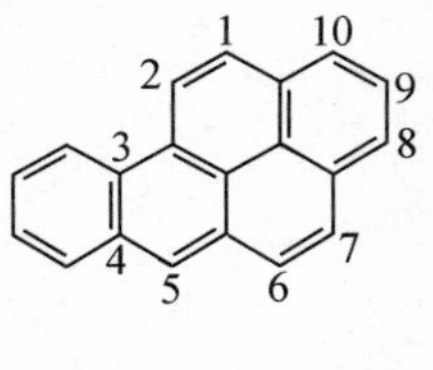

| 3,4-苯并芘 | 1,2,5,6-二苯并蒽 | 6-甲基-1,2-苯并-5,10-亚乙基蒽 |

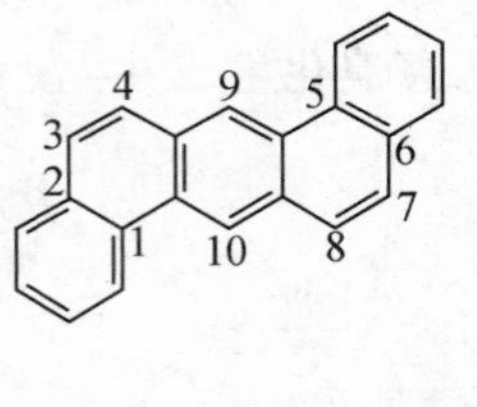

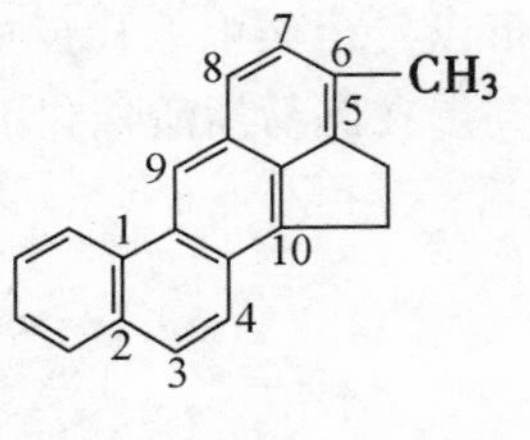

3,4-苯并芘(benzopyrene)是黄色针状或片状晶体,熔点 179℃。它是公认的强致癌物质,在一些含碳化合物不完全燃烧或热解时产生。烃类化合物热解的烟尘,汽车及柴油机排放的废气,以及纸烟的烟气中,都含有 3,4-苯并芘。3,4-苯并芘在大气中的含量是检测大气污染的重要指标之一。因此,如何使燃料充分燃烧及烟尘处理,是环境保护的重要课题。

5.6 重要化合物

5.6.1 苯

苯是无色可燃液体。熔点 5.5℃,沸点 80.1℃,相对密度 d_4^{20} 为 0.8790,爆炸极限 1.5%~8%(体积分数)。苯不溶于水,易溶于四氯化碳、乙醇、乙醚和冰醋酸中。空气中最高允许浓度为 20 $\mu g \cdot g^{-1}$。

苯是重要的有机化工基础原料,广泛地用于生产塑料、合成橡胶、合成纤维、染料、医药等。

5.6.2 甲苯

甲苯是无色可燃液体。熔点 -95℃,沸点 110.6℃,相对密度 d_4^{20} 为 0.866,爆炸极限 1.27%~7.0%(体积分数)。甲苯不溶于水,易溶于乙醇、乙醚、氯仿和冰醋酸。高浓度时有麻醉作用。甲苯也是有机化工基础原料。

5.6.3 二甲苯

二甲苯一般都是邻、间、对二甲苯的混合物,称为混合二甲苯。二甲苯为无色可燃液体,有类似甲苯的气味,不溶于水,易溶于乙醇、乙醚等。混合二甲苯可作溶剂。

邻二甲苯为无色可燃液体,熔点 -25.2℃,沸点 144.4℃,相对密度 d_4^{20} 为 0.8801。间二甲苯为无色可燃液体,熔点 -47.4℃,沸点 139.3℃,相对密度 d_4^{15} 为 0.8684。对二甲苯低温时为无色片状或棱形晶体,熔点 13.3℃,沸点 138.4℃,相对密度 d_4^{20} 为 0.8610。

邻、间、对二甲苯也是有机化工基础原料。邻二甲苯用于生产邻苯二甲酐、染料、药物等。对二甲苯是生产涤纶的原料。间二甲苯用于生产间苯二甲酸、医药、香料等。

5.6.4 苯乙烯

苯乙烯为无色或微黄色液体,熔点 -30.6℃,沸点 145℃,相对密度 d_4^{20} 为 0.9059,爆炸极限 1.1% ~ 6.1%(体积分数)。空气中最高允许浓度为 100 $\mu g \cdot g^{-1}$。不溶于水,溶于乙醇和乙醚等。易聚合,贮存时应加少量阻聚剂,如对苯二酚。

苯乙烯是由乙苯催化脱氢制得。

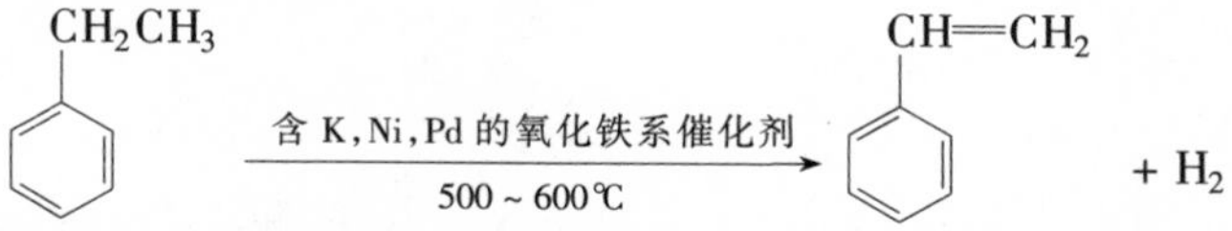

苯乙烯是生产聚苯乙烯、ABS 树脂、丁苯橡胶及离子交换树脂等的原料。

在引发剂的作用下,苯乙烯可以聚合生成聚苯乙烯。

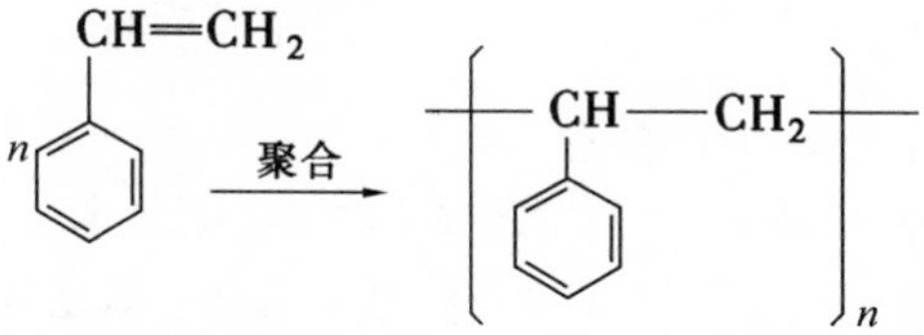

聚苯乙烯的电绝缘性好,透光性好,易于着色,易于成型;缺点是耐热性差,较脆,耐冲击强度低。聚苯乙烯主要用于生产电器零件、仪表外壳、光学仪器等。聚苯乙烯泡沫塑料广泛用于包装填充物。

习 题

1. 写出下列化合物的构造式。

(1) 间二硝基苯　　　(2) 对溴硝基苯　　　(3) 1,3,5 - 三乙苯

(4) β - 萘胺　　　(5) 三苯甲烷　　　(6) 联苯胺　　　(7) 对苯苄氯

2. 写出下列反应中反应物的构造式。

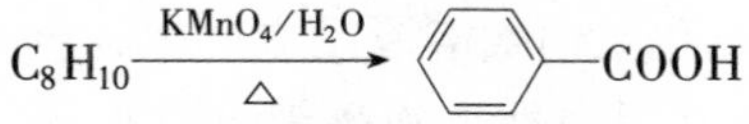

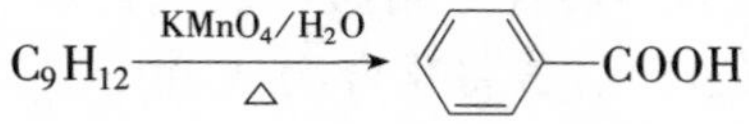

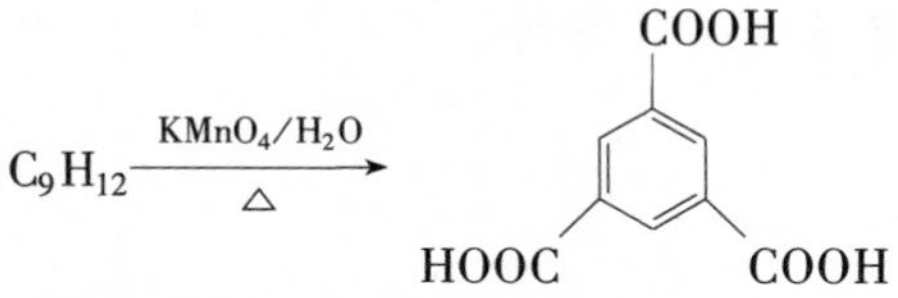

3. 完成下列反应式。

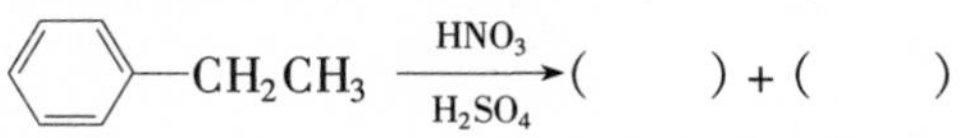

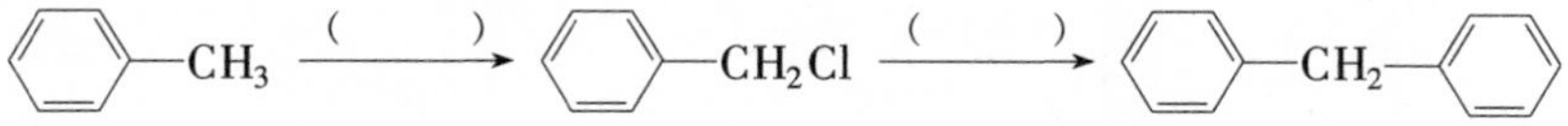

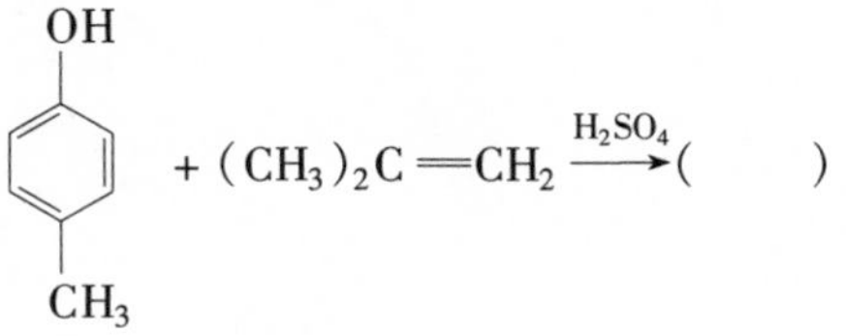

(4)

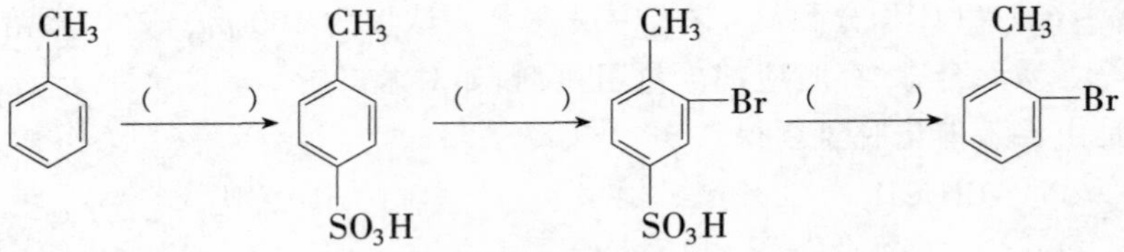

(5)

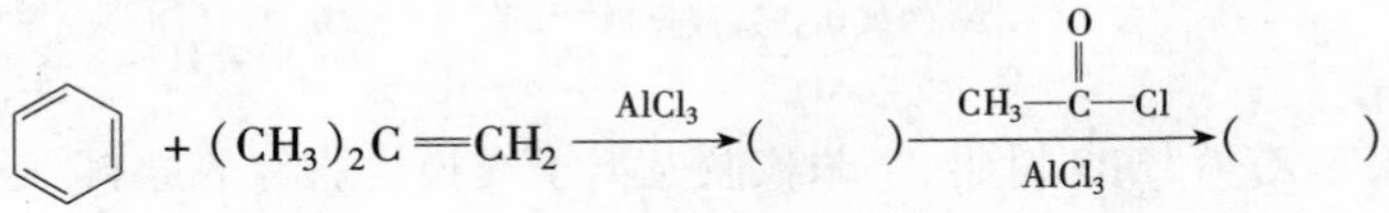

(6)

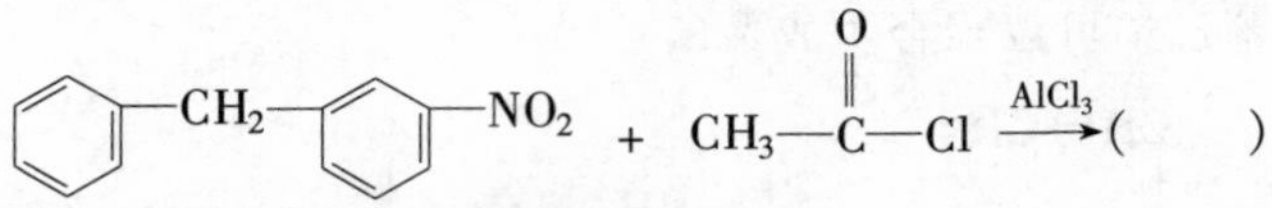

4. 用化学方法区别下列各组化合物。

　(1) 环己烷、环己烯和苯　　　　(2) 苯和 1,3 - 己二烯

　(3) 氯苯和乙苯　　　　　　　　(4) 环己苯和 1 - 苯基环己烯

5. 用苯、甲苯以及其他必要试剂合成下列化合物。

　(1) 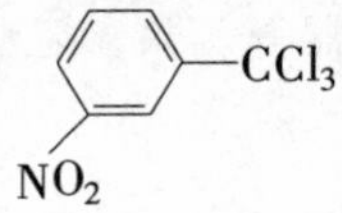 　　　　(2)

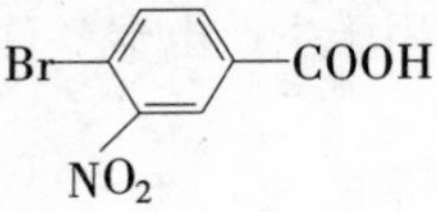

　(3) 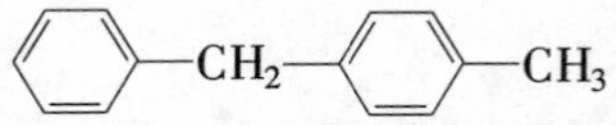 　　　　(4) 正丙苯

6. 三种三溴苯经过硝化后,分别得到三种、二种和一种一元硝基化合物。试推测原来三溴苯的结构和写出它们的硝化产物。

7. 某芳烃 B($C_{10}H_{14}$),有五种可能的一溴代物($C_{10}H_{13}Br$)。B 经剧烈氧化后生成一个酸性物质($C_8H_6O_4$),后者只能有一种一硝化产物($C_8H_5O_4NO_2$)。试推测 B 的结构。

8. 某不饱和烃 A 的分子式为 C_9H_8,它能和氯化亚铜氨溶液反应产生红色沉淀。化合物 A 催化加氢得到 B(C_9H_{12})。将化合物 B 用酸性重铬酸钾氧化得到酸性化合物 C($C_8H_6O_4$)。将化合物 C 加热得到 D($C_8H_4O_3$)。若将化合物 A 和丁二烯作用得到另一个不饱和化合物 E,将化合物 E 催化脱氢得到 2 - 甲基联苯。写出化合物 A、B、C、D、E 的构造式及各步反应方程式。

第6章 对映异构

同分异构大体上可以分为两类：构造异构（constitutional isomerism）和立体异构（stereo isomerism）。在立体异构中，除了构型异构和构象异构外，还有一种极为重要的立体异构现象，即对映异构（enantiomerism）。

对映异构现象在自然界中十分普遍，生物体对对映异构体的"识别"专一性很强，生命过程中的核酸、酶、蛋白质等活性分子的结构和功能与对映异构等因素有关，研究有机化学的反应历程也涉及到许多立体化学的问题，因此，研究有机化学的对映异构现象具有非常重要的意义。

6.1 物质的旋光性

6.1.1 平面偏振光

普通光是一种电磁波，光波可在垂直于它前进方向的任何可能的平面上振动。当普通光通过一个尼科尔（Nicol）棱镜时，尼科尔棱镜就像一个栅栏，只允许与尼科尔棱镜镜轴相互平行的平面上振动的光线透过棱镜，而在其他平面上振动的光则被挡住。这种只在同一个平面上振动的光叫做平面偏振光（plane - polarized light），简称为偏振光或偏光。

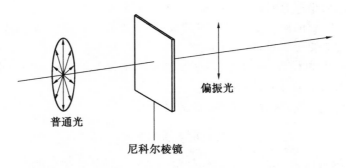

图 6.1 普通光变成偏振光

6.1.2 物质的旋光性

当偏振光通过介质时，有的介质和偏振光之间没有作用，如水和乙醇等。而有些介质却能和偏振光之间产生作用，如葡萄糖、乳酸等物质。当偏振光通过葡萄糖、乳酸这些物质时，它们能将偏振光的振动平面旋转一定的角度，这种能将偏振光的振动平面旋转的性质叫做物质的旋光性（optical activity）。具有旋光性的物质叫旋光性物质或光活性物质。

6.1.3 旋光仪和比旋光度

某物质是否具有旋光性及其旋光能力的大小,可以用旋光仪准确地测定出来。图6.2为一般旋光仪的示意图。它有一个光源和两个尼科尔棱镜,在两个棱镜中间有一个盛样品的样品管,第二个尼科尔棱镜上装有一个刻度盘。

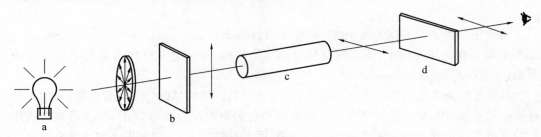

图6.2 旋光仪的示意图
a—光源;b—起偏镜;c—样品管;d—检偏镜

第一个棱镜叫起偏镜,它的功能是将光源投射来的光变为平面偏振光。第二个棱镜叫检偏镜,它的作用是测定被测物质旋转偏振光振动平面的角度。

当装有样品溶液(也可以是液体纯样品)的样品管置于两个棱镜的光通道上时,若被测物质无旋光性,则偏振光通过样品管后偏振面不被旋转,可以直接通过检偏镜,视场光亮度不会改变;若被测物质具有旋光性,则偏振光通过样品管后,偏振面就会被旋转(向右或向左)一定的角度。此时,若检偏镜不相应转动一定的角度,视场光亮度变暗,只有检偏镜也旋转(向右或向左)相同的角度,视场才恢复原来的亮度。观察检偏镜上刻度盘所旋转的角度,即为该旋光性物质的旋光度,一般用 $\pm\alpha$ 表示。偏振面被旋转的方向有左旋(逆时针)和右旋(顺时针)的区别,($+$)表示右旋,($-$)表示左旋,α 为偏光振动平面被旋转的角度数值的大小。有时也用"d"表示右旋,"l"表示左旋。

一种旋光性物质的旋光度与测定时的温度、光源的波长、样品的浓度和样品管的长度等因素有关。为了便于比较,国际上需要一个统一的标准。通常规定在20℃,波长为589 nm(钠光谱的D线)偏振光,通过长为1 dm,装有浓度为 $1.0\ \mathrm{g\cdot mL^{-1}}$ 溶液的样品管时,测得的旋光度为比旋光度,用 $[\alpha]_{\mathrm{D}}^{20}$ 表示。

比旋光度 $[\alpha]_{\mathrm{D}}^{20}$ 与实测旋光度 $\pm\alpha$ 的关系为

$$[\alpha]_{\mathrm{D}}^{20} = \pm\alpha/c \times l$$

式中,c 为溶液的浓度,$\mathrm{g\cdot mL^{-1}}$,纯液体可用密度;l 为样品管的长度,dm。

比旋光度是光活性物质的一项重要物理常数。

6.2 手性分子和对映异构体

6.2.1 对映异构体

任何物体都可以在平面镜里映出该物体相对应的镜像。当物体和它的镜像能够完全重合时,则它们是对称的,在它们内部可以找到对称因素,如对称面、对称轴或对称中心等。当物体和它的镜像不能够完全重合时,则它们是不对称的,此时找不到任何对称因素,正像我们的左手和右手那样,互为实物和镜像的关系,看上去似乎相同,但彼此却不能重合。

在有机分子中也有类似的情况,大部分有机分子与它们的镜像能够重合,则分子和镜像是同一化合物。它们与偏振光没有作用。但有一些有机分子与它们的镜像不能重合,所以,分子和镜像所代表的化合物就是不同的物质,它们与偏振光产生作用,并且其中一个化合物使偏振光的振动平面向右旋转,称为右旋体(dextroisomer)。另一个一定是使偏振光的振动平面向左旋转,称为左旋体(levoisomer)。并且左旋体和右旋体的比旋光度的数值相等。如乳酸(CH_3*$CHOHCOOH$)分子,肌肉中发现的乳酸其比旋光度为 + 3.8°,称为右旋乳酸,用(+) – 乳酸表示。而发酵过程中产生的乳酸其比旋光度为 – 3.8°,称为左旋乳酸,用(–) – 乳酸表示 。

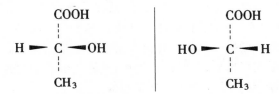

图 6.3 乳酸分子的两种构型

右旋乳酸和左旋乳酸这样的分子,互为实物和镜像的关系,但分子自身和镜像不能重合,就像人的左手和右手的关系一样,外形相似,但不能重合。

不能与其镜像重合的分子称为手性分子(chiral molecule)。它们的理化性质在一般情况下是相同的,但在光学活性上有区别,故称其为"旋光异构体"(optically active isomer)。这样的旋光异构体是分子和镜像的一一对应且不重合的关系,又称其为"对映异构体"(enantiomer),简称为"对映体"。

6.2.2 含一个手性碳原子的化合物

为什么乳酸存在对映体? 仔细观察乳酸分子的结构,就可以发现分子中的一个碳(C_2)所连的四个基团($COOH$, OH, CH_3, H)是不同的,所以我们在分子中找不到任何的对称因素。凡是直接连有四个不同原子或基团的碳原子称为不对称碳原子(asymmetric carbon atom),或手性碳原子(chiral carbon atom)。一般将"*"写在碳原子的左上方作为标记,如"*C"。

含一个手性碳原子的分子在空间就有两种排列方式,这两种排列方式是四个不同的基团在空间的伸展方向不同而产生的。有一个手性碳原子的化合物必定是手性分子,有一对对映体存在,其中一个是左旋体,另一个是右旋体。

一对等量的对映体的混合物没有旋光性,这种混合物被称为外消旋体(racemates),常用" ± "或"dl"表示。

对映体在非手性溶剂中的溶解度、熔点、沸点、密度等都相同,但和偏振光的作用不同。对于化学性质来说,情况也类似,对映体的化学性质在一般情况下也是相同的,但遇到手性试剂时,化学性质就表现出不同,生物体内的酶和各种底物都是手性的,因此对映异构体的生物活性也有很大差异,就好像一只右手套带到右手和左手的感觉是完全不同的一样。因此,手性分子在手性条件下才能表现出手性。

6.3 构型的表示方法和命名

6.3.1 费歇尔(Fischer)投影式

构型是指分子结构中的原子或基团在空间排列的顺序。对于含有一个手性碳原子的化合物使用楔线表示式比较清楚直观,但这种书写方式不太方便,Fischer 提供一种投影表示法。

把一个透视式写成 Fischer 投影式时,要遵守下列规则:在纸平面上画一个等长的十字线,十字线的交叉点代表纸面上的手性碳原子,连于手性碳水平线上的两个基团分别指向纸平面的左前方和右前方,连于手性碳垂直线上的两个基团分别指向纸平面的后上方和后下方,一般习惯将最长的碳链作为一直链垂直投影在纸面上,同时把氧化数较高的基团放在上面,Fischer 投影式写出后,不能任意旋转,只能在纸面上旋转 180°,不允许把分子离开纸面翻转,如果这样,就会导致改变原分子的构型。

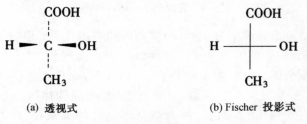

(a) 透视式　　　　　　　(b) Fischer 投影式

图 6.4　乳酸一个对映体的两种表示方法

6.3.2 相对构型和 D、L 表示法

对映异构的构型一般是指手性碳原子所连的四个不同基团在空间的排列顺序。一个化合物的绝对构型是指与手性碳原子相连的四个不同基团在空间的真实排列方式 。早在 1951 年前,人们还无法确定化合物的绝对构型,费歇尔(Fischer)人为地选定(+) – 甘油醛为标准物,在甘油醛的 Fischer 投影式中,手性碳原子上的羟基在右侧的表示右旋甘油醛,并且定义为 D – 构型,羟基在左侧的为左旋甘油醛,定义为 L – 构型。

D – (+) – 甘油醛　　　　　　　L – (–) – 甘油醛

有了 D-(+)-甘油醛和 L-(-)-甘油醛这两个标准物,我们可以方便地确定与甘油醛结构上相关的或相似的手性化合物的构型。例如,D-(-)-乳酸可以通过 D-(+)-甘油醛经氧化、还原得到,在整个过程中,与手性碳直接相连的化学键没有发生断裂,D-(-)-乳酸的构型仍然为 D 构型。因此 D、L 构型被称为相对构型。

D-(+)-甘油醛转变成 D-(-)-乳酸,虽然构型没有变化,但旋光方向却发生了变化。说明化合物的构型与旋光方向没有直接的对应关系和必然联系。化合物的旋光方向只能通过旋光仪直接测定。

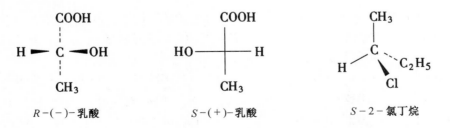

1951 年,X 射线衍射技术测定了(+)-酒石酸铷钾盐的绝对构型之后,恰巧与原来人为规定的 D-(+)-甘油醛相关联的构型一致。原来人为规定的以甘油醛的构型确定的其他化合物的构型,自然也就是绝对构型了。

6.3.3 R、S 构型命名法

虽然有些化合物的绝对构型可以用 X 射线衍射技术进行测定,但这种方法困难、费时。因此,许多化合物的构型还是通过化学方法与已知构型的化合物相关联而得到。但实际上很多化合物又很难与标准物质关联,有时选择不同的标准物质往往会得出相反的结果。因此目前除了糖类和氨基酸等天然产物还沿用 D、L 命名外,现在已经普遍采用 R、S 系统命名法。

R、S 命名法的要点如下:

(1)把手性碳原子所连的四个基团按次序规则,确定先后次序。

(2)将次序最后的原子或基团置于远离我们视线的位置(指向背离我们的方向),其他三个基团指向我们。

(3)观察指向我们的这三个基团由大到小的排列次序。如为顺时针方向,即为 R 构型,如为反时针方向,则为 S 构型。

$$R-(-)-乳酸 \qquad S-(+)-乳酸 \qquad S-2-氯丁烷$$

6.4 含有两个手性碳原子的化合物

含有一个手性碳原子的化合物,有两种旋光异构体,即一组对映体。含有两个手性碳原子的化合物,它们构型异构的情况怎样呢?下面分两种情况讨论。

6.4.1 含有两个相同手性碳原子的化合物

2,3 – 二羟基丁二酸(酒石酸)分子中含有两个相同的手性碳原子,即两个手性碳所连的原子和基团相同。写出 Fischer 投影式的情况如下:

```
      COOH              COOH              COOH              COOH
  H ──┼── OH       HO ──┼── H        H ──┼── OH       HO ──┼── H
  - - - - - - -     - - - - - - -     - - - - - - -     - - - - - - -
  H ──┼── OH       HO ──┼── H       HO ──┼── H        H ──┼── OH
      COOH              COOH              COOH              COOH
    （Ⅰ）             （Ⅱ）             （Ⅲ）             （Ⅳ）
  (2R,3S)–酒石酸                      (2R,3R)–酒石酸    (2S,3S)–酒石酸
```

从 Fischer 投影式上看(Ⅰ)和(Ⅱ)是分子和镜像的关系,但当将(Ⅰ)旋转 180°后,就会发现(Ⅰ)转变成(Ⅱ)。因此(Ⅰ)和(Ⅱ)是同一物质。从分子的结构来看,分子中存在一个对称面,Fischer 投影式中用虚线表示,它将分子分成上下两部分,上半部是 R 构型,下半部是 S 构型。因而旋光方向相反,又因上下两部分的原子和基团相同,旋光能力相等,即上下两部分对偏振光的作用相互抵消,所以整个分子没有旋光性。

这种由于分子中含有相同的手性碳原子,分子的两半部分互为物体与镜像的关系,从而使分子内部旋光性能相互抵消的非光活性化合物,称为内消旋体(用 *meso* 表示)。

(Ⅲ)和(Ⅳ)分子中没有对称因素,且互为分子和镜像的关系,因此是一对对映体。它们在 20% 水溶液中的比旋光度分别为 + 12°和 – 12°。

比较(Ⅰ)和(Ⅲ)、(Ⅰ)和(Ⅳ),会发现它们之间也是异构体的关系,这种不互为对映体的立体异构体互称为非对映异构体(diastereoismer)。非对映异构体不是同一物质,其物理性质差异很大,如旋光的酒石酸熔点为 170℃,而内消旋的酒石酸熔点为 140℃。

6.4.2 含有两个不相同手性碳原子的化合物

含有两个不相同手性碳原子的化合物会有四种立体异构体。研究表明,有 n 个不同手性碳原子的化合物,就会有 2^n 个立体异构体,有 2^{n-1} 对对映异构体。现以 2 – 羟基 – 3 – 氯丁二酸为例介绍如下:

```
      COOH              COOH              COOH              COOH
  H ──┼── OH       HO ──┼── H        H ──┼── OH       HO ──┼── H
  H ──┼── Cl       Cl ──┼── H       Cl ──┼── H        H ──┼── Cl
      COOH              COOH              COOH              COOH
    （Ⅰ）             （Ⅱ）             （Ⅲ）             （Ⅳ）
  (2S,3S)–          (2R,3R)–          (2S,3R)–          (2R,3S)–
```

2-羟基-3-氯丁二酸有四个立体异构体,其中(Ⅰ)和(Ⅱ)是互为不能重合的,代表一对对映体,同样(Ⅲ)和(Ⅳ)也是互为不能重合的,代表另一对对映体,也就是说2-羟基-3-氯丁二酸有两对对映体。同样(Ⅰ)和(Ⅲ)、(Ⅰ)和(Ⅳ)、(Ⅱ)和(Ⅲ)、(Ⅱ)和(Ⅳ)之间是非对映体的关系。

6.5 不含手性碳原子化合物的对映异构

从前面的讨论已经知道,含手性碳的化合物并不一定具有手性,因此手性碳不是化合物具有手性的充分条件,那么具有手性的分子是否一定含有手性碳呢?从下面的讨论我们可以得出结论。

6.5.1 丙二烯型化合物

丙二烯是直线型分子,其两端碳原子上的四个基团分别处在相互垂直的两个平面上,当丙二烯两端碳原子上的两个基团不同时($a \neq b$);分子中不存在任何对称因素,为手性分子,存在对映异构体,如图 6.5 所示。

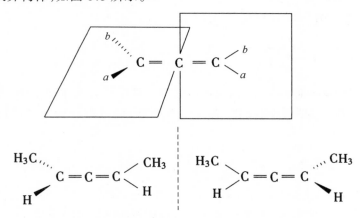

图 6.5 丙二烯型化合物的对映异构

6.5.2 联苯型化合物

在联苯分子中的 C—C σ 键是可以自由旋转的,如果 2,2′、6,6′位置上的氢被较大基团取代后,由于空间位阻的作用,使两个苯环不能旋转 360°,两个苯环扭成一定的角度,不能共平面,整个分子没有对称面,也没有对称中心,是手性分子,存在一对对映体,如图 6.6所示。

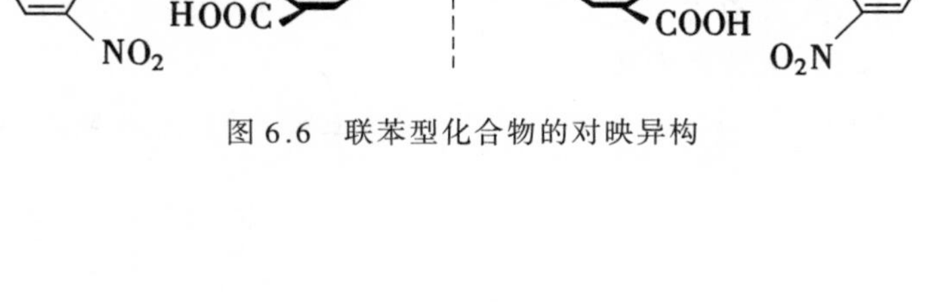

图 6.6 联苯型化合物的对映异构

6.6 外消旋体的拆分

从天然产物中提取的化合物,往往只有一个立体异构体具有所需要的生理活性,在实验室里用不旋光的化合物合成手性分子时,得到的产物一般总是等量的对映体组成的外消旋体。对映体除了旋光方向相反以外,其他的物理性质完全相同,一般的化学性质也相同,用一般的物理方法很难将其分开为左旋体和右旋体。因此必须经过特殊的方法才可将其分开为左旋体和右旋体。这种将外消旋体分离成左旋体和右旋体的过程,叫做外消旋体的拆分。

6.6.1 化学分离法

非对映体的物理性质是不同的,人们利用这一性质,可将外消旋体与某种旋光性的物质发生化学结合,得到非对映体衍生物的混合物,因非对映体衍生物具有不同的物理性能,可以用一般的物理方法将其拆分。

如果想要分离外消旋的某酸(±)A,可以选择一个有光学活性的碱(+)B,与其反应,这样得到(+)A(+)B和(-)A(+)B两种盐。

$$
\begin{array}{l}
(+)A \\
(-)A
\end{array}
\ + \ (+)B \ \longrightarrow \
\begin{array}{l}
(+)A\cdot(+)B \\
(-)A\cdot(+)B
\end{array}
$$

这两种盐是非对映体的关系,因而可以利用物理性质的不同(如溶解度)将其分开,将分离得到的两种盐分别用强酸酸化,置换出有机酸,经过进一步分离,分别得到左旋体(-)A和右旋体(+)A。

6.6.2 生物分离法

生物的生长过程中总是利用对映体中的一个异构体作为生长的营养物质,而另一个异构体就会被剩下。例如,青霉素在含有外消旋酒石酸的培养液中生长时,消耗掉(+)-酒石酸,留下(-)-酒石酸。

酶对于化学反应有很强的专一性,因此也可以选择适当的酶作为外消旋体的拆分试剂。

其他还有晶种结晶法、机械拆分法、选择性吸附法等都可以用于外消旋体的拆分。

习　题

1.解释下列概念。

  (1)手性分子　　(2)手性碳原子　　(3)对映体　　　　(4)非对映体

  (5)内消旋体　　(6)外消旋体　　　(7)D、L构型　　　(8)外消旋体的拆分

2. 20 mL 蔗糖水溶液中含有 5.678 g 蔗糖,20℃时,在 10 cm 长的样品管中测出其旋光度为 +18.8°,试计算蔗糖的比旋光度。

3.有一酸的分子式是 $C_5H_{10}O_2$,有旋光性,写出它的对映体,并标明 $R-$、$S-$构型。

4.写出麻黄碱的各种异构体的投影式,用 $R-$、$S-$ 表示手性碳原子的构型,并指出各立体异构体之间的关系(麻黄碱的分子式 C_6H_5*CHOH*CHNH(CH_3)CH_3)。

5.写出下列化合物的 Fischer 投影式,并用 $R,S-$ 标记。

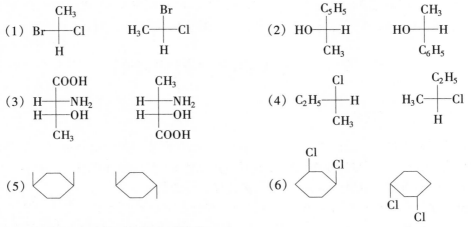

6.下列各组化合物中属于对映异构体的是哪些? 哪些是同一化合物?

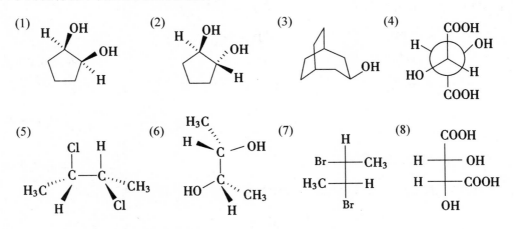

7.下列化合物中,哪几个是内消旋体?

第7章 卤代烃

烃分子中的一个或几个氢原子被卤素原子取代以后生成的衍生物,称为卤代烃(halohydrocarbon)。卤代烃分子中的卤原子为卤代烃的官能团,其结构通式为 R—X。

卤代烃有许多用途,有些卤代烃可以作为溶剂、致冷剂或麻醉剂等。有些卤代烃能发生多种化学反应而转变成其他类型的化合物。但我们必须看到,卤代烃的大量使用已对环境产生影响,因此,要寻找替代产品,从根本上解决卤代物对环境的污染问题。

7.1 卤代烃的分类和命名

7.1.1 卤代烃的分类

目前可以用作商品的卤代烃超过 15 000 种。根据卤原子的种类可分为氟代烃(氟代烃的制法、性质和用途与其他卤代烃有所不同)、氯代烃、溴代烃和碘代烃;也可以根据卤代烃分子中的卤原子数目的多少,分为一卤代烃和多卤代烃。

由于卤代烃的性质与卤原子直接相连的烃基种类和碳原子类型有很大关系,所以卤代烃主要是根据烃基的种类分为卤代烷烃、卤代烯烃和卤代芳烃;根据与卤原子直接相连的碳原子类型分为伯卤代烃、仲卤代烃和叔卤代烃。

$$RCH_2—X \qquad\qquad RCH=CHX \qquad\qquad C_6H_5—X$$

卤代烷烃 卤代烯烃 卤代芳烃

$$RCH_2—X \qquad\qquad R—CHR^1—X \qquad\qquad R—CR^1R^2—X$$

伯卤代烃 仲卤代烃 叔卤代烃

(1°卤代烃) (2°卤代烃) (3°卤代烃)

7.1.2 卤代烃的命名

简单卤代烃的命名可用相应的烃作为母体,称为卤(代)某烃。

$$CH_3Cl \qquad\qquad CH_2=CH—Cl \qquad\qquad C_6H_5—Br$$

氯甲烷 氯乙烯 溴苯

chloromethane chloroethylene bromobenzene

比较复杂的卤代烃一般用系统命名法命名。

把卤素作为取代基,选择连有卤原子的最长碳链作为主链,按照烷烃或烯烃的命名法编号,不同的取代基按立体化学中的"次序规则"排列,"优先基团"后列出。在英文命名时,不同的取代基则按字母顺序列出。

$(CH_3)_2CHCHClCH_3$

2 - 甲基 - 3 - 氯丁烷

3-chloro-2-methyl butane

$CH_2 = CCl - CH = CH_2$

2 - 氯 - 1,3 - 丁二烯

2-chloro-1,3-butadiene

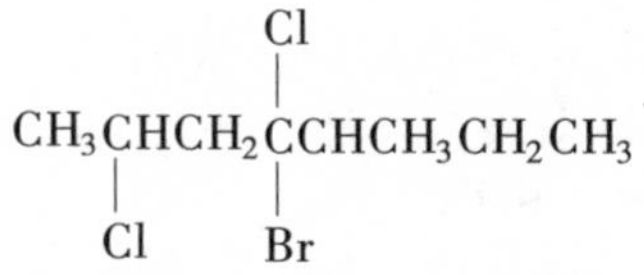

$$\underset{\underset{Cl}{|}}{CH_3CHCH}\ \underset{\underset{Br}{|}}{\overset{\overset{Cl}{|}}{C}CHCH_3CH_2CH_3}$$

5 - 甲基 - 2,4 - 二氯 - 4 - 溴庚烷

4-bromo-2,4-dichloro-5-methyl heptane

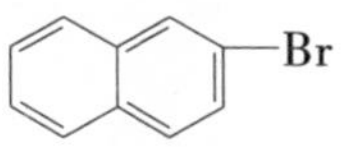

2 - 溴萘

2-bromonaphthalene

7.2　卤代烷烃

7.2.1　物理性质

在常温常压下,氯甲烷、氯乙烷和溴甲烷是气体,其余的卤代烃是液体或固体。一元卤代烃的沸点随着碳原子数目的增加而升高。在同碳原子的一元卤代烷中,碘烷的沸点最高,氯烷的沸点最低。卤代烷的密度是一个重要的物理常数,碘代烷、溴代烷和多氯代烷的密度大于1。卤代烷不溶于水,溶于醇和醚等有机溶剂。一些卤代烷烃的物理常数见表7.1。

表 7.1　常见卤代烷烃的物理常数

名　称	结构式	沸点/℃	密度/(g·mL^{-1})
氯甲烷	CH_3Cl	- 24	0.920
氯乙烷	CH_3CH_2Cl	12.2	0.910
溴甲烷	CH_3Br	3.5	1.732
溴乙烷	CH_3CH_2Br	38.4	1.430
二氯甲烷	CH_2Cl_2	40	1.336
三氯甲烷	$CHCl_3$	61	1.489
四氯化碳	CCl_4	77	1.595
1,2 - 二氯乙烷	CH_2ClCH_2Cl	83.5	1.257

7.2.2　化学性质

1.卤代烷烃的亲核取代反应

在卤代烷烃的分子中,由于卤素原子的电负性比碳原子的电负性大,因此 C—X 化学键具有很强的极性,碳原子带有部分正电荷,卤素带有部分负电荷。当卤代烷烃遇到极性试剂时,C—X化学键常发生异裂反应,结果使卤原子被其他的原子或原子团所取代。

(1)亲核取代反应类型

卤代烷与氢氧化钠的水溶液共热,卤代烷中的卤原子被取代生成醇,这个反应称为卤代烷的水解反应。

卤代烷中卤原子被氰基取代,生成多一个碳原子的腈类化合物。

卤代烷中卤原子被氨基或烷氧基等基团取代,分别生成胺或醚类化合物。

卤代烃和硝酸银的醇溶液作用,生成硝酸酯,同时析出卤化银沉淀。

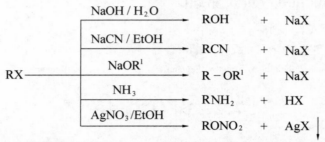

在以上这些反应中,卤代烃中的 C—X 化学键中的碳原子带有部分正电荷,容易受到带有负电荷的试剂 OH⁻、CN⁻、OR⁻ 或含有未共用电子对的试剂:NH₃ 的进攻,这些试剂与卤代烃中带有部分正电荷的碳原子形成新的共价键,同时取代出卤离子。上述进攻卤代烷带正电荷部位的试剂叫亲核试剂(nucleophilic reagent)。这种由亲核试剂进攻带有部分正电荷的碳原子而引起的取代反应叫亲核取代反应(nucleophilic substitution reaction),以 S_N 表示,其中 S 代表取代,N 代表亲核。反应的通式如下:

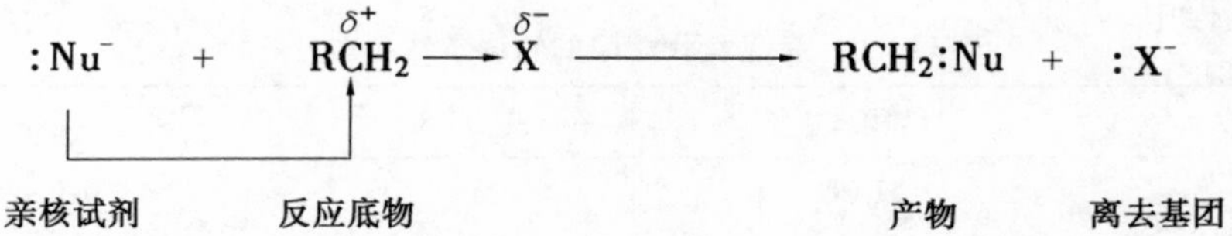

$$:Nu^- \; + \; RCH_2 \overset{\delta^+}{\longrightarrow} \overset{\delta^-}{X} \longrightarrow RCH_2:Nu \; + \; :X^-$$

亲核试剂　　　　反应底物　　　　　　　　　　产物　　　　离去基团

(2)亲核取代反应机理

卤代烷烃的亲核取代反应是非常重要的一类化学反应,其反应机理可用一卤代烷的水解反应为例加以说明。在研究卤代烷的水解反应的动力学时发现,有些卤代烷的水解反应速率仅与卤代烷的浓度有关,而另外一些卤代烷的水解速率却与卤代烷和碱的浓度都有关系,这说明卤代烷的水解反应至少按两种不同的反应方式进行。

①双分子的亲核取代反应(S_N2 反应)。当溴甲烷在碱液中进行水解时,反应进行得很容易,可是溴代新戊烷则很难水解。通过一些卤代烷的水解速率和有关立体化学的研究,认为溴甲烷是按下列反应历程进行水解反应的。

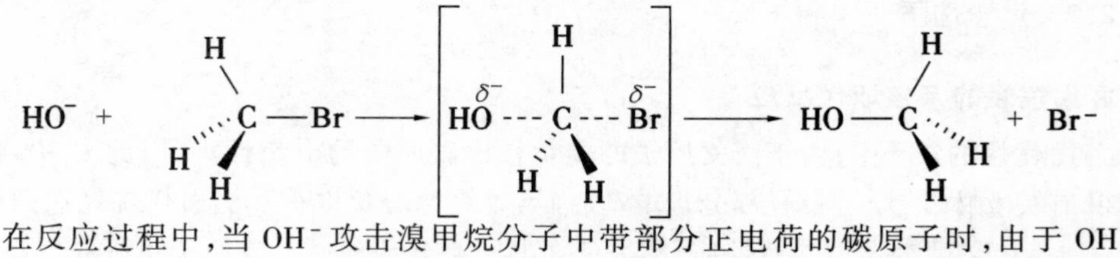

在反应过程中,当 OH⁻ 攻击溴甲烷分子中带部分正电荷的碳原子时,由于 OH⁻ 带负

电荷,致使它避开电子云密度和体积较大的溴原子,而从溴原子的背面接近碳原子,在OH⁻接近碳原子的过程中,氧原子和碳原子之间逐渐开始部分地成键,与此同时,C—Br键的电子云由于受到 OH⁻ 的排斥作用,促使溴原子带着电子对逐渐远离碳原子,体系的能量升高到最大值。此时,OH⁻ 与碳原子之间还没有形成共价键,碳原子与溴原子之间的化学键也没有完全断裂,形成一个"过渡态"。随着 OH⁻ 继续接近碳原子和溴原子带着电子对继续远离碳原子,体系的能量逐渐降低,最后 OH⁻ 中的氧与碳原子完全成键,而溴原子带着一对电子脱离碳原子,完成了取代反应。反应体系的能量变化如图 7.1 所示。

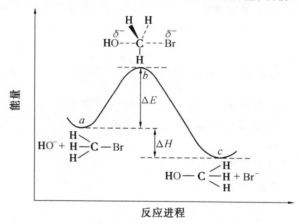

图 7.1　溴甲烷水解反应的能量曲线

在反应过程中,中心碳原子除了成键和断键发生变化外,其他与中心碳原子成键的键角也发生了改变,在反应的进程中,中心碳原子由原来的 sp^3 杂化,逐渐向 sp^2 杂化转变。在过渡态时,中心碳原子为 sp^2 杂化状态,亲核试剂和离去基团处于反式共平面的位置上与 p 轨道的各一侧相互作用,随着反应的进行,中心碳原子由 sp^2 杂化状态,逐渐转变为 sp^3 杂化状态,在生成的产物中,甲基上的三个氢原子完全偏到溴原子的一边,整个过程就像雨伞在大风中被吹得向外翻转一样。所得到的甲醇具有与原来的溴甲烷相反的构型,这种过程称其为构型翻转,或叫瓦尔登(Walden)转化。当中心碳原子为手性碳原子时,其构型翻转的结果更易看出来。

这类反应历程的特点是反应连续进行而不分阶段,旧键的断裂和新键的形成同时进行。其反应速率取决于溴甲烷和 OH⁻ 浓度。即 $v = k[\text{CH}_3\text{Br}][\text{OH}^-]$,因此把这种反应历程称为双分子的亲核取代反应,以 S_N2 表示。这类反应的另一个特点是反应过程伴有"构型翻转"。

当 OH⁻ 进攻溴代新戊烷时,因有一个很大的叔丁基,它对 OH⁻ 攻击碳原子起了很大的空间阻碍作用,因而反应进行是很困难的。

②单分子的亲核取代反应(S_N1 反应)。实验证明有些卤代烷在碱性水溶液中的水解速率仅与卤代烃的浓度成正比,而与亲核试剂 OH⁻ 的浓度无关。通过对一些卤代烷的水解速率和有关立体化学的研究,认为这类反应是分两步进行的,下面以叔丁基溴在碱性水溶液中的水解反应为例进行说明。

$$(CH_3)_3C—Br + OH^- \longrightarrow (CH_3)_3C—OH + Br^-$$

反应的第一步是叔丁基溴在溶剂中,C—Br键异裂生成叔丁基碳正离子和溴负离子,且为反应中的慢步骤。

$$(CH_3)_3C—Br \overset{慢}{\rightleftharpoons} [(CH_3)_3 \overset{\delta^+}{C} \cdots\cdots \overset{\delta^-}{Br}] \longrightarrow (CH_3)_3 \overset{+}{C} + Br^-$$

反应的第二步是叔丁基碳正离子中间体和亲核试剂作用生成叔丁醇,为反应中的快步骤。

$$(CH_3)_3 \overset{+}{C} + OH^- \overset{快}{\longrightarrow} [(CH_3)_3 \overset{\delta^+}{C} \cdots\cdots \overset{\delta^-}{OH}] \longrightarrow (CH_3)_3C—OH$$

反应中生成的叔丁基碳正离子中间体的中心碳原子为 sp^2 杂化状态,所以当亲核试剂与其作用时,从 sp^2 杂化轨道组成的平面两侧进攻的机会是相等的,生成产物的构型有一半保持,另外一半翻转。

这类反应历程的特点是反应分阶段进行并有碳正离子生成,对多步反应来说,反应速率由速率最慢的一步来决定,所以叔丁基溴在碱性水溶液中水解反应的速率,仅与卤代烷的浓度有关,即 $v = k[(CH_3)_3C—Br]$,因此把这种反应历程称为单分子的亲核取代反应,以 S_N1 表示。这类反应的另一个特点是生成的产物中,构型保持和构型翻转各占50%。反应体系的能量变化如图7.2所示。

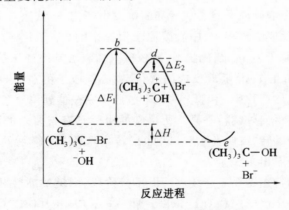

图 7.2 叔丁基溴水解反应能量曲线

(3)影响亲核取代反应的因素

S_N1 和 S_N2 是卤代烷烃亲核取代反应的两个极端的经典历程,实际上反应发生时的情况要复杂得多,诸多的因素将要影响到反应的具体历程,如卤代烷的结构、亲核试剂、离去基团和溶剂的性质等。

①烃基结构的影响。烷基的结构对卤代烷烃经历哪一种历程进行反应有较大的影响。

在 SN_1 反应中,生成正碳离子的步骤决定反应的速率,稳定的正碳离子越容易生成,

越有利于提高 S_N1 反应的速率。由于叔卤代烷、仲卤代烷和伯卤代烷按 S_N1 反应生成的中间体分别为 $3°$、$2°$ 和 $1°$ 碳正离子,所以不同烃基的卤代烷进行 S_N1 反应的相对速率为:

叔卤代烷 > 仲卤代烷 > 伯卤代烷 > 甲基卤代烷

在 S_N2 反应中,亲核试剂是从离去基团的背面进攻中心碳原子,如果中心碳原子连接的基团多且体积大时,亲核试剂进攻中心碳原子时受到的阻碍就大,因此反应的速率就慢。在过渡状态时,中心碳原子周围连有五个基团,如果中心碳原子连接的基团多且体积大时,过渡态就比较拥挤,体系的能量升高,反应活化能高,反应速度慢,有时甚至不反应。不同烃基的卤代烷烃进行 S_N2 反应的相对速率为:

甲基卤代烷 > 伯卤代烷 > 仲卤代烷 > 叔卤代烷

一般情况下,甲基卤代烷和伯卤代烷易发生 S_N2 反应,而叔卤代烷一般按 S_N1 反应历程进行。仲卤代烷即可按 S_N2 反应进行,也可按 S_N1 反应进行,或两者兼而有之,取决于反应的具体条件。

②亲核试剂的影响。在亲核取代反应中,不仅亲核试剂的浓度能影响 S_N2 反应的速率,试剂的亲核能力对反应历程也有很大的影响。亲核试剂的亲核性与它的电荷、碱性、体积的大小以及可极化度等因素有关。亲核性强的试剂有利于 S_N2 反应,试剂虽然对 S_N1 反应的速率无关,但在不利于 S_N2 反应的情况下,相对地说,对 S_N1 反应就有利。

③离去基团和溶剂的影响。无论是 S_N1 反应还是 S_N2 反应,C—X 键都要发生断裂,卤素离子作为离去基团,离去倾向越大,亲核取代反应越容易进行,在烷基相同卤素不同的卤代烷中,I^- 是最好的离去基团,其次为 Br^-,Cl^- 的离去能力最弱。因此,RI 的亲核取代反应的速率最快。

溶剂的极性对 S_N1 和 S_N2 反应都有影响。影响的关键在于溶剂对中间体或过渡态的稳定性影响。极性溶剂易促使 C—X 键异裂而离子化,溶剂的极性越大,碳正离子越稳定,极性溶剂有利于 S_N1 反应,不利于 S_N2 反应。例如,苄基氯的亲核取代反应,以水为溶剂时,反应按 S_N1 历程进行,若用丙酮为溶剂时,则反应按 S_N2 历程进行。

2.卤代烷烃的消除反应

具有 $\beta - H$ 的卤代烷和氢氧化钠或氢氧化钾的乙醇溶液共热时,卤代烃脱去一分子的卤化氢生成烯烃。在这个反应中,卤代烷除失去 X 外,还从 $\beta -$ 碳原子上脱去一个氢,因此,称其为 $\beta -$ 消除反应(elimination reaction)。

$$
\begin{array}{cc}
CH_2\!\!-\!\!CH_2 \\
\mid \qquad \mid \\
H \qquad X
\end{array}
\xrightarrow[\text{EtOH}]{\text{NaOH}}
CH_2\!=\!CH_2 + HX
$$

(1)消除反应的取向

在多数卤代烷中,可能有两种以上的氢原子可供消除反应,生成两种或两种以上的烯烃,即存在着反应的取向问题。

$$\underset{\text{仲卤代烷}}{\overset{\beta}{C}H_3\overset{|}{\underset{|}{C}H}-\overset{\alpha}{\underset{|}{C}H}-\overset{\beta}{\underset{|}{C}H_2}} \xrightarrow[\triangle]{KOH,EtOH} \underset{\text{2-丁烯(81\%)}}{CH_3CH=CHCH_3} + \underset{\text{1-丁烯(19\%)}}{CH_3CH_2CH=CH_2}$$

（以下为结构式，H、X、H 分别位于三个碳下方）

$$\underset{\text{叔卤代烷}}{\overset{\beta}{C}H_3\overset{|}{\underset{|}{C}H}-\overset{CH_3}{\underset{|}{C}}-\overset{\beta}{\underset{|}{C}H_2}} \xrightarrow[\triangle]{KOH,EtOH} \underset{\text{2-甲基-2-丁烯(71\%)}}{CH_3CH=CCH_3} + \underset{\text{2-甲基-1-丁烯(29\%)}}{CH_3CH_2C=CH_2}$$

实验证明,卤代烷在发生消除反应时,氢原子主要是从含氢较少的碳原子上脱去,生成双键碳原子上连有最多烃基的烯烃。这一经验规律称为查依采夫(Saytzeff)规则,也可以理解为烯烃结构的稳定性决定卤代烷的消除方向。

（2）消除反应的机理

研究卤代烷消除反应的动力学结果表明,消除反应有两种经典反应历程,即有些反应的反应速率仅与卤代烷的浓度有关,为单分子的消除反应,以 E1 表示,而有些反应不仅与卤代烷的浓度有关,还与碱的浓度有关,为双分子的消除反应,以 E2 表示。

①双分子的消除反应(E2)。当碱性的亲核试剂接近卤代烃分子进行反应时,它可以攻击卤代烷的 α-碳原子,也可以攻击卤代烷分子中的 β-氢原子。当碱性的亲核试剂攻击卤代烷分子中的 β-氢原子并部分成键时,β-氢原子周围的电子云开始向 α-碳和 β-碳之间转移,这样使 C—X 键上的电子云向卤原子的一方偏移,逐渐到达过渡态。随着反应进程的继续进行,β-氢原子以质子的形式与试剂结合而脱去,同时卤原子在溶剂的作用下带着一对电子离去,α-碳和 β-碳之间形成 C=C 双键,而生成烯烃。

过渡态

这样的反应也是不分阶段的,新键的生成和旧键的断裂同时发生,其反应速率取决于卤代烷和试剂的浓度,故称其为双分子的消除反应。

在 E2 反应中,试剂攻击卤代烷分子中的 β-氢原子,其空间效应不像 S_N2 反应中空间效应那样明显。另外,如果 β-氢原子的数目多时,受到碱性试剂攻击的机会就会多,反应的速率就快,所以卤代烷的 E2 反应活性次序是:

叔卤代烷 > 仲卤代烷 > 伯卤代烷

②单分子的消除反应(E1)。单分子的消除反应是分两步进行的,第一步是卤代烷在

溶剂的作用下解离成碳正离子,第二步是碱性试剂进攻 β - 氢原子,失去质子后的 β - 碳原子也转变成 sp^2 杂化状态,两个相邻的 sp^2 杂化碳原子的 p 轨道相互重叠形成 C ═C 双键。

$$CH_3 - \underset{\underset{CH_3}{|}}{\overset{\overset{CH_3}{|}}{C}} - X \xrightarrow{慢} \left[CH_3 - \underset{\underset{CH_2 - H}{|}}{\overset{\overset{CH_3}{|}}{C}} \cdots X^{\delta-} \right] \longrightarrow CH_3 - \underset{\underset{CH_3}{|}}{\overset{\overset{CH_3}{|}}{C^+}} + X^-$$

过渡态

$$CH_3 - \underset{\underset{CH_2 - H}{|}}{\overset{\overset{CH_3}{|}}{C^+}} + OH^- \xrightarrow{快} \left[(CH_3)_2\overset{\delta+}{C}CH_2 \cdots H \cdots \overset{\delta-}{OH} \right] \longrightarrow (CH_3)_2C ═ CH_2 + H_2O$$

过渡态

这样的反应是分阶段进行的,其反应速率仅取决于卤代烷的浓度,故称其为单分子的消除反应。

E1 反应的速率取决于碳正离子的稳定性,所以卤代烷的 E1 反应活性次序仍然是

$$叔卤代烷 > 仲卤代烷 > 伯卤代烷$$

(3)影响取代反应和消除反应的因素

E2 反应的过渡态和 S_N2 反应的过渡态很相似,不同的是试剂攻击的位置不同,类似的情况,在 E1 和 S_N1 反应中也存在,二者都经历碳正离子中间体过程,不同的也是试剂攻击的位置不同。因此卤代烷和亲核试剂在一起作用时,可能往往至少四种反应伴随发生,而且相互竞争,即 E1、S_N1、E2 和 S_N2 反应。如能掌握它们的反应规律,也可使某一产物为主。

①卤代烷结构的影响。一般说来,无支链的伯卤代烷与强的亲核试剂作用,主要发生 S_N2 反应。仲卤代烷和 β - 碳原子上有支链的伯卤代烷,因空间的阻碍增加,试剂难以从背面接近 α - 碳原子,而易于进攻 β - 碳原子,故不利于 S_N2,而有利于 E2 反应。叔卤代烷一般倾向于单分子反应,无强碱存在时,主要发生 S_N1 反应,有强碱性试剂时,主要发生 E1 反应。

②试剂的影响。亲核试剂一般都具有未共用电子对,同时也表现出一定的碱性。试剂和碳原子结合,表现的是亲核性,如果和质子结合,表现的就是碱性。亲核性强、碱性弱的试剂有利于取代反应,反之则有利于消除反应。伯卤代烷和强亲核试剂主要进行 S_N2 反应,叔卤代烷与强碱性试剂作用主要发生 E1 反应,仲卤代烷介于两者之间。

③溶剂的影响。过渡态的稳定性与溶剂的极性有关,能降低过渡态能量的溶剂就能降低反应的活化能。对于 E1 和 S_N1 反应来说,极性溶剂都有利于碳正离子的稳定,所以极性溶剂对 E1 和 S_N1 反应都有利,产物的比例取决于卤代烷的结构。极性溶剂对 E2 和 S_N2 反应都不利,因为它们过渡态的中间体的电荷分布比底物电荷分布更分散,对于 E2 和 S_N2 反应来讲,影响的程度也不同。对大多数的 S_N2 反应,过渡态电荷分散在三个原子

周围，而 E2 反应的过渡态电荷分散在五个原子周围，故非极性溶剂更有利于 E2 反应，所以消除反应在醇溶液中进行。

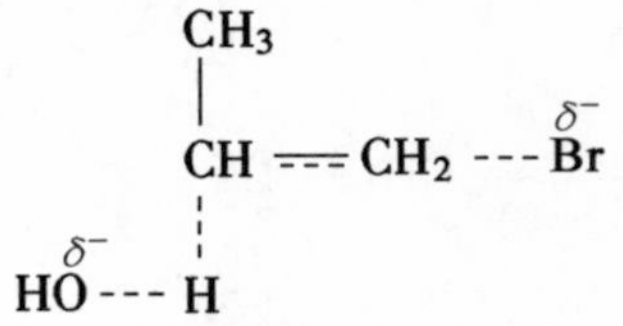

E2 反应过渡态

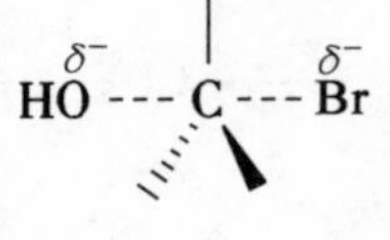

S_N2 反应过渡态

④温度的影响。升高温度对取代和消除反应都有利，但在消除反应中，它所需要的活化能比取代反应高，因此，提高反应的温度更有利于消除反应。

3. 卤代烷烃与金属的反应

卤代烃能和活泼金属 Li、Na、K、Mg、Al 等反应生成金属有机化合物，所谓金属有机化合物就是一类金属原子和碳原子直接相连接的化合物。

卤代烃和金属镁在绝对无水乙醚中反应，生成的烃基卤化镁有机化合物（一般写作 R—MgX），是众多金属有机化合物中的典型代表。

$$\text{R—X} + \text{Mg} \xrightarrow{\text{无水乙醚}} \text{R—MgX}$$

这个反应是法国人格利雅（V. Grignard）研究发明的。尽管这一反应的产物结构至今尚未十分清楚，但这一金属有机化合物在有机合成方面得到了广泛的应用，为此他获得了诺贝尔化学奖，并称 R－MgX 为 Grignard 试剂。

Grignard 试剂的最大特点是将分子中的碳原子极性做了转换，在 Grignard 试剂中的 C—Mg 键具有较强的极性，碳原子带有部分的负电荷，MgX 带有部分的正电荷。因此 Grignard 试剂中的烃基具有非常强的亲核性，可以发生一系列的反应，广泛地用于有机合成。Grignard 试剂遇到含有活泼氢的化合物（如水、醇），则立即分解生成烷烃，因此制备 Grignard 试剂时，要在无水条件下进行。

$$\text{RMgX} + \text{CH}_3\text{COCH}_3 \longrightarrow \text{R—}\underset{\text{CH}_3}{\overset{\text{CH}_3}{\text{C}}}\text{—OMgX} \xrightarrow{\text{H}_2\text{O}} \text{R—}\underset{\text{CH}_3}{\overset{\text{CH}_3}{\text{C}}}\text{—OH} + \text{Mg(OH)X}$$

$$\text{RMgX} + \text{CO}_2 \xrightarrow{\text{低温}} \text{R—}\overset{\text{O}}{\overset{\|}{\text{C}}}\text{—OMgX} \xrightarrow{\text{H}_2\text{O/H}^+} \text{RCOOH} + \text{Mg(OH)X}$$

$$\text{RMgX} + \text{H}_2\text{O} \longrightarrow \text{RH} + \text{Mg(OH)X}$$

7.3 卤代烯烃和卤代芳烃

在卤代烯烃和卤代芳烃分子中，卤原子和双键的相对位置直接影响到它们的化学性

质,不但影响到卤原子的活性,而且也影响到双键和苯环上的一些性质。

7.3.1 乙烯型卤代烯烃和卤代芳烃

卤原子直接连在不饱和的 sp^2 杂化碳原子上的卤代烯烃或卤代芳烃,称为乙烯型的卤代烯烃或乙烯型卤代芳烃,如氯乙烯、氯苯等。

在这种卤代烃中,由于卤原子直接连在电负性较大的 sp^2 杂化碳原子上,卤原子就不易从碳原子处获得电子而离去,另一方面,卤原子的孤电子对所处的 p 轨道和双键中的 π 轨道发生部分的侧面重叠交盖,形成共轭体系($p-\pi$ 共轭),使碳卤键 C—X 电子云密度增大,具有部分双键的性质,卤原子和碳原子结合的更加牢固。

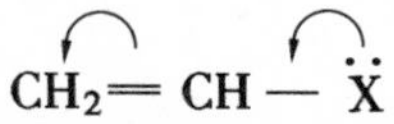

$$CH_2 = CH - \ddot{X}$$

乙烯型卤代烯烃和卤代芳烃中的卤原子极不活泼,与硝酸银的醇溶液共热,也无卤化银沉淀产生。

由于 $p-\pi$ 共轭的作用,卤代乙烯和卤化氢发生亲电加成反应时,生成同碳二卤代化合物。

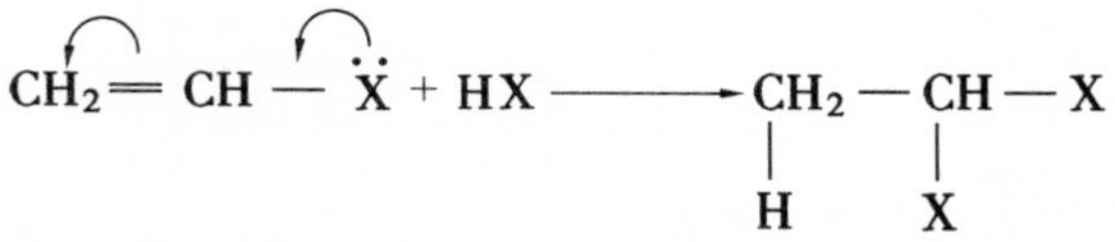

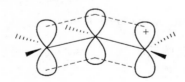

7.3.2 烯丙型卤代烯烃和卤代芳烃

卤原子和 C=C 双键或苯环相隔一个饱和碳原子的卤代烯烃或卤代芳烃,称为烯丙型卤代烯烃或烯丙型卤代芳烃。例如,烯丙基氯、苄基氯等。

在烯丙型卤代烯烃和卤代芳烃中,卤原子不与双键之间存在共轭效应,且由于卤原子获得电子离去后,生成的是烯丙基正碳离子。在烯丙基正碳离子中,由于带正电荷的碳原子空的 p 轨道能与 π 键形成 $p-\pi$ 共轭作用,使正电荷得以分散在三个或多个原子周围,正碳离子趋于稳定而易生成,如图 7.2 所示。

图 7.2　烯丙基碳正离子电子离域示意图

烯丙型卤代烯烃和卤代芳烃中的卤原子活性很高,在室温下就能与硝酸银的醇溶液发生反应,生成卤化银沉淀。

7.3.3 孤立型卤代烯烃和卤代芳烃

卤原子与双键或苯环相隔两个以上饱和碳原子的卤代烯烃或卤代芳烃,称为孤立型卤代烯烃或孤立型卤代芳烃。

在孤立型卤代烯烃和卤代芳烃中，π键与卤原子相距较远，相互之间基本没有作用，其卤原子的活性和卤代烷中的基本相当。

在加热的条件下，能与硝酸银的醇溶液反应而生成卤化银沉淀。

7.4　重要的卤代烃

7.4.1　氯乙烯（vinyl chloride）

氯乙烯为无色气体，在 -13℃ 为液体。它可以通过 1,2 - 二氯乙烷与氢氧化钾醇溶液作用脱掉氯化氢来制备，也可以通过乙炔与氯化氢的加成来制备，也可以将二者结合在一起来进行工业生产。

氯乙烯在过氧化物存在下可以聚合成高聚物，成为聚氯乙烯，简称 PVC（polyvinyl chloride）。氯乙烯也可以和其他不饱和化合物共聚，生成高聚物。这些高聚物在工业上和日用品生产上具有广泛的用途。

$$n\,CH_2\!=\!CHCl \xrightarrow{\text{过氧化物}} \left(\!CH_2\!-\!\underset{\underset{Cl}{|}}{CH}\!\right)_{\!n}$$

7.4.2　三氯甲烷（trichloromethane）

三氯甲烷俗称氯仿（chloroform）是一种无色而有甜味的液体，沸点 61.2℃。它可以从甲烷的氯化制备，也可以从四氯化碳的还原来制得。

$$CCl_4 + 2[H] \xrightarrow{Fe, H_2O} CHCl_3 + HCl$$

氯仿是一个良好的不燃溶剂，能溶解油脂、有机玻璃和橡胶等。在有机合成中也得到广泛应用。它对肝脏有伤害作用。在光的作用下，空气可把三氯甲烷氧化为剧毒的光气，因此要在棕色瓶中保存。

7.4.3　二氟二氯甲烷（difluorodichloromethane）

二氟二氯甲烷是无色无臭的气体，沸点为 -29.8℃，易压缩为液体，解除压力后，则气化，同时吸收大量的热，因此用作致冷剂。商品名为"氟利昂"（Freon）。二氟二氯甲烷用作致冷剂有很多优点，但近年来的研究表明，二氟二氯甲烷的大量使用和废弃会导致大气臭氧层的破坏，造成全球性的环境污染问题。因此正在逐渐被其他致冷剂所代替。

含有氟和氯的烷烃也统称为氟利昂，常用数字来加以区别。例如：1,1,2,2 - 四氟 - 1,2 - 二氯乙烷就简称为 F-114，其中 F 代表氟利昂，个位的数代表氟原子数，十位数代表氢原子数加一，百位数代表碳原子数减一。

7.4.4　四氟乙烯（tetrafluoroethylene）

四氟乙烯是无色气体，沸点为 -76.3℃，不溶于水，溶于有机溶剂。在过硫酸铵的引发下,可聚合成聚四氟乙烯。

$$n\,CF_2=CF_2 \xrightarrow{(NH_4)_2S_2O_8} \left(CF_2-CF_2\right)_n$$

聚四氟乙烯的分子量可达到 50 万到 200 万,具有突出的化学稳定性。与浓硫酸、浓碱和王水等都不起反应。耐高温和耐低温,机械强度高,有塑料王之称。

习　题

1. 用系统命名法命名下列化合物。

(1) $CH_3C(CH_3)_2CH_2Br$

(2) $CH_3CHClCHClCH(CH_3)_2$

(3)

(4) 邻二取代苯 CH_2Cl、CH_3

(5) $CClF_2CClF_2$(商品代号)

(6) $CClF_3$(商品代号)

2. 完成下列反应式。

(1) $CH_3CH_2CH(CH_3)CHBrCH_3 \xrightarrow{NaOH/H_2O}$

(2) $(CH_3)_2CHCHClCH_3 \xrightarrow{KOH/C_2H_5OH}$

(3) $C_6H_5CH=CH_2 \xrightarrow{HBr} ? \xrightarrow[\text{无水乙醚}]{Mg} ? \xrightarrow[(2)H_3O^+]{(1)CO_2}$

(4) $CH_3CHBrCH_3 \xrightarrow{KOH/C_2H_5OH} ? \xrightarrow{HBr/过氧化物} ? \xrightarrow{NaOH/H_2O}$

(5) $Br-\!\!\!\!\!\!\!\bigcirc\!\!\!\!\!-CH_2Br \xrightarrow[C_2H_5OH]{AgNO_3}$

(6) 1-氯-1-甲基环己烯 $\xrightarrow{KOH/C_2H_5OH}$

(7) 1-甲基-2-溴环己烷 $+ NaCN \xrightarrow{S_N2}$

(8) $H_3C\cdots\!\!\!\bigcirc\!\!\!\cdots Cl,\ CH_3,\ H$ $\xrightarrow{NaOH/H_2O}$

3. 卤代烃与 NaOH 在水与乙醇混合液中进行反应,请指出下列现象哪些属于 S_N2 历程? 哪些属于 S_N1 例程?

(1) 产物的绝对构型完全转化。

(2) 碱的浓度增大,反应速率加快。

(3) 有重排产物。

(4) 反应不分阶段,一步完成。

(5) 三级卤代烃的反应速率大于二级卤代烃的反应速率。

(6) 试剂的亲核性越强,反应速率越快。

4. 卤代烃脱卤化氢为反式共平面消除,用构象分析来说明 2－氯丁烷脱氯化氢后,生成的反式和顺式 2 - 丁烯的产物比例为 6:1。

5. 下列各组化合物发生 S_N1、S_N2、E1 和 E2 反应的活性次序。

   (1)2 - 甲基 - 2 - 溴丁烷(A)　　1 - 溴戊烷(B)　　2 - 溴戊烷(C)

   (2)3 - 甲基 - 1 - 溴丁烷(A)　　2 - 甲基 - 2 - 溴丁烷(B)　　2 - 甲基 - 3 - 溴丁烷(C)

6. 化合物(A)与溴的四氯化碳溶液作用生成一个三溴化物(B),(A)很容易与 NaOH 水溶液作用,生成两种同分异构体的醇(C)和(D)。(A)与 KOH 的醇溶液作用,生成一种共轭二烯烃(E)。将(E)臭氧化,还原水解后生成乙二醛和 4 - 氧代戊醛,推导 A - E 的构造式。

第8章 醇、酚、醚

醇(alcohol)、酚(phenol)、醚(ether)都是烃的含氧衍生物。醇和酚分子中都含有羟基，是烃的羟基衍生物，其中羟基与脂肪烃基碳原子直接相连的化合物称为醇，其通式为 R—OH；羟基与芳环碳原子直接相连的化合物，称为酚，其通式为 Ar—OH；醚通常由醇和酚制得，可视为醇或酚分子中羟基的氢原子被烃基取代的产物，其通式为 R—O—R′。

8.1 醇

8.1.1 醇的分类、命名

醇可以看作是烃分子中的氢原子被羟基取代后生成的衍生物。羟基(—OH)为醇的官能团。

1.分类

醇可以按羟基所连接的碳原子是伯碳、仲碳或叔碳原子，分别称为伯醇、仲醇和叔醇。

$$CH_3—CH_2—CH_2—OH \qquad \begin{array}{c} CH_3 \\ | \\ CH_3—CH—OH \end{array} \qquad \begin{array}{c} CH_3 \\ | \\ CH_3—C—OH \\ | \\ CH_3 \end{array}$$

伯醇 仲醇 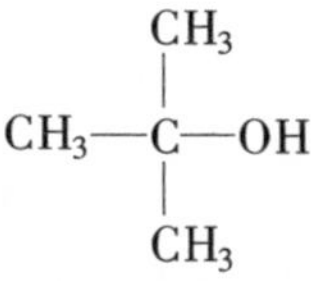 叔醇

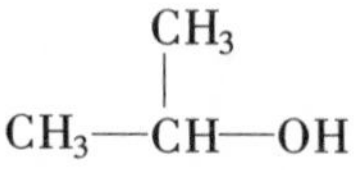

根据醇羟基所连的烃基种类可分为饱和醇、不饱和醇和芳香醇。羟基与饱和烃基相连称为饱和醇，羟基与不饱和烃基相连称为不饱和醇，羟基与芳烃侧链烃基相连时称为芳香醇。

$$CH_3—CH_2—CH_2—CH_2—OH \qquad CH_2{=}CH—CH_2—OH \qquad \text{—CH}_2CH_2OH$$

饱和醇 不饱和醇 芳香醇

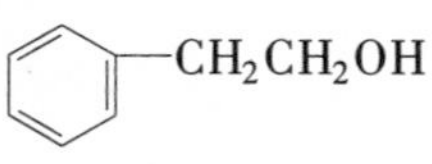

根据羟基的数目多少，可分为一元醇、二元醇、三元醇等。含有两个以上羟基的醇，称为多元醇。

$$CH_3CH_2CH_2OH \qquad \begin{array}{c} CH_2—CH_2 \\ | \qquad | \\ OH \quad OH \end{array} \qquad \begin{array}{c} CH_2—CH—CH_2 \\ | \qquad | \qquad | \\ OH \quad OH \quad OH \end{array}$$

一元醇 二元醇 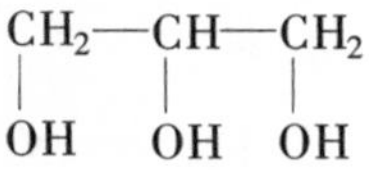 三元醇

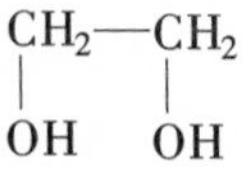

2.命名

(1)普通命名法

对于结构简单的一元醇可采用普通命名法命名。一般在烃基名称后加上"醇"字即可。

$$CH_3CH_2OH$$

乙醇

ethyl alcohol

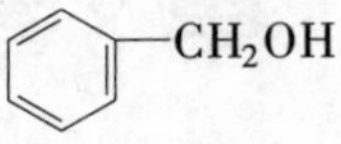

苯甲醇

benzyl alcohol

(2)系统命名法

结构比较复杂的醇可采用系统命名法命名。命名时,选择连有羟基的最长碳链作为主链,把支链看作取代基;主链中碳原子的编号从靠近羟基的一端开始,按照主链中所含碳原子数目称为某醇;取代基的位次、名称及羟基的位次写在母体名称的前面。

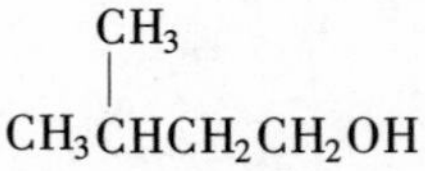

$$CH_3CHCH_2CH_2OH$$
(上方为 CH_3 支链)

3 - 甲基 - 1 - 丁醇

3-methyl-1-butanol

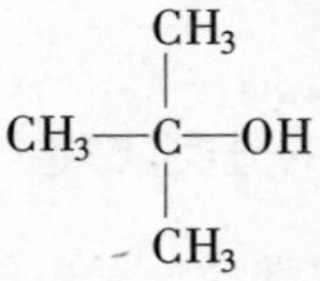

$$CH_3-\overset{CH_3}{\underset{CH_3}{C}}-OH$$

2 - 甲基 - 2 - 丙醇

2-methyl-2-propanol

芳醇的命名,一般将苯基作为取代基。

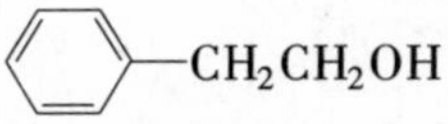

苯乙醇

phenyl ethanol

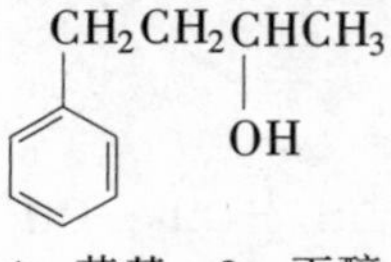

4 - 苯基 - 2 - 丁醇

4-phenyl-2-butanol

多元醇的命名,应尽可能选择含有多个羟基的碳链为主链。

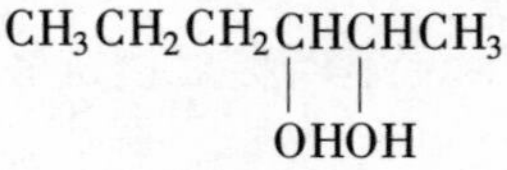

$$CH_3CH_2CH_2CHCHCH_3$$
(下方为 $OHOH$)

2,3 - 己二醇

2,3-hexanediol

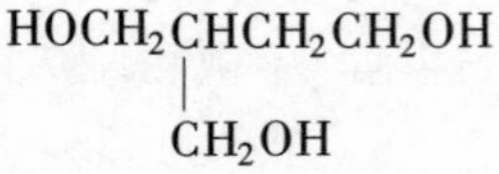

$$HOCH_2CHCH_2CH_2OH$$
(下方为 CH_2OH)

2 - 羟甲基 - 1,4 - 丁二醇

2-hydroxymethyl-1,4-butanediol

对不饱和醇,命名时应选择连有羟基和不饱和键在内的最长链,根据碳原子数命名为某烯(炔)醇,编号时,从靠近羟基端开始。书写时,需注明羟基和不饱和键的位次。

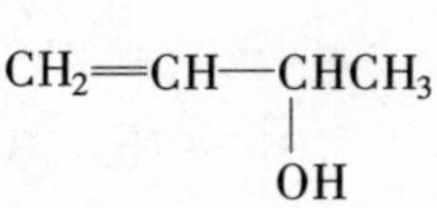

$$CH_2{=}CH{-}CHCH_3$$
(下方为 OH)

3 - 丁烯 - 2 - 醇

3-buten-2-ol

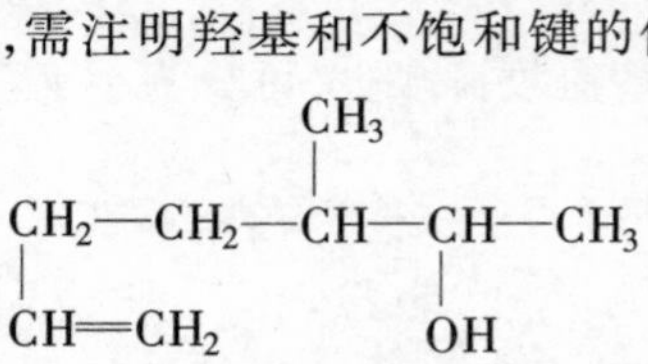

$$CH_2{-}CH_2{-}\overset{CH_3}{CH}{-}CH{-}CH_3$$
(左下为 $CH{=}CH_2$,右下为 OH)

3 - 甲基 - 6 - 庚烯 - 2 - 醇

3-methyl-6-hepten-2-ol

8.1.2 醇的物理性质

醇分子含有羟基,可以形成分子间氢键,故低级醇的沸点通常比分子质量相近的烷烃高得多。但随着分子质量的增大,形成分子间氢键的能力越来越弱,因此,这种差别逐渐变小。

对于饱和的直链低碳一元醇,随着相对分子质量的增加,其沸点也明显增高,一般相差在 $18 \sim 20℃/CH_2$ 左右,在相对分子质量相同时,直链醇的沸点要高于有支链的醇。

多元醇由于羟基数目的增多,分子间的氢键作用更强,其沸点更高,如乙二醇的沸点(197℃)与正辛醇的沸点(195℃)相当,至于季戊醇由于羟基数目进一步增多,分子间力增大,加上分子的对称性高,所以,常温下以固态存在,其熔点高达 260℃。

虽然醇可以与水形成氢键,但只有较低级的醇才能与水混溶,如甲醇、乙醇、丙醇等。在直链的一元醇中,随着烃基所含碳原子数的增多,醇的溶解度大幅度地减小,六个碳以上的伯醇在水中的溶解度已经很小了。在芳醇中,由于芳环的存在,溶解度都很小。多元醇分子中含有两个以上的羟基,可以形成更多的氢键,故分子中所含的羟基越多,在水中溶解度也越大。常见的一些二元醇、三元醇可与水混溶。

在常温下,低于 12 个碳的直链饱和一元醇是液态的,它们的相对密度在 0.790 ~ 0.830之间,其它液态一元醇的相对密度也小于 1,多元醇和芳醇的相对密度则大于 1。一些常见醇的物理常数见表 8.1。

表 8.1　一些常见醇的物理常数

名　　称	沸点/℃	熔点/℃	密度/20℃
甲醇	64.96	−93.9	0.7914
乙醇	78.5	−117.3	0.7893
正丙醇	97.6	−126.5	0.8035
正丁醇	117.25	−89.35	0.8098
正戊醇	137.3	−79	0.8144
正十二醇	255.9	26	0.8309
正十六醇	344	50	0.8176
2 - 丙醇	82.4	−89.5	0.7855
2 - 丁醇	99.5	−114.7	0.8063
2 - 戊醇	118.9	—	0.8103
环戊醇	140.85	−19	0.9478
环己醇	161.1	25.15	0.9624
苯甲醇	205.35	−15.3	1.0419
三苯甲醇	380	164.2	1.199
乙二醇	198	−11.5	1.1088

8.1.3 醇的化学性质

在醇分子中,由于氧的吸电子诱导效应($-I$效应),O—H 键间的电子云偏向氧原子,有利于氢原子被取代;C—O 键也是极性键,容易断裂,羟基可被取代。

1.和活泼金属反应

醇可与活泼金属(K、Na、Mg、Al 等)反应,生成醇的金属化合物并放出氢气。

$$2C_2H_5OH + 2Na \xrightarrow{I_2} 2NaOC_2H_5 + H_2\uparrow$$

醇和活泼金属的反应没有活泼金属与水反应剧烈,这是因为烃基的斥电子诱导效应($+I$效应)使羟基中氧原子上的电子云密度增加,降低了氧原子吸引 O—H 键间电子云的能力,使醇中 O—H 键的极性较水中 O—H 键的极性弱,羟基中氢的活性相对减弱。烃基的斥电子能力越强,羟基中氢的活性越低。

2.羟基的取代反应

与卤代烃相似,醇分子中的羟基也可被一些负性基团取代,如醇能与 HX、$SOCl_2$、PCl_5 等作用生成卤代烃。

醇与氢卤酸反应,生成卤代烃:

$$R—OH + HX \longrightarrow R—X + H_2O$$

对于相同的醇,采用不同的氢卤酸,反应的活性次序是:

$$HI > HBr > HCl > HF$$

而对于相同的氢卤酸,采用不同的醇,反应的活性次序则是:

$$叔醇 > 仲醇 > 伯醇$$

对于不多于六个碳的醇,可以用卢卡斯(Lucas)试剂来鉴别伯、仲、叔醇。卢卡斯试剂是浓盐酸与无水氯化锌的混合物,当被检验的醇与之作用时,由于生成的氯代烷不溶于卢卡斯试剂,导致反应体系出现混浊和分层的现象。在室温下,叔醇或烯丙醇与卢卡斯试剂立即反应出现混浊现象,仲醇与卢卡斯试剂的作用在数分钟之后也可出现混浊现象,而一般的伯醇在室温下与卢卡斯试剂的反应十分缓慢,在加热下才渐渐有混浊现象出现。

醇与氢卤酸反应的机制与卤代烃的亲核取代反应机制相类似,甲醇和多数的伯醇按 S_N2 机制进行,其他的醇按 S_N1 机制进行。醇与氢卤酸按 S_N1 机制进行卤代反应时,时常有重排现象,即卤烷中的烷基和原来醇中烷基的结构不一定相同。

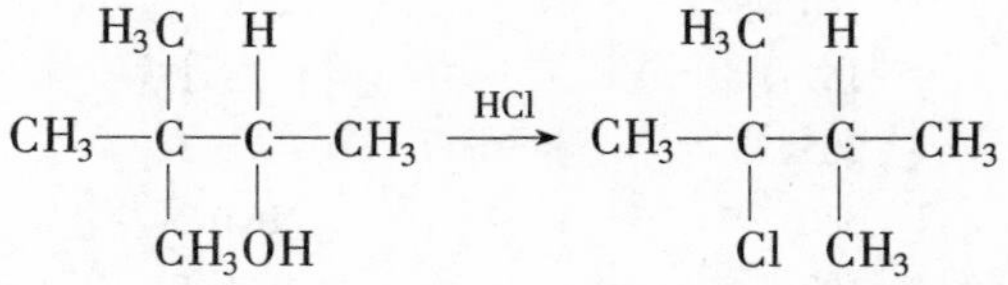

这是由于反应过程中,碳正离子不稳定而发生了重排反应的缘故。

$$CH_3-\underset{\underset{CH_3OH}{|}}{\overset{\overset{H_3C}{|}}{C}}-\underset{\underset{CH_3}{|}}{\overset{\overset{H}{|}}{C}}-CH_3 \ + \ H^+ \ \Longleftrightarrow \ CH_3-\underset{\underset{CH_3\overset{+}{O}H_2}{|}}{\overset{\overset{H_3C}{|}}{C}}-\underset{\underset{CH_3}{|}}{\overset{\overset{H}{|}}{C}}-CH_3 \ \xrightarrow{-H_2O}$$

$$CH_3-\underset{\underset{\overset{+}{C}H_3}{|}}{\overset{\overset{H_3C}{|}}{C}}-\underset{\underset{CH_3}{|}}{\overset{\overset{H}{|}}{C}}-CH_3 \ \underset{\text{重排}}{\Longleftrightarrow} \ CH_3-\underset{+}{\overset{\overset{H_3C}{|}}{C}}-\underset{\underset{CH_3}{|}}{\overset{\overset{H}{|}}{C}}-CH_3 \ \xrightarrow{Cl^-} \ CH_3-\underset{\underset{Cl}{|}}{\overset{\overset{H_3C}{|}}{C}}-\underset{\underset{CH_3}{|}}{\overset{\overset{H}{|}}{C}}-CH_3$$

又如

$$CH_3-\underset{\underset{CH_3}{|}}{\overset{\overset{CH_3}{|}}{C}}-CH_2OH \ \xrightarrow{HBr} \ CH_3-\underset{\underset{Br}{|}}{\overset{\overset{CH_3}{|}}{C}}-CH_2CH_3 \ + \ CH_3-\underset{\underset{CH_3}{|}}{\overset{\overset{CH_3}{|}}{C}}-CH_2Br$$

主要产物   次要产物

这是因为新戊醇 α 碳上叔丁基位阻较大,阻碍了亲核试剂的进攻而不利于 S_N2 反应,所以,反应按 S_N1 历程进行。反应过程中的伯碳正离子重排为较稳定的叔碳正离子,而后与 Br^- 结合,所以 2 – 甲基 – 2 – 溴丁烷为主要产物。

大多数伯醇所以不发生重排,是由于它们与氢卤酸的反应是按 S_N2 历程进行的。

$$RCH_2OH \ + \ H^+ \longrightarrow RCH_2\overset{+}{O}H_2$$

$$X^- \ + \ RCH_2\overset{+}{O}H_2 \longrightarrow \left[\underset{\underset{X^{\delta^-}}{|}}{R-CH_2\cdots\overset{\delta^+}{O}H_2} \right] \longrightarrow RCH_2X \ + \ H_2O$$

3.与无机含氧酸的反应

(1)与硫酸的反应

醇与硫酸反应,生成酸性硫酸酯(硫酸氢酯)和中性硫酸酯(硫酸二酯)。伯醇与浓硫酸的反应是很容易进行的,生成硫酸氢酯并放出热量。

$$C_2H_5OH \ + \ HOSO_2OH \ \xrightarrow{100℃} \ CH_3CH_2OSO_3H \ + \ H_2O$$
硫酸氢乙酯

$$CH_3CH_2OSO_2OH \ + \ HOSO_2OCH_2CH_3 \ \xrightarrow{蒸馏} \ CH_3CH_2OSO_2OCH_2CH_3 \ + \ HOSO_2OH$$
硫酸二乙酯

反应温度的控制很重要,温度过高将会有醚或烯烃生成,而且也会容易发生碳化作用。叔醇与浓硫酸作用在加热的条件下,得到的主要产物是烯烃。

(2)与硝酸的反应

丙三醇与硝酸反应生成甘油三硝酸酯。

$$\begin{array}{ccc} CH_2OH & & CH_2ONO_2 \\ | & & | \\ CHOH & + \ 3HONO_2 \ \rightleftharpoons \ & CHONO_2 \ + \ 3H_2O \\ | & & | \\ CH_2OH & & CH_2ONO_2 \end{array}$$

　　伯醇与硝酸反应可以顺利地生成硝酸酯,硝酸酯是极不稳定的物质,它受热后会发生快速分解甚至引起爆炸。多元醇的硝酸酯是烈性炸药。

　　(3)与磷酸的反应

　　磷酸是一个三元酸,它与醇作用可以得到磷酸二氢酯和磷酸一氢酯,但不能用磷酸与醇直接作用来制备磷酸三酯,因为磷酸三酯很容易发生水解。

$$\begin{array}{c} HO \\ | \\ ROH \ + \ HO-P=O \ \rightleftharpoons \ ROPO_3H_2 \ + \ H_2O \\ | \\ HO \end{array}$$

$$ROH \ + \ ROPO_3H_2 \ \rightleftharpoons \ (RO)_2PO_2H \ + \ H_2O$$

　　磷酸三酯是由醇和三氯氧化磷作用制得的,它是一类很有用的化合物,常用于制取农药和用于增塑剂及萃取剂等。

$$3C_4H_9OH \ + \ POCl_3 \longrightarrow (C_4H_9O)_3PO \ + \ 3HCl$$

4.脱水反应

　　醇与无机含氧强酸的反应不仅可以生成酯,而且随着反应温度的不同以及所用酸的浓度和强度的不同,还可以发生以生成醚或烯烃为主要产物的脱水反应。醇的脱水反应分为分子间脱水和分子内脱水两种方式,反应条件对产物的影响很大。

　　(1)分子内脱水生成烯烃

　　醇分子内脱水生成烯烃的反应是一个消除反应。例如:乙醇在硫酸存在下加热到170℃可发生脱水反应生成乙烯。

$$\begin{array}{c} CH_2CH_2 \\ | \ \ \ | \\ H \ \ \ OH \end{array} \xrightarrow[170℃]{H_2SO_4} CH_2=CH_2 \ + \ H_2O$$

　　不同结构的醇,发生分子内脱水反应的难易程度是不同的,叔醇最容易,仲醇次之,伯醇最难。

$$\begin{array}{c} CH_3 \\ | \\ CH_3-C-CH_3 \\ | \\ OH \end{array} \xrightarrow[85\sim90℃]{20\%\,H_2SO_4} (CH_3)_2C=CH_2 \ + \ H_2O$$

$$\begin{array}{c} CH_3CH_2CHCH_3 \\ | \\ OH \end{array} \xrightarrow[90\sim100℃]{66\%\,H_2SO_4} CH_3CH=CHCH_3 \ + \ H_2O$$

$$CH_3CH_2CH_2CH_2OH \xrightarrow[140℃]{75\% H_2SO_4} CH_3CH_2CH=CH_2 + H_2O$$

醇的酸催化脱水生成烯烃的反应,是羟基先质子化,然后形成碳正离子,再从 β 碳原子上消去质子氢而生成烯烃。

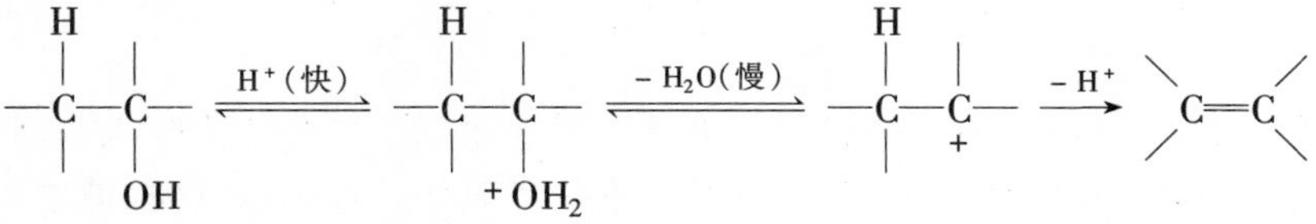

分子内脱水方向,遵守查依采夫(saytzeff)规则,双键碳原子上连有较多烃基的烯烃为主要产物。

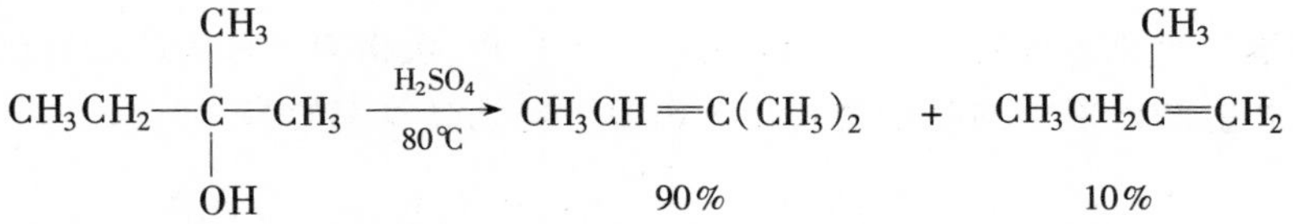

烯丙醇、苄醇脱水以形成稳定共轭体系的烯烃为主要产物。

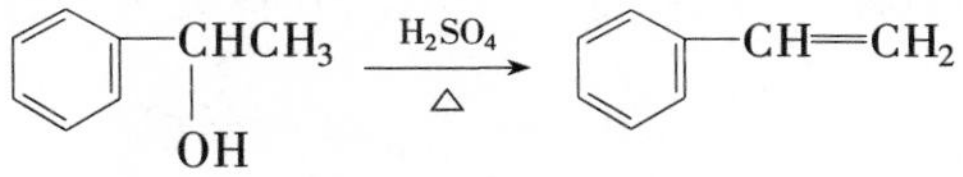

当脱水后的产物有顺、反异构体时,一般以反式结构为主要产物。

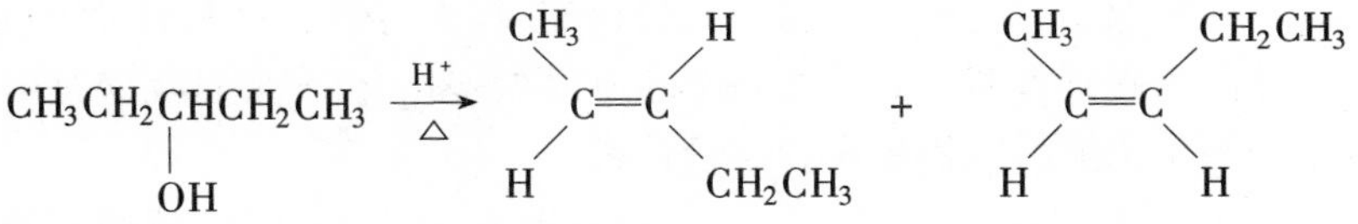

（E）- 2 - 戊烯　　　　　　（Z）- 2 - 戊烯
　　75%　　　　　　　　　　　25%

醇的酸催化脱水可能发生分子重排现象,如 3,3 - 二甲基 - 2 - 丁醇的脱水就是以重排产物为主。

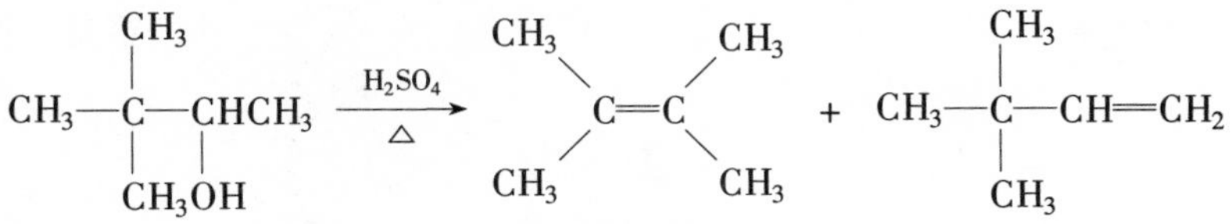

主要产物　　　　　　　　次要产物

(2)分子间脱水生成醚,如乙醇在硫酸存在下加热到 140℃ 生成乙醚:

$$CH_3CH_2OH + HOCH_2CH_3 \xrightarrow[140℃]{H_2SO_4} C_2H_5OC_2H_5 + H_2O$$

5.氧化和脱氢反应

伯醇和仲醇分子中,与羟基直接相连接的碳原子上都连有氢原子,这些氢原子由于受相邻羟基的影响,比较活泼,易被氧化。常用的氧化剂为高锰酸钾或铬酸。叔醇分子中,和羟基相连的碳原子上没有氢原子,在上述氧化条件下不被氧化。但在剧烈条件下氧化(例如在硝酸作用下),则碳链断裂,生成含碳原子数较少的产物。

(1)伯醇的氧化

伯醇最初被氧化成醛,但因醛也很易被氧化成羧酸,所以,在从伯醇氧化制备醛时,应把生成的醛尽快地从反应体系中移出,以避免进一步氧化。否则,产率很低。

$$R{-}CH_2OH \xrightarrow[\triangle]{[O]} R{-}CHO \xrightarrow{[O]} RCO_2H$$

重铬酸钾、高锰酸钾虽然是常用的氧化剂,但用于氧化醇时,却得不到高收率的醛,因为它可使醛迅速氧化为羧酸。但用 PPC 做氧化剂(PPC 氧化剂又称为沙瑞特试剂,是吡啶和三氧化铬在盐酸溶液中的螯合物),氧化伯醇可得到高收率的醛。

$$C_8H_{17}OH \xrightarrow[CH_2Cl_2]{PPC} C_7H_{15}CHO$$

(2)仲醇的氧化

仲醇由于其 α–C 上只连有一个氢原子,所以,它被氧化后的产物为酮。

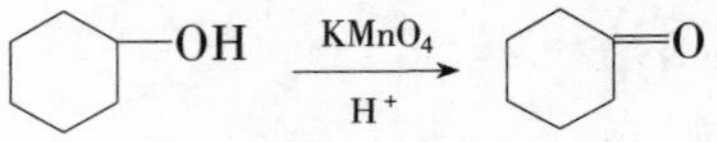

(3)邻位二元醇的氧化

高碘酸是一个对邻位二元醇有专属性的氧化剂,当它与邻二醇作用时,使相邻两个羟基所连碳原子之间的碳碳键断裂并生成两个相应的羰基化合物,而且反应是定量进行的。这个反应可用于邻位二醇的结构鉴定和定量分析。

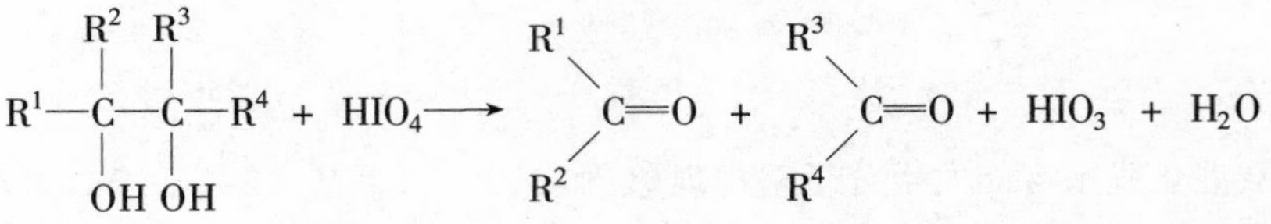

反应过程中,HIO_4 被还原成 HIO_3,后者可以与硝酸银作用生成 $AgIO_3$ 沉淀,而有助于判断氧化反应的发生。

8.2 酚

羟基与芳环碳原子直接相连的化合物称为酚,酚羟基(—OH)是酚的官能团。酚是重要的化工原料,在有机合成中有很广泛的用途。

8.2.1 酚的分类、命名

1.酚的分类

根据分子中所含酚羟基数目的多少分为一元酚、二元酚和多元酚。

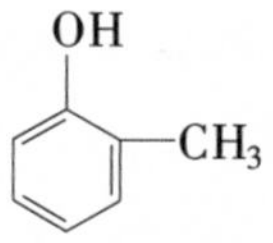

一元酚 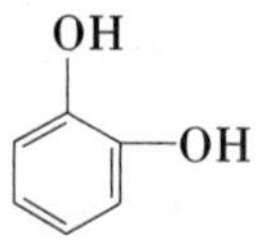　　　　　　　二元酚 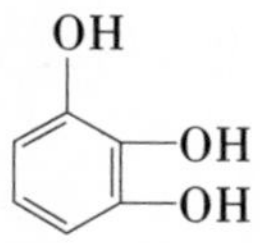　　　　　　　多元酚

根据酚羟基所连的芳环种类分为苯酚、萘酚和蒽酚。

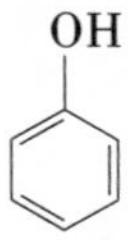

苯酚 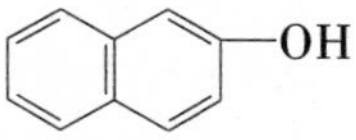　　　　　　　萘酚 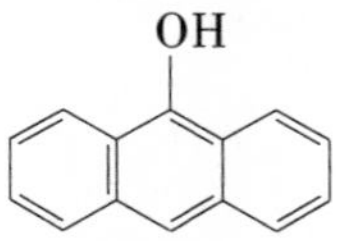　　　　　　　　　蒽酚

2.酚的命名

酚可以看作芳环上的氢被羟基取代生成的化合物。酚的命名常以苯酚、萘酚或蒽酚为母体,多元酚的命名需对芳环上羟基位置进行编号。

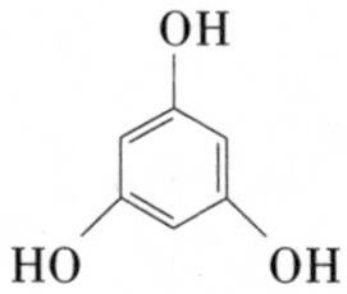

1,3,5－苯三酚　　　　　　　　　　　　2－萘酚

1,3,5-benzenetriol　　　　　　　　　　2-naphthalenol

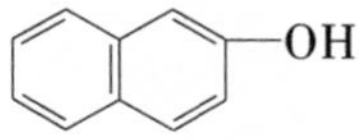

结构复杂的酚,也可以将酚羟基作为取代基命名。

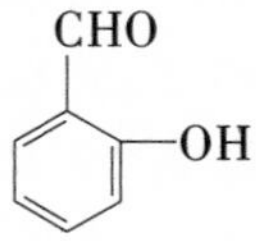

邻羟基苯甲醛　　　　　　　　　　　对羟基苯甲酸

o-hydroxybenzaldehyde　　　　　　*p*-hydroxybenzoic acid

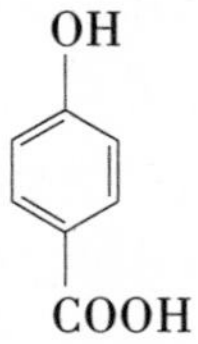

8.2.2 酚的物理性质

由于酚分子之间可以形成分子间氢键,因此,酚类化合物的熔点和沸点比相对分子质量相近的芳烃高,酚的相对密度都大于1。酚类化合物在常温下大多数为低熔点、高沸点的固体,少数烷基酚为高沸点液体。长期放置的酚类由于被空气所氧化,往往带有暗红色

或更深的色泽。

由于酚分子与水分子可以形成分子间氢键,故酚在水中有一定的溶解度。苯酚在水中的溶解度为 93 g/L,随着分子中酚羟基数目的增多,酚在水中的溶解度也相应增大。

常见的酚类化合物在乙醇、乙醚、苯及卤代烃等有机溶剂中都有良好的溶解性。

低级酚都有特殊的刺激性气味,有一定的挥发性,尤其对眼睛、呼吸道粘膜、皮肤等具有强烈的刺激和腐蚀作用。在使用时,应采取安全保护措施。一些常见酚类化合物的物理常数见表 8.2。

表 8.2　一些常见酚的物理常数

名　　称	熔点/℃	沸点/℃	每百克水中溶解度/25℃	pK_a/25℃
苯　　酚	41	182	9.3	9.96
邻甲苯酚	31	31	191	2.5
间甲苯酚	11	201	2.6	10.08
对甲苯酚	35	202	2.3	10.26
邻氯苯酚	9	173	2.8	8.48
间氯苯酚	33	214	2.6	9.02
对氯苯酚	43	217	2.7	9.38
邻硝基苯酚	45	214	0.2	7.22
2,4 - 二硝基苯酚	113	分解	0.6	4.93
2,4,6 - 三硝基苯酚	122	分解(300℃爆炸)	1.4	0.25
α - 萘酚	94	279	难溶	9.31
β - 萘酚	123	286	0.1	9.55

8.2.3　酚的化学性质

1.弱酸性

在酚分子中,酚羟基中的氧原子为 sp^2 杂化,其中一个 p 轨道未参与杂化,且含有 1 对未成键电子,它与苯环上 π 电子云形成 $p - \pi$ 共轭体系,氧原子上的电子云向苯环方向转移,这样,O—H 键电子密度有所下降,强度削弱,极性增大,使酚羟基中氢原子的解离倾向增大,所以,酚的酸性比醇强。

苯酚是很弱的酸,其水溶液不能使石蕊试纸变色。由于苯酚的酸性小于醋酸(pK_a = 4.76)和碳酸(pK_a = 6.35),所以,向苯酚盐的水溶液中通入二氧化碳或加入醋酸时,可将苯酚游离出来。

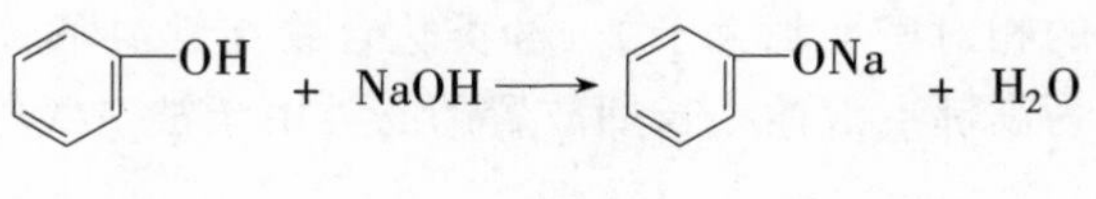

$$\text{C}_6\text{H}_5\text{ONa} + \text{CO}_2 + \text{H}_2\text{O} \longrightarrow \text{C}_6\text{H}_5\text{OH} + \text{NaHCO}_3$$

$$\text{C}_6\text{H}_5\text{ONa} + \text{CH}_3\text{COOH} \xrightarrow{\text{H}_2\text{O}} \text{C}_6\text{H}_5\text{OH} + \text{CH}_3\text{COONa}$$

当苯酚的环上有其他取代基存在时,由于取代基的电子效应,使取代酚的酸性有所不同,吸电性基团使取代酚的酸性增强,供电性基团使其酸性减弱。

2.卤代反应

在苯酚分子中,由于 $p-\pi$ 共轭作用,氧原子上的电子云向苯环方向转移,使苯环上的电子云密度增加,特别是邻、对位增加的更多。因此,苯环容易发生亲电取代反应,取代反应主要发生在酚羟基的邻、对位上。例如,溴与苯酚的反应,在室温下于水溶液中生成 2,4,6 - 三溴苯酚白色沉淀。这个反应是定量进行的,而且反应迅速,现象明显,即使是水溶液中含有万分之几的苯酚,也可鉴别其存在和测定其含量。

$$\text{C}_6\text{H}_5\text{OH} + 3\text{Br}_2 \xrightarrow{\text{H}_2\text{O}} \text{(2,4,6-Br}_3\text{C}_6\text{H}_2\text{OH)} + 3\text{HBr}$$

白色

3.磺化反应

在室温下,苯酚与浓硫酸作用得到邻位和对位产物,且邻、对位之间的比例很接近,若在 100℃下用稀硫酸对苯酚磺化,则主要得到的对位产物。

$$\text{C}_6\text{H}_5\text{OH} + \text{H}_2\text{SO}_4 \xrightarrow{25℃} \text{(o-HO-C}_6\text{H}_4\text{-SO}_3\text{H)} + \text{(p-HO-C}_6\text{H}_4\text{-SO}_3\text{H)}$$

$$\text{C}_6\text{H}_5\text{OH} + \text{H}_2\text{SO}_4 \xrightarrow[100℃]{\text{H}_2\text{O}} \text{(p-HO-C}_6\text{H}_4\text{-SO}_3\text{H)} + \text{H}_2\text{O}$$

4.硝化反应

苯酚和稀硝酸在 80℃时作用生成邻硝基苯酚和对硝基苯酚的混合物。

$$\text{C}_6\text{H}_5\text{OH} \xrightarrow[80℃]{20\%\ \text{HNO}_3} \text{(o-O}_2\text{N-C}_6\text{H}_4\text{-OH)} + \text{(p-O}_2\text{N-C}_6\text{H}_4\text{-OH)}$$

(30% ~ 40%)　　　　(15%)

因为苯酚易于被氧化,上述反应产率较低。邻位和对位产物可以用水蒸汽蒸馏分开,因为邻硝基苯酚通过分子内氢键形成螯形环,较易挥发,随水蒸气蒸馏出来,而对硝基苯酚形成分子间氢键,不易挥发而留下。

5.与三氯化铁反应

酚中的羟基与芳环连接在一起,是一类烯醇型化合物,具有烯醇型结构的分子与三氯化铁溶液能够发生颜色反应,生成有色物质为酚氧离子和高价铁离子形成的配合物。

$$6C_6H_5OH + FeCl_3 \rightleftharpoons [Fe(OC_6H_5)_6]^{3-} + 6H^+ + 3Cl^-$$

所以,可以用三氯化铁鉴别酚的存在。不同的酚与三氯化铁溶液作用呈现出不同的颜色,例如:苯酚呈蓝紫色,邻苯二酚呈深绿色,对苯二酚呈暗绿色。

6.缩合反应

甲醛中的羰基碳原子是缺电子反应中心,苯酚在催化剂存在下可与它们发生缩合反应。例如,酚与甲醛在酸或碱的催化下反应,先生成邻或对位羟基苯甲醇,继续反应生成二元取代物。二元取代物通过脱水,连续不断地反应,最后得到酚醛树酯。酚醛树酯具有优良的绝缘性能,常用来制作绝缘材料。如果使用甲醛的量与苯酚的量相当,产物是热塑性酚醛树脂(线型大分子);如果甲醛过量,则生成热固性酚醛树脂(体型大分子)。

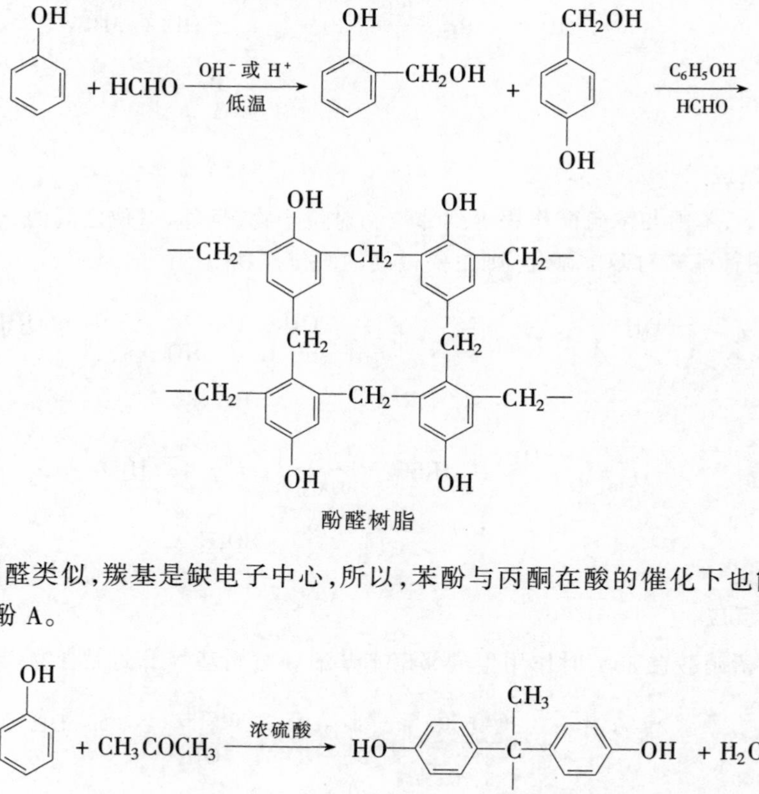

酚醛树脂

丙酮与甲醛类似,羰基是缺电子中心,所以,苯酚与丙酮在酸的催化下也能发生缩合反应,生成双酚 A。

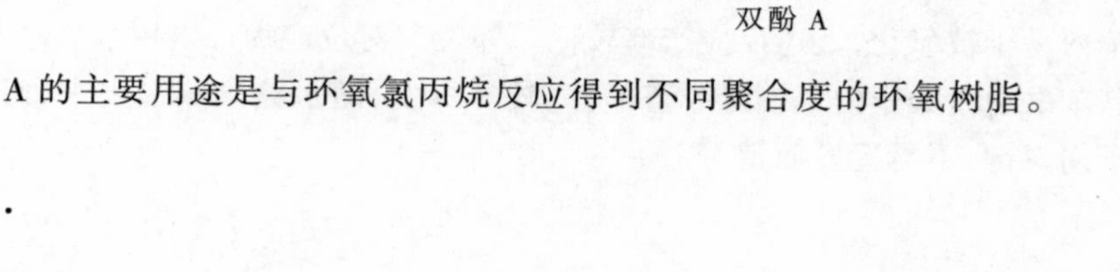

双酚 A

双酚 A 的主要用途是与环氧氯丙烷反应得到不同聚合度的环氧树脂。

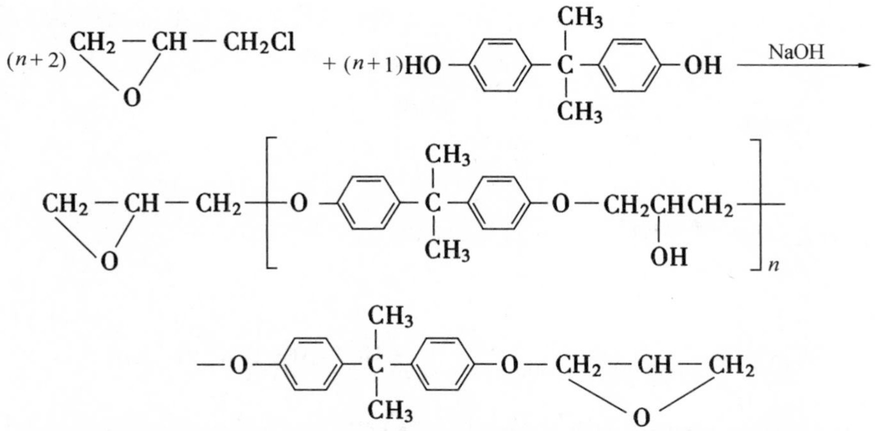

$$(n+2)\ CH_2\!-\!CH\!-\!CH_2Cl + (n+1)HO\!-\!\!\bigcirc\!\!-\!\!\underset{\underset{CH_3}{|}}{\overset{\overset{CH_3}{|}}{C}}\!\!-\!\!\bigcirc\!\!-\!OH \xrightarrow{NaOH}$$

这种环氧树脂与固化剂(多元胺或多元酸酐)作用(用量为树脂的 5% ~ 30%),便形成交联结构的高分子树脂,具有极强的粘结力,可以牢固地粘合多种材料,俗称"万能胶"。这种粘结剂还具有良好的热稳定性,并且吸湿性很小,在潮湿的环境中可保持粘接面具有较高的机械强度和绝缘性能。

8.3 醚

醚可看作是醇或酚分子中羟基的氢原子被烃基取代的产物,其通式为 R—O—R′。醚键"—O—"是醚的官能团。

8.3.1 醚的分类、命名

1.醚的分类

醚可分为单醚、混醚和环醚,与氧原子相连的二个烃基相同的醚称为单醚;与氧相连的二个烃基不同的醚称为混合醚;若氧原子与烃基连成环则称为环醚。

$$CH_3CH_2\!-\!O\!-\!CH_2CH_3 \qquad\qquad CH_3\!-\!O\!-\!CH_2CH_3$$

单醚   混合醚   环醚

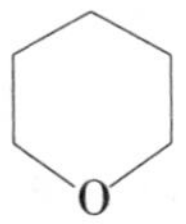

2.醚的命名

对于简单的醚,一般采用习惯命名法:即将醚键所连的两个烃基名称,按小在前,大在后,写在"醚"字之前。芳醚则将芳烃基放在烷基之前来命名。单醚可以在相同的烃基名称之前加"二"字("二"字可以省略)。

$$CH_3\!-\!O\!-\!CH_3 \qquad\qquad\qquad CH_3\!-\!O\!-\!CH_2CH_2CH_3$$

二甲醚   甲丙醚

dimethyl ether   methyl propyl ether

对结构复杂的醚,一般采用系统命名法,以烷氧基作为取代基,称为某烷氧基某烷。

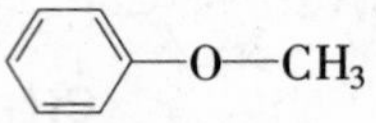

$$\text{苯}-\text{O}-\text{CH}_3$$

甲氧基苯

methoxybenzene

环氧化合物命名,是将词头"环氧"写在母体名称前面。

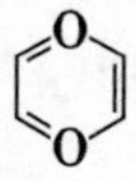

1,4 - 二氧六环

1,4-dioxane

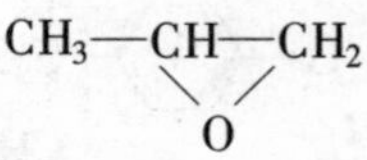

$$\text{CH}_3-\text{CH}-\text{CH}_2$$
（O）

1,2 - 环氧丙烷

1,2-epoxypropane

8.3.2 醚的物理性质

醚不能形成分子间氢键,其沸点比分子量相近的醇低得多,如正丁醇的沸点为117℃,而乙醚的沸点为34.6℃。但是,醚可与水分子形成氢键,在水中溶解度与同碳原子数的醇相近,环醚在水中溶解度要大些。常见醚的物理常数见表8.3。

表 8.3　一些常见醚的物理常数

化合物	熔点/℃	沸点/℃	相对密度/20℃
甲　醚	− 138.5	24.9	0.661
甲乙醚	—	7.9	0.697
乙　醚	− 116.2	34.6	0.714
异丙醚	− 85.89	90.5	0.736
正丁醚	− 95.3	69	0.769
乙二醇二甲醚		14.3	0.863
乙烯醚	− 101	83	—
四氢呋喃	− 65	65.4	0.888

8.3.3 醚的化学性质

1. 锌盐的生成

醚可以接受强酸提供的质子生成锌盐,并溶于强酸中。锌盐是不稳定的强酸弱碱盐,置于冰水中,便分解释放出醚。

$$R-O-R' + H_2SO_4 \rightleftharpoons R-\overset{+}{\underset{H}{O}}-R' + HSO_4^-$$

2.醚键的断裂反应

醚与浓强酸(氢碘酸)共热,醚键发生断裂生成卤烷和醇,如有过量酸存在,醇将继续被转变为卤代烷。

$$R—O—R' + HI \rightleftharpoons RI + R'—OH$$
$$R'—OH + HI \rightleftharpoons R'I + H_2O$$

生成的碘代烷在水中不溶。由于氢碘酸使醚键断裂的能力最强,故比较常用。生成的碘代烷如是 4 个碳原子以下的化合物,在加热至 130℃左右时便气化,蒸气遇到硝酸汞润湿的试纸会出现橙红或鲜红的碘化汞以表明醚键发生断裂。

3.氧化反应

饱和的烷基醚虽然对氧化剂是稳定的,但是将醚置于空气中,会发生缓慢的氧化反应,生成醚的过氧化物,这是一种发生在醚的 α – 碳氢键上的自由基型反应。常用的乙醚、异丙醚、四氢呋喃等都可发生这种反应。

$$CH_3CH_2OCH_2CH_3 \xrightarrow{O_2} CH_3CH_2OCHCH_3$$
$$\underset{OOH}{|}$$

醚的过氧化物具有爆炸危险性,在使用醚时,一定要检查是否含有醚的过氧化物,以防意外。

8.3.4 冠醚和硫醚

1.冠醚

冠醚是大环多醚类化合物,它们的结构特征是分子中含有多个"—OCH_2CH_2—"重复单元。冠醚的名称记为 m – 冠 – n,m 表示冠醚环的总原子数目,n 则表示冠醚环中的氧原子数目。

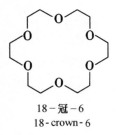

18 – 冠 – 6
18 - crown - 6

由于冠醚分子的中心是一个空穴,所以,冠醚可以对某些金属离子进行配合。在分析化学上,经常用冠醚分离一些干扰离子。冠醚一般能配合直径和它中心空穴直径大小差不多的金属离子。如:18 – 冠 – 6 中,空穴的直径是 0.26 ~ 0.32 nm,而 K^+ 离子的直径是 0.266 nm,所以 K^+ 离子能和 18 – 冠 – 6 的内层多个氧原子配合。

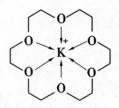

因为冠醚的内层是亲水性的氧原子，外层是亲油性的碳原子，因此，冠醚经常用作相转移催化剂而用于水－油两相体系的化学反应。例如：用高锰酸钾氧化烯烃，反应缓慢，但在 18－冠－6 的存在下，反应则进行得非常迅速。

$$\text{+ KMnO}_4 \xrightarrow{\text{18－冠－6}} \begin{array}{l} \text{CH}_2\text{—CH}_2\text{—CO}_2\text{H} \\ \text{CH}_2\text{—CH}_2\text{—CO}_2\text{H} \end{array}$$

2.硫醚

醚分子中的氧原子被硫原子所替代的化合物，叫做硫醚，通式为：R—S—R′、R—S—Ar 或 Ar—S—Ar′。

硫醚的命名与醚相似，只须在"醚"字之前加一"硫"字即可。

$$\text{CH}_3\text{—S—CH}_3$$

二甲硫醚

dimethyl sulfide

硫醚的化学性质相当稳定，但硫原子易形成高价化合物。硫醚在常温时用浓硝酸、三氧化铬或过氧化氢氧化可生成亚砜。在强氧化条件下，如用发烟硝酸、高锰酸钾、过氧羧酸氧化则生成砜。

$$\begin{array}{l}\text{CH}_3\\ \quad\quad\diagdown\\ \quad\quad\quad\text{S}\\ \quad\quad\diagup\\ \text{CH}_3\end{array}\begin{array}{l}\xrightarrow{\text{H}_2\text{O}_2\ \textbf{或浓}\ \text{HNO}_3}\ \text{CH}_3\text{—}\overset{\displaystyle O}{\overset{\|}{S}}\text{—CH}_3\quad(\text{二甲亚砜})\\[2em]\xrightarrow{\textbf{发烟}\ \text{HNO}_3\ \textbf{或}\ \text{RCO}_3\text{H}}\ \text{CH}_3\text{—}\overset{\displaystyle O}{\underset{\displaystyle O}{\overset{\|}{\underset{\|}{S}}}}\text{—CH}_3\quad(\text{二甲砜})\end{array}$$

习　题

1.命名下列化合物。

（1）ClCH$_2$CH$_2$CHCH$_2$CHCH$_2$OH
　　　　　　　　　|　　　|
　　　　　　　　CH$_3$　CH$_2$CH$_3$

（2）CH$_3$CH$_2$CH$_2$CHCH$_3$
　　　　　　　　　　|
　　　　　　　　　 OH

（3）CH$_3$CH$_2$CH$_2$CHCH$_2$CHCH$_2$OH
　　　　　　　　　|　　　|
　　　　　　　　OH　　OH

（4）HC≡C—CH—CH$_3$
　　　　　　　　|
　　　　　　　OH

(5) 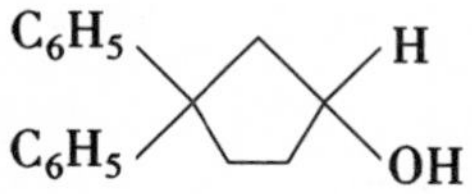 结构式（环丁烷，C_6H_5、C_6H_5 在一个碳上，另一碳上 H、OH）

(6) 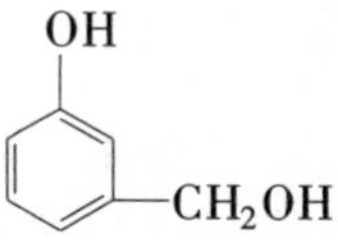 结构式（间羟基苄醇：苯环上 OH 和 CH_2OH）

(7) 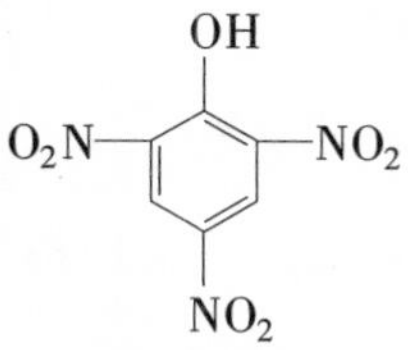
$$O_2N\text{—}\underset{NO_2}{\overset{OH}{\bigcirc}}\text{—}NO_2$$
（苯环，2,4,6-三硝基苯酚）

(8) 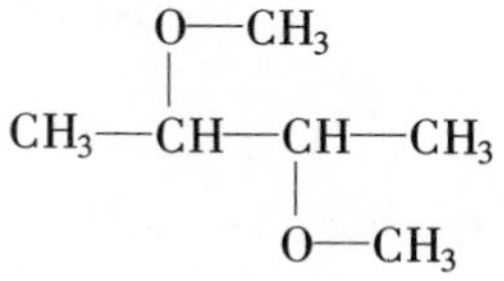
$$CH_3\text{—}\underset{}{\overset{O\text{—}CH_3}{CH}}\text{—}\underset{O\text{—}CH_3}{CH}\text{—}CH_3$$

(9) 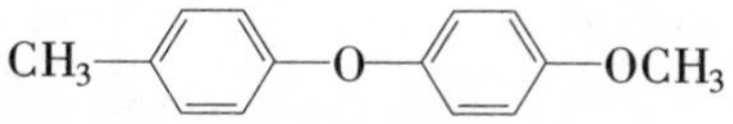 $CH_3\text{—}\bigcirc\text{—}O\text{—}\bigcirc\text{—}OCH_3$

(10) $C_6H_5CH_2OCH_2CH=CH_2$

2. 写出下列各化合物的构造式。

(1) 对氨基苯酚

(2) 4－甲基－2,6－二叔丁基苯酚

(3) 4－辛基－1,3－苯二酚

(4) 2,3－二巯基丙醇

3. 写出分子式为 $C_6H_{10}O$ 所有醇的同分异构体的构造式。

4. 用化学方法鉴别正丙醇和异丙醇。

5. 以 2－甲基环己醇为起始原料，合成 1－甲基－1－溴环己烷。

6. 为什么苯酚的酸性比醇的酸性强？

7. 怎样检查醚中过氧化物的存在？

8. 如何从甲基异丙基醚出发制备异丙基醚？

9. 某化合物 A，其分子式为 $C_5H_{12}O$，A 脱水可得 B，B 可与溴水加成得到 C（$C_5H_{10}Br_2$），C 与氢氧化钠的水溶液共热转变为 D（$C_5H_{12}O_2$），D 在高碘酸的作用下最终生成乙醛和丙酮。试推测 A 的结构，并写出有关化学反应式。

10. 某化合物 C_6H_{10}（A）与氯化氢作用生成 B，A 与硝酸银的醇溶液不生成沉淀。A 催化加氢得到有支链的烷烃 C，A 与含有硫酸的硫酸汞水溶液作用生成两种含有羰基的化合物 D。D 与硼氢化钠作用生成 E。试写出化合物 A、B、C、D、E 的构造式。

第9章 醛和酮

醛(aldehyde)和酮(ketone)分子中都含有羰基($\diagdown C=O$)官能团。它们都是羰基化合物。羰基碳原子上至少连有一个氢原子的化合物叫做醛，因此，也将"—CHO"叫做醛基，醛的通式为：R—CHO；羰基碳原子上同时连有两个烃基的化合物叫做酮，酮的通式为：R—CO—R 或 R—CO—R′。醛和酮是非常重要的有机化合物，具有十分广泛的用途。

9.1 醛、酮的分类和命名

9.1.1 醛和酮的分类

根据与羰基相连的烃基结构不同，可将羰基与脂肪烃基相连的醛(酮)称为脂肪族醛(酮)，将羰基直接与芳环相连的醛(酮)称为芳香醛(酮)。

$$CH_3CH_2CH_2CHO$$
脂肪醛

$$CH_3COCH_3$$
脂肪酮

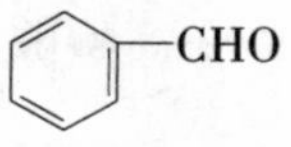

芳香醛

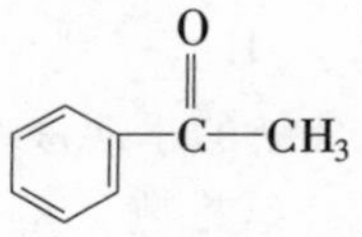

芳香酮

根据醛(酮)分子中烃基是否含有不饱和键，可将脂肪醛(酮)分为饱和脂肪醛(酮)和不饱和脂肪醛(酮)。

$$CH_3-CH_2-CHO$$
饱和醛

$$CH_3-CH_2-CH_2-\overset{O}{\overset{\|}{C}}-CH_3$$
饱和酮

$$CH_3-CH=CH-CHO$$
不饱和醛

$$CH_3-CH=CH-\overset{O}{\overset{\|}{C}}-CH_3$$
不饱和酮

根据醛、酮分子中的羰基数目可将醛、酮分为一元醛、酮；二元醛、酮等。

$$CH_3CH_2\overset{O}{\overset{\|}{C}}-H$$

$$CH_2=CHC\overset{O}{\overset{\|}{}}-H$$

$$CH_2=CHC-CH_3 \qquad\qquad CH_3CH_2C-CH_2CH_3$$

一元醛酮

$$H-C-C-H \qquad\qquad H-C-CH_2CH_2-C-H$$

$$CH_3-C-C-CH_2CH_3 \qquad\qquad CH_3-C-CH_2CH_2-C-CH_2CH_3$$

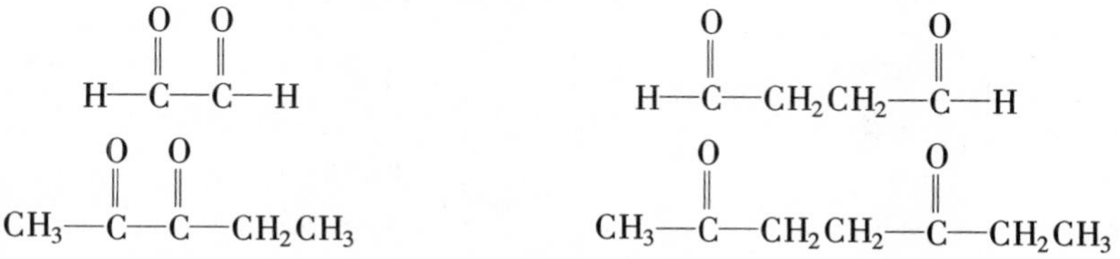

二元醛酮

9.1.2 醛和酮的命名

醛和酮的命名与醇相似。脂肪族醛、酮命名时,以含有羰基的最长碳链为主链,支链作为取代基,主链中碳原子的编号从靠近羰基的一端开始。在醛分子中醛基总是在链的一端,故命名时不需标明它的位次。而酮的羰基是位于碳链中间的,除丙酮、丁酮外,其他的酮则因羰基位置的不同而形成异构体,故命名时,羰基的位次必须标明。

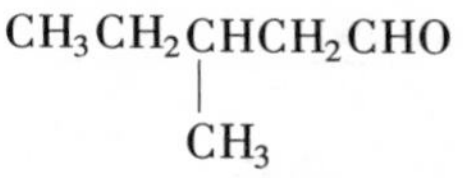

$$CH_3CH_2CHCH_2CHO$$
$$|$$
$$CH_3$$

3 – 甲基戊醛

3-methyl pentanal

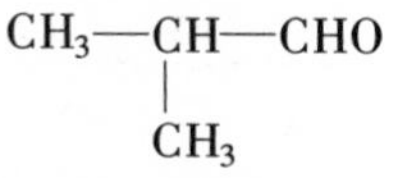

$$CH_3-CH-CHO$$
$$|$$
$$CH_3$$

2 – 甲基丙醛

2-methyl propanal

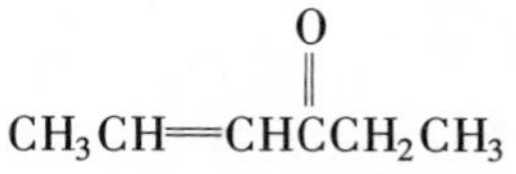

$$CH_3CH=CHCCH_2CH_3$$

4 – 己烯 – 3 – 酮

4-hexen-3-one

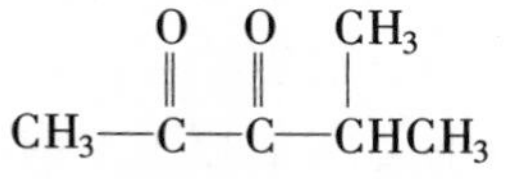

$$CH_3-C-C-CHCH_3$$
$$\qquad\qquad\qquad |$$
$$\qquad\qquad\qquad CH_3$$

4 – 甲基 – 2,3 – 戊二酮

4-methyl-2,3-pentanedione

芳香族醛、酮命名时,常把脂链作为主链,芳环作为取代基。

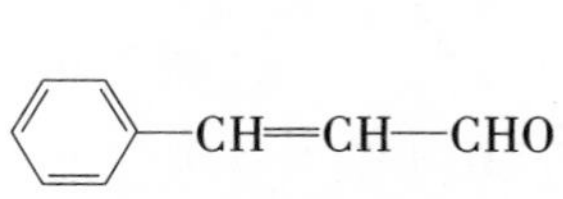

⬡—CH=CH—CHO

3 – 苯基丙烯醛

3-phenyl acrolein

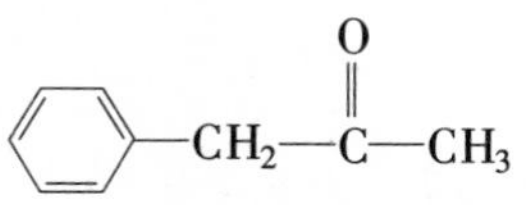

⬡—CH_2—C—CH_3

3 – 苯基丙酮

3-phenyl acetone

9.2 醛、酮的物理性质

在常温下,除甲醛是气态外,12 个碳以下的醛、酮是液态,12 个碳以上的醛、酮为固态。低级的醛有刺鼻气味;7 ~ 14 个碳的醛,尤其是芳香醛具有花果香型的气味,可用于香精的配制;7 ~ 13 个碳的酮多数具有特定的清香味道,可用于各种高级香精的配制;14 ~ 19 个碳的脂环酮类(如麝香酮、灵猫酮),则是麝香香料的香气成分。

由于醛、酮是极性较强的分子,极性分子之间存在着偶极 – 偶极之间的相互作用,所以,它们的沸点比相对分子质量相近的烃类要高出许多。但因为醛、酮的分子之间无氢键形成,故其沸点又比相同碳原子数的醇要低。

常见醛、酮的物理常数见表 9.1。

表 9.1   一些常见醛、酮的物理常数

名 称	熔点/℃	沸点/℃	相对密度	溶解度/100 g 水
甲 醛	−92	−21	0.815(−20℃)	55
乙 醛	−121	20	0.7951(10℃)	溶
丙 醛	−81	49	0.7966(25℃)	16
丙烯醛	−87	52	0.8410	溶
丁 醛	−99	76	0.8170	7
异丁醛	−66	64	0.7938	溶
苯甲醛	−26	178	1.0415(15℃)	0.3
苯乙醛	33 ~ 34	194	1.0272	微溶
丙 酮	−94	56	0.7899	溶
2 − 戊酮	−78	102	0.8089	6.3
3 − 戊酮	−41	101	0.8138	5
环己酮	−16	156	0.9478	微溶
苯乙酮	21	202	1.0260	微溶

9.3   醛、酮的化学性质

在醛、酮分子中,羰基碳和氧原子都是采用 sp^2 杂化。碳原子的三个 sp^2 杂化轨道分别与氧及其他两个原子形成三个 σ 键,这三个 σ 键处于同一平面内,键角约为 120°。羰基碳原子的 p 轨道与氧原子上的 p 轨道相互平行,侧面重叠形成 π 键,并与三个 σ 键所处的平面垂直。

在羰基中,由于氧原子的电负性大于碳原子,所以,羰基中双键的电子云是偏向氧原子一方的,这种电子云偏移造成了羰基具有极性,碳原子是缺电子中心,即羰基的碳原子有一定的亲电性,而氧原子上带有部分负电荷,有一定的碱性。

在羰基化合物中,羰基具有强吸电子作用(− C , − I 效应),连接在羰基上的烷基显示出明显的供电效应(+ C , + I 效应),烷基的这种给电子作用使羰基碳原子上缺电子性质有所减弱,也使羰基化合物的稳定性有所增加。

在羰基直接与芳环相连的芳香族醛、酮中,芳环的大 π 键与羰基的 π 键之间相互作用(即 $\pi - \pi$ 共轭),在化学性质上,表现出羰基的化学活性下降,而且芳环上的亲电取代反应活性也减弱。

由于羰基是醛和酮的官能团,所以,在化学性质上,醛和酮有许多共同之处。但由于醛的羰基上连有一个氢原子,又使醛和酮在化学性质上有所不同。

9.3.1 醛、酮的亲核加成反应

在醛、酮分子中,由于碳氧双键具有一定的偶极矩,羰基的碳原子是高度缺电子的,当亲核试剂与羰基作用时,羰基的 π 电子逐渐被氧原子所得,同时,羰基碳原子和亲核试剂之间的 σ 键逐步形成。在反应前后,羰基的碳原子由 sp^2 杂化状态转变为 sp^3 杂化状态。

$$R'-\overset{\delta^+}{C}\overset{\delta^-}{=}O \ + \ :Nu^- \longrightarrow \left[R'-\underset{R}{\overset{\overset{\delta^-}{Nu}}{\underset{\|}{C}}}\overset{\delta^-}{=}O \right]^- \longrightarrow R'-\underset{R}{\overset{Nu}{\underset{|}{C}}}-O^- \xrightarrow{H_3O^+} R'-\underset{R}{\overset{Nu}{\underset{|}{C}}}-OH$$

醛、酮分子中的电子效应和空间效应对这一反应过程有直接影响。如果羰基碳原子上所连接的烷基多,则由于烷基对羰基的 $+I$ 和 $+C$ 作用,使羰基碳原子的缺电子性下降,不利于亲核试剂的进攻。尤其是烷基的体积增大,会产生明显的空间位阻,使亲核试剂的进攻受阻,在过渡态时,相对的活化能也高。

由于醛、酮中氧原子是富电子端,所以,酸催化对亲核加成反应的进行是有利的。因为质子化的羰基中,π 键电子会更加偏向氧原子,这应使羰基的碳原子更为缺电子,有利于亲核试剂对它的攻击。

$$R'-\underset{R}{\overset{}{\underset{|}{C}}}=\ddot{O}\ddot{} \underset{}{\overset{H^+}{\rightleftharpoons}} \left[R'-\underset{R}{\overset{}{\underset{|}{C}}}=\overset{+}{O}H \right] \xrightarrow{:Nu^-} R'-\underset{R}{\overset{Nu}{\underset{|}{C}}}-\ddot{O}\ddot{}H$$

从电子效应和空间效应两方面因素综合考虑,羰基化合物发生亲核加成反应的活性次序:

$$\underset{H}{\overset{H}{C}}=O > \underset{CH_3}{\overset{H}{C}}=O > \underset{CH_3}{\overset{CH_3}{C}}=O > \underset{CH_3CH_2}{\overset{CH_3CH_2}{C}}=O > \underset{CH_3}{\overset{C_6H_5}{C}}=O > \underset{C_6H_5}{\overset{C_6H_5}{C}}=O$$

1.与氰氢酸的加成

氰氢酸能与醛、脂肪族甲基酮及少于 8 个碳的环酮发生加成反应,生成 α - 羟基腈(即氰醇)。在有机合成中,利用此反应来增长碳链。

$$R-\underset{(R')H}{\overset{}{\underset{|}{C}}}=O \ + \ HCN \ \rightleftharpoons \ R-\underset{(R')H}{\overset{OH}{\underset{|}{C}}}-CN$$
$$\alpha - 羟基腈$$

酮与氰氢酸的加成反应进行得很慢,但如果在反应物中加入氢氧化钠溶液,则反应可以加速。反之,如果加入酸,则反应更慢。

氰氢酸是一个很弱的酸,它不易离解成 H^+ 和 CN^-,加碱可使得 CN^- 的浓度增加,而加酸使得 CN^- 的浓度减少。在醛、酮与氰氢酸的加成反应中,起决定作用的是 CN^- 离子,所以,如能使 CN^- 的浓度增加,就能提高反应的速度。

$$HCN \rightleftharpoons H^+ + CN^-$$

由于氰氢酸有剧毒,且易于挥发,在实际操作中,是用 KCN 或 NaCN 的溶液与醛或酮混合,然后逐步加入无机强酸,生成的 HCN 立即与羰基加成,得到产物。

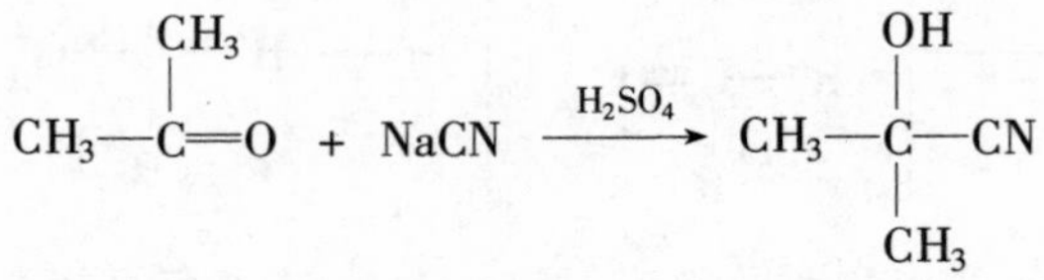

2. 与醇加成

醇是一种亲核试剂,可以对醛、酮进行亲核加成。但因为醇分子的亲核性较弱,反应是可逆的,只有在催化条件下,才有利于亲核加成反应的进行。一分子醛酮与一分子醇的亲核加成产物是半缩醛或半缩酮。

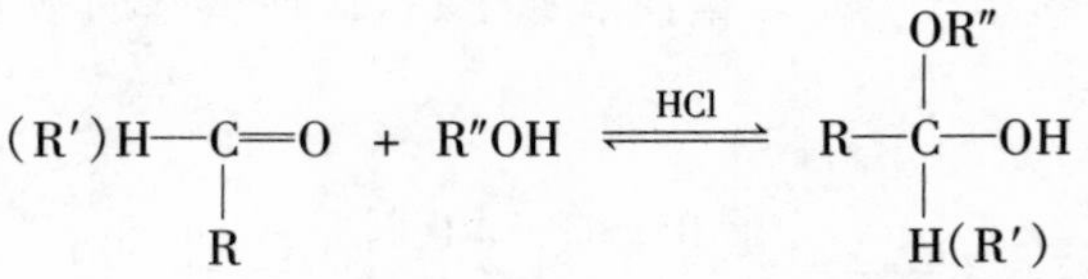

半缩醛(半缩酮)

半缩醛是不稳定的化合物,在酸性条件下,它与另一分子的醇发生分子间脱水,生成稳定的缩醛:

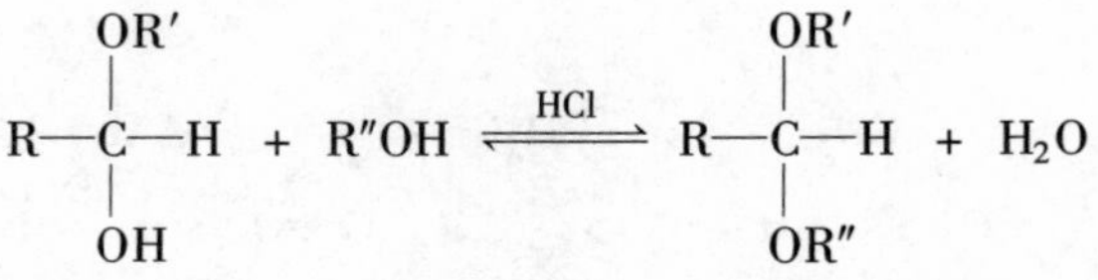

缩醛

由于缩醛或缩酮是稳定的醚型结构,它的生成又是可逆的,所以,在有机合成中可用于保护羰基。

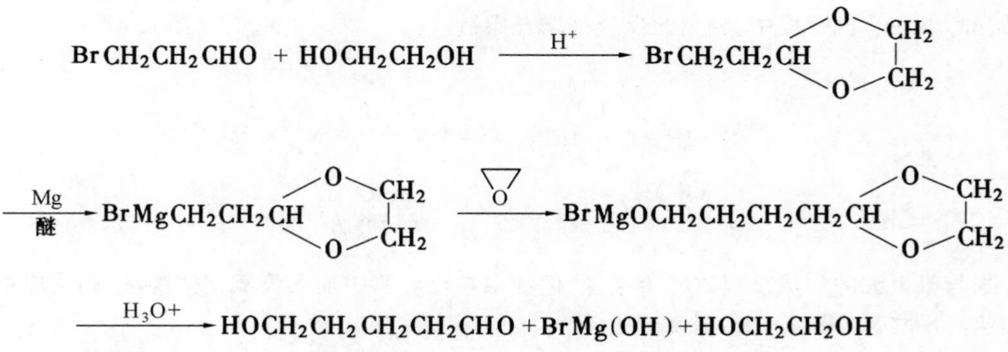

3.与亚硫酸氢钠加成

醛、脂肪族甲基酮以及少于 8 个碳的环酮可以与亚硫酸氢钠的饱和水溶液发生加成反应,生成的产物是 α – 羟基磺酸钠。

$$R—\overset{\displaystyle }{\underset{\displaystyle H(CH_3)}{C}}{=}O \quad + NaHSO_3 \longrightarrow R—\overset{\displaystyle OH}{\underset{\displaystyle H(CH_3)}{C}}{—}SO_3Na$$

$$\alpha – 羟基磺酸钠$$

α – 羟基磺酸钠易溶于水,但不溶于饱和的亚硫酸氢钠溶液中。将醛、酮与过量的饱和亚硫酸氢钠水溶液(40%)混合在一起,醛和甲基酮与亚硫酸氢钠反应生成 α – 羟基磺酸钠而很快结晶析出。所以,上面这个反应可以鉴别醛和甲基酮。

亚硫酸氢钠是一个较弱的酸性化合物,当向产物的水溶液中加入较强的酸或碱时,都会使加成产物分解而游离出羰基化合物。

4.与格利雅(Grignard)试剂加成

Grignard 试剂的亲核性非常强,它与醛、酮发生的亲核加成反应是不可逆的。加成产物用稀酸处理,即水解成醇。

$$CH_3CH_2MgBr + CH_3CHO \xrightarrow{\text{无水乙醚}} CH_3\underset{\displaystyle OMgBr}{CH}CH_2CH_3 \xrightarrow{H_3O^+} CH_3\underset{\displaystyle OH}{CH}CH_2CH_3$$

$$R'—\overset{\displaystyle }{\underset{\displaystyle R}{C}}{=}O + R''MgX \xrightarrow{\text{无水乙醚}} R—\overset{\displaystyle R'}{\underset{\displaystyle R''}{C}}{—}OMgX \xrightarrow{H_3O^+} R—\overset{\displaystyle R'}{\underset{\displaystyle R''}{C}}{—}OH$$

5.与氨衍生物的加成

氨及其衍生物(如:羟胺、苯肼、氨基脲)可与醛、酮起加成反应,但产物很不稳定,随即发生脱水消除反应,因此这类反应被称为加成 – 消除反应。

$$CH_3—\overset{\displaystyle O}{\overset{\|}{C}}—H + NH_2OH \longrightarrow CH_3CH{=}NOH + H_2O$$

$$乙醛肟$$

$$(CH_3)_2C{=}O + NH_2—NHC_6H_5 \longrightarrow (CH_3)_2C{=}N—NHC_6H_5 + H_2O$$

$$丙酮苯腙$$

$$\text{苯}—CHO + H_2N—NH—\overset{\displaystyle O}{\overset{\|}{C}}—NH_2 \longrightarrow \text{苯}—CH{=}N—NH—\overset{\displaystyle O}{\overset{\|}{C}}—NH_2 + H_2O$$

$$苯甲醛缩氨脲$$

羟氨、肼、氨基脲与羰基化合物形成的产物分别叫肟、腙、缩氨脲。这些产物大多数是有固定的熔点和一定晶型的固体,不但易于从反应体系分离出来,而且还容易进行重结晶提纯,更重要的是这些产物在酸性溶液中加热还可以分解生成原来的醛或酮。这为羰基化合物的鉴别、分离和提纯提供了一种有效的方法。

9.3.2 醛、酮 α - 氢的反应

1.酮式 - 烯醇式的互变异构

醛、酮 α 碳上的氢原子因受羰基 $-I$ 效应和 $\sigma - \pi$ 超共轭效应的影响,C—H 键极性增大,电子对偏向碳原子,使得 α - 氢具有一定的活泼性,在碱催化下,离解成质子而离去,故醛、酮的 α - H 表现出一定的弱酸性。一般简单醛、酮的 pK_a 值约为 16～20。

醛、酮失去一个 α 氢原子后形成一个负离子,其负电荷不完全在 α 碳上,而是氧和碳上都带有部分负电荷,所以,当它接受一个质子时,就有两种可能:若碳上接受质子,就形成醛或酮;若氧上接受质子,就形成烯醇。负离子接受质子变成醛、酮或烯醇的转化都是可逆的。

$$R-\overset{\overset{\displaystyle O}{\|}}{C}-CH_2R' \underset{+H^+}{\overset{-H^+}{\rightleftharpoons}} R-\overset{\overset{\displaystyle\overset{\delta^-}{O}}{\vdots}}{C}\overset{\delta^-}{\cdots}CHR' \underset{-H^+}{\overset{+H^+}{\rightleftharpoons}} R-\overset{\overset{\displaystyle OH}{|}}{C}=CHR'$$

烯醇

酮失去 α 氢原子所形成的负离子与烯醇失去羟基氢所形成的负离子是一样的。

酮与相应的烯醇是构造异构体,通常它们可以互相转变。在微量酸或碱的存在下,酮和烯醇互相转变很快达到动态平衡,这种能够互相转变而同时存在的异构体叫做互变异构体。酮和烯醇的这种异构现象叫做酮式 - 烯醇式互变异构。

含有一个羰基且结构比较简单的醛、酮的烯醇式在互变平衡混合物中含量是很少的。

酮式　　　　烯醇式

$$CH_3CHO \rightleftharpoons CH_2=CHOH$$

极少

$$CH_3-\overset{\overset{\displaystyle O}{\|}}{C}-CH_3 \rightleftharpoons CH_2=\overset{\overset{\displaystyle OH}{|}}{C}-CH_3$$

0.015%

$$\bigcirc=O \rightleftharpoons \bigcirc-OH$$

1.2%

对于两个羰基之间只隔有一个饱和碳原子的 β - 二羰基类化合物,由于诱导效应,α - H 活性增大,当形成烯醇式后,分子形成了共轭体系,并且能形成分子内氢键,所以,烯醇式的能量降低,稳定性增加,在平衡混合物中,它的含量要高得多。

$$CH_3-\overset{\overset{\displaystyle O}{\|}}{C}-CH_2-\overset{\overset{\displaystyle O}{\|}}{C}-CH_3 \rightleftharpoons CH_3-\overset{\overset{\displaystyle O-H\cdots O}{|\quad\quad\|}}{C}=CH-\overset{}{C}-CH_3$$

酮式(24%)　　　　　　　　　　　　　**烯醇式**(76%)

2.卤代反应

醛、酮与卤素作用,发生 α – H 的卤代反应,生成 α – 卤代醛、酮,这是制备 α – 卤代羰基化合物的重要方法。

脂肪醛与卤素反应可生成一卤代、二卤代甚至三卤代醛。

$$CH_3CHO + Cl_2 \xrightarrow{H_2O} CCl_3CHO + 3HCl$$

酮分子中的 α – H 也可被卤素直接取代,生成一卤代、二卤代及多卤代酮。在生成的 α – 三卤代酮中,三卤甲基强烈的 $-I$ 效应,使羰基碳原子更为活泼,在碱的作用下,迅速发生亲核加成反应,生成卤仿和少一个碳原子的羧酸。

$$\underset{\overset{\|}{O}}{R-C}-CX_3 + OH^- \longrightarrow R-\underset{\underset{OH}{|}}{\overset{\overset{O^-}{|}}{C}}-CX_3 \longrightarrow R-\overset{\overset{O}{\|}}{C}-OH + CX_3^- \longrightarrow RCOO^- + HCX_3$$

由于反应过程中有卤仿生成,所以,常把乙醛或甲基酮这类具有 3 个 α – H 结构的化合物与次卤酸钠的碱溶液作用生成三卤甲烷的反应称为卤仿反应。用碘的氢氧化钠溶液作为反应试剂,生成的碘仿是有一种特殊气味的黄色结晶。

3.羟醛缩合反应

在稀碱存在下,两分子醛相互作用,其中一分子醛的 α 氢原子加到另一分子醛的羰基氧原子上,而其余部分则加到羰基的碳原子上,生成的产物是 β – 羟基醛,β – 羟基醛不稳定,受热脱水生成 α,β – 不饱和醛。这个反应叫做羟醛缩合反应。通过羟醛缩合,在分子中形成了新的碳碳键,增长了碳链。

$$CH_3-\overset{\overset{O}{\|}}{C}-H + CH_2-\overset{\overset{O}{\|}}{C}-H \xrightarrow{10\% \text{ NaOH}} CH_3-\underset{\underset{OH}{|}}{\overset{}{CH}}-CH_2\overset{\overset{O}{\|}}{C}-H$$

上述反应的历程是分两步进行的,第一步是碱夺取一分子乙醛中 α 碳原子的一个质子,生成负碳离子(烯醇负离子),第二步是这个负离子作为亲核试剂与另一分子乙醛发生亲核加成反应,生成一个烷氧负离子,烷氧负离子是比 OH^- 更强的碱,它能从水分子中夺取一个质子而生成 β – 羟基醛。

$$CH_3-\overset{\overset{O}{\|}}{C}-H + OH^- \Longleftrightarrow {}^-CH_2-\overset{\overset{O}{\|}}{C}-H + H_2O$$

$$^-CH_2-\overset{\overset{O}{\|}}{C}-H + CH_3-\overset{\overset{O}{\|}}{C}-H \Longleftrightarrow CH_3-\underset{\underset{H}{|}}{\overset{\overset{O^-}{|}}{C}}-CH_2-\overset{\overset{O}{\|}}{C}-H$$

$$CH_3-\underset{\underset{H}{|}}{\overset{\overset{O^-}{|}}{C}}-CH_2-\overset{\overset{O}{\|}}{C}-H + H_2O \Longleftrightarrow CH_3-\underset{\underset{H}{|}}{\overset{\overset{OH}{|}}{C}}-CH_2-\overset{\overset{O}{\|}}{C}-H + OH^-$$

β-羟基醛受热时容易失去一分子水,生成α,β-不饱和醛。

$$CH_3-\overset{OH}{\underset{H}{C}}-CH_2-\overset{O}{C}-H \xrightarrow{\triangle} CH_3CH=CH-\overset{O}{C}-H + H_2O$$

含有α氢原子的酮也能起类似的缩合反应,最后生成α,β-不饱和酮。

$$2CH_3-\overset{O}{C}-CH_3 \xrightleftharpoons{OH^-} CH_3-\underset{CH_3}{CH}-CH=C-CH_3 \quad(含O)$$

两种不同的含有α氢原子的羰基化合物之间也能进行羟醛缩合反应。由于反应得到的总是复杂的混合物,这种羟醛缩合反应没有应用意义,因而这里不再讨论。

4.氧化和还原反应

(1)氧化反应

醛和酮的化学性质在上述许多反应中基本相同,但在氧化反应中却有较大的差别。这与醛和酮的结构不同有关。醛的羰基碳原子连有一个氢原子,而酮则没有这个氢原子,所以,醛比酮容易被氧化。

使用弱的氧化剂,如硝酸银的氨溶液,常称为托伦(Tollens)试剂可将醛氧化成相应的羧酸,析出的银可附在清洁的器壁上呈现光亮的银镜,常称为"银镜反应",可用这个反应来鉴别醛。

$$RCHO + 2Ag(NH_3)_2OH \longrightarrow RCOONH_4 + 2Ag\downarrow + H_2O + 3NH_3$$

斐林(Fehling)试剂是硫酸铜与酒石酸钾钠混合液,二价的铜离子具有较弱的氧化性,它可氧化脂肪醛为脂肪酸,而芳醛一般不被氧化。在反应中析出的砖红色的氧化亚铜沉淀,现象明显,可用于脂肪醛的鉴别。

$$RCHO + 2Cu^{2+} + NaOH + H_2O \xrightarrow{\triangle} RCOONa + Cu_2O\downarrow + 4H^+$$

托伦试剂和斐林试剂对碳碳双键不发生氧化作用,可用于对α,β-不饱和醛的选择性氧化,生成的产物是α,β-不饱和羧酸。

$$\diagup C=C-C=O \begin{cases} \xrightarrow{Ag^+或Cu^{2+}} \diagup C=C-COO^- \\ \xrightarrow[或Ag_2O]{MnO_2} \diagup C=C-COO^- \end{cases}$$

与醛相比,酮不易被氧化,只有在强烈的氧化条件下,酮才被氧化分解成小分子的羧酸。

环酮氧化可生成二元酸,有应用价值。例如,环己酮被氧化得到己二酸,后者是合成

纤维尼龙 – 66 的原料。

$$\text{环己酮} \xrightarrow[60\sim120℃]{60\%\,HNO_3} HOOC(CH_2)_4COOH$$

（2）坎尼扎罗（Cannizzaro）反应

无 α – H 的醛在浓碱的作用下，发生自身氧化还原反应，一分子醛被氧化为酸，另一分子醛被还原成醇，此为坎尼扎罗反应。

$$2HCHO + NaOH \longrightarrow HCOONa + CH_3OH$$

$$2\ \text{PhCHO} \xrightarrow{40\%\,KOH} \text{PhCOOK} + \text{PhCH}_2OH$$

两种不同的无 α – H 的醛在浓碱的作用下，可发生交叉的坎尼扎罗反应。在交叉的坎尼扎罗反应中，通常是活泼的醛被氧化。例如，芳醛和甲醛在浓碱的作用下，甲醛易被氧化成甲酸钠，而芳醛则被还原成芳醇。

$$CH_3O\text{—}\text{Ar}\text{—}CHO + HCHO \xrightarrow[CH_3OH,\triangle]{30\%\,NaOH} CH_3O\text{—}\text{Ar}\text{—}CH_2OH + HCO_2Na$$

（3）还原反应

醛、酮的羰基都能被还原成醇羟基。不同的醛、酮还原时，反应条件不同，还原产物也不同。

醛、酮在金属催化剂镍、铜、铂、钯等存在下与氢气作用，可以在羰基上加上一分子氢，生成醇。醛加氢生成伯醇，酮加氢得到仲醇。

$$CH_3(CH_2)_4CHO \xrightarrow{H_2}{Ni} CH_3(CH_2)_4CH_2OH$$

$$(CH_3)_2CHCH_2CCH_3 \xrightarrow[Ni]{H_2} (CH_3)_2CHCH_2CHCH_3$$
$$\underset{\underset{O}{\|}}{} \qquad\qquad\qquad \underset{\underset{OH}{|}}{}$$

醛、酮催化加氢产率较高，后处理简单，但是，催化剂较贵，并且是强还原条件，如果分子中还有其他不饱和基团，那么这些基团也将同时被还原。

$$\text{(环己烯基)}CCH_3 \xrightarrow[Ni]{H_2} \text{(环己基)}CHCH_3$$

醛和酮也可以被金属氢化物还原成相应的醇。常用的还原剂有氢化铝锂（$LiAlH_4$）和硼氢化钠（$NaBH_4$）。

氢化铝锂是很强的化学还原剂，它对羰基、硝基、氰基、羧基、酯、酰胺、卤代烃等都能还原。氢化锂铝非常活泼，遇到含有活泼氢的化合物会迅速分解，所以，使用氢化铝锂还原时，反应常在醚溶液中进行。因氢化铝锂对碳碳双键、碳碳三键不起作用，故可用于对

α,β - 不饱和醛、酮的选择性还原。

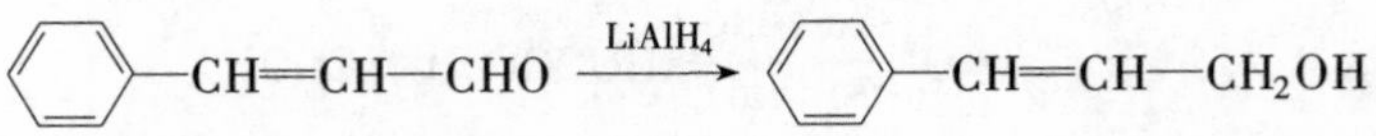

$$\text{①}-CH=CH-CHO \xrightarrow{\text{LiAlH}_4} \text{①}-CH=CH-CH_2OH$$

氢化铝锂与水激烈地反应放出氢气,在还原反应后过量的氢化铝锂应用乙醇消除。

硼氢化钠在水溶液或醇溶液中也和氢化铝锂一样,是一种缓和的还原剂,并且选择性高,还原效果好。对碳碳不饱和键也没有还原作用。但它的还原性比氢化铝锂弱。

酮或醛与锌汞齐及盐酸在苯或乙醇溶液中加热,羰基被还原为亚甲基:

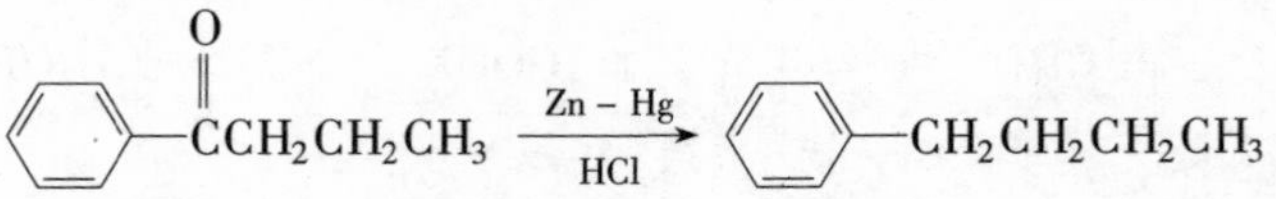

$$\text{①}-\overset{O}{\overset{\|}{C}}CH_2CH_2CH_3 \xrightarrow[\text{HCl}]{\text{Zn}-\text{Hg}} \text{①}-CH_2CH_2CH_2CH_3$$

这一反应首先由英国化学家克莱门森(E. Clemmensen)于 1913 年发现并用于制备烷烃、烷基芳烃和烷基酚类化合物。

将醛或酮与肼在高沸点溶剂,如在一缩乙二醇中与碱一起加热,羰基先与肼生成腙,腙在碱性加热条件下失去氮,结果羰基变成亚甲基,此反应叫做沃尔夫 – 吉斯尼尔 – 黄鸣龙反应。

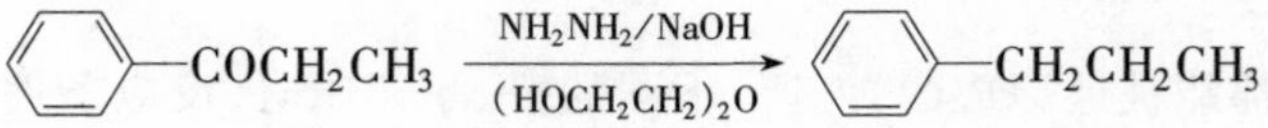

$$\text{①}-COCH_2CH_3 \xrightarrow[\text{(HOCH}_2\text{CH}_2)_2\text{O}]{\text{NH}_2\text{NH}_2/\text{NaOH}} \text{①}-CH_2CH_2CH_3$$

9.4 重要的醛和酮

9.4.1 甲醛

甲醛在常温下是无色有特殊气味的气体,沸点为 $-21℃$,易溶于水。含甲醛 40% 的水溶液叫做"福尔马林"。甲醛容易氧化,极易聚合。

甲醛的水溶液贮存久会生成白色固体,此白色固体是多聚甲醛,浓缩甲醛水溶液也可得到多聚甲醛,这是甲二醇分子间脱水而成的链状聚合物。

$$n\,HOCH_2OH \longrightarrow HO(CH_2O)_nH + (n-1)H_2O$$
多聚甲醛

甲醛是重要的有机合成原料,目前,它主要是由甲醇氧化脱氢来生产,将甲醇蒸气和部分空气通过 $600\sim700℃$ 银催化剂层,即生成甲醛。

9.4.2 乙醛

乙醛是无色的有刺激气味的低沸点液体,可溶于水、乙醇及乙醚中,易氧化,易聚合,在少量硫酸存在下,室温时就能聚合成环状三聚乙醛。所以,乙醛多以三聚乙醛形式保存。

乙醛也是重要的有机合成原料,在一定的催化剂的作用下,乙烯可以用空气直接氧化成乙醛。

$$CH_2{=\!=}CH_2 + \frac{1}{2}O_2 \xrightarrow{PdCl_2-CuCl_2} CH_3CHO$$

9.4.3 醌

醌是一类特殊的 α,β – 不饱和环状二酮。在醌分子中,存在着环己二烯二酮的结构特征,故醌作为重要的酮在这里讨论。

1.醌的分类

根据芳环的不同,醌可分为苯醌、萘醌、蒽醌等。

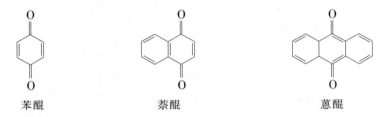

苯醌　　　　　　　　萘醌　　　　　　　　蒽醌

也可以根据两个羰基的不同位置分为邻醌和对醌。

邻苯醌　　　　　　　　　　　对苯醌

2.醌的命名

醌一般由芳烃衍生物转变而来,命名时,在"醌"字前加芳烃名称,并标出羰基的位置。

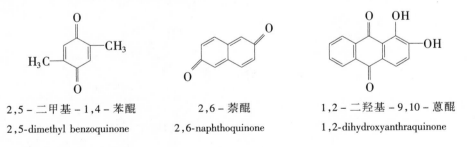

2,5 – 二甲基 – 1,4 – 苯醌　　　　2,6 – 萘醌　　　　　1,2 – 二羟基 – 9,10 – 蒽醌

2,5-dimethyl benzoquinone　　　2,6-naphthoquinone　　1,2-dihydroxyanthraquinone

3.醌的化学性质

醌环不是芳环,醌环没有芳香性,在醌分子中,由于两个羰基共同存在于一个不饱和的环上,使醌类化合物的热稳定性很差,醌环化学性质与 α,β – 不饱和酮相似。这里主要介绍苯醌的化学性质。

苯醌分子中具有两个羰基,两个双键。它既可以发生羰基反应,也可发生碳碳双键反应。

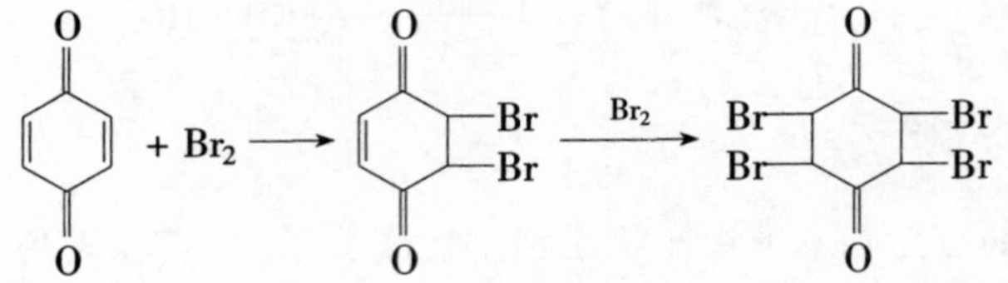

对苯醌能与一分子羟胺或二分子羟胺生成单肟或双肟。

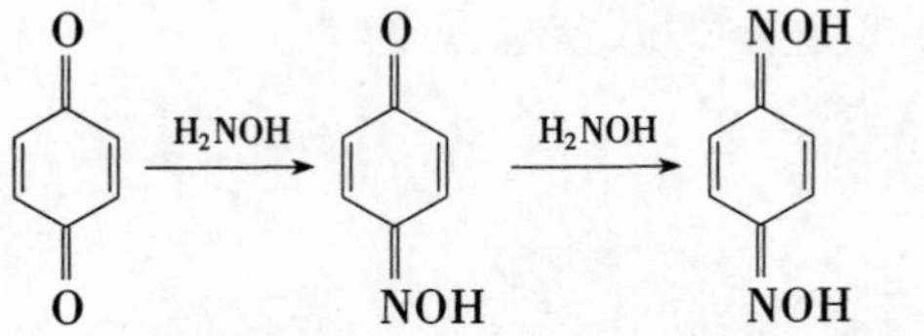

对苯醌单肟   对苯醌双肟

对苯醌单肟与对亚硝基苯酚是互变异构体。

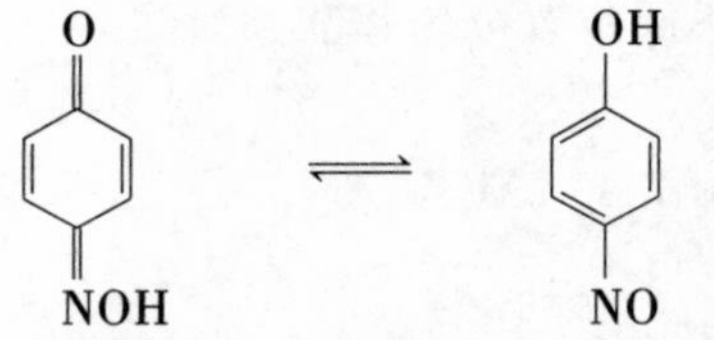

对苯醌单肟(醌型)   对亚硝基苯酚(苯型)

对苯醌与对苯二酚可以通过还原与氧化反应而互相转变。

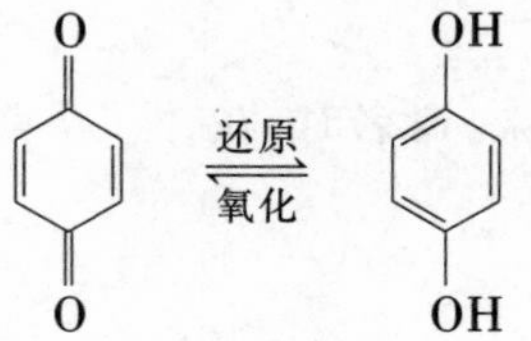

习 题

1. 命名下列化合物。

(1) CH_3CHCH_2CHO
$\quad\quad\ |$
$\quad\quad CH_2CH_3$

(2) $(CH_3)_2CH—C—CH_2CH_3$
$\quad\quad\quad\quad\quad\ \ \|$
$\quad\quad\quad\quad\quad\ \ O$

(3)

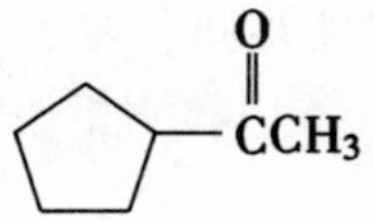

(4)

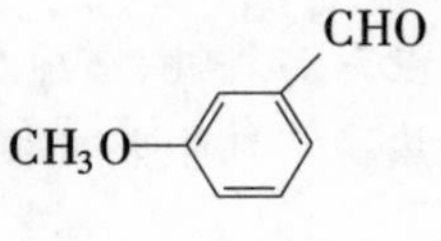

$(5) CH_2CH=CHCHO$ 　　　　(6) —CH_2CH_2—$\overset{\displaystyle O}{\underset{\displaystyle \|}{C}}$—$CH_2Br$

$(7) CH_2=CH$—$\overset{\displaystyle O}{\underset{\displaystyle \|}{C}}$—$C_3H_7$ 　　$(8) CH_3$—$\overset{\displaystyle O}{\underset{\displaystyle \|}{C}}$—$CH_2$—$\overset{\displaystyle O}{\underset{\displaystyle \|}{C}}$—$CH_3$

(9) 　　　　(10)

2.完成下列反应式。

$(1) CH_3COCH_2CH_3 \xrightarrow[\text{HAc}]{\text{Br}_2}$ 　　　　　$(2) CH_3COCH_2CH_3 \xrightarrow[\text{NaOH}]{\text{Br}_2}$

$(3) CH_3(CH_2)_6CHO \xrightarrow[\text{HOCH}_2\text{CH}_2\text{OH}\triangle]{\text{NaOH}}$ 　　$(4) CH_3CH_2CH_2CHO \xrightarrow[\text{EtOH}]{\text{EtONa}}$

$(5) CH_3CH=CHCHO \xrightarrow{\text{Br}_2}$ 　　　　$(6) CH_2=CHCOCH_3 \xrightarrow[\text{NaOH}]{\text{Cl}_2}$

$(7) CH_3\overset{\displaystyle O}{\underset{\displaystyle \|}{C}}CCH=CH_2 \xrightarrow[\text{H}_2\text{O}]{\text{LiAlH}_4} \xrightarrow[\triangle]{\text{H}_3\text{O}^+}$ 　　(8) Br——CHO $+ CH_2O \xrightarrow{\text{NaOH}}$

3.写出 2 - 甲基环己酮与下列试剂反应的主要产物。

(1)LiAlH₄(在乙醚中) 　　　　　(2)HCN/OH⁻

(3)乙二醇(干燥 HCl) 　　　　　(4)2,4 - 二硝基苯肼

(5)NH₂—NH₂,NaOH,(HOCH₂CH₂)₂O 　　(6)Zn - Hg,HCl

4.下列化合物中哪些能发生碘仿反应？哪些能和饱和亚硫酸氢钠反应？

$(1) CH_3COCH_2CH_3$ 　　　　　$(2) CH_3CH_2CH_2CHO$

$(3) CH_3CH_2OH$ 　　　　　(4) —CHO

$(5) CH_3CH_2COCH_2CH_3$ 　　　　(6)

5.用化学方法区别下列各组化合物。

(1) $\underset{\underset{\displaystyle OH}{|}}{CH_3CH_2CHCH_2CH_2CH_3}$, 　　$\underset{\underset{\displaystyle OH}{|}}{CH_3CHCH_3}$

(2) $\underset{\underset{\displaystyle O}{\|}}{CH_3CH_2CH_2CCH_3}$, 　　$\underset{\underset{\displaystyle OH}{|}}{C_6H_5CH_2CHCH_3}$

(3) $CH_3CH\begin{smallmatrix} OC_2H_5 \\ \diagup \\ \diagdown \\ OC_2H_5 \end{smallmatrix}$, 　$CH_3CH_2CH_2OCH_2CH_3$, 　$CH_3CH_2CH_2CH_2CH_3$

6.在氢氰酸对乙醛的加成反应中,分别加入几滴下列各组物质的溶液,反应速率有无变化？为什么？

甲组:NaOH + LiOH

7. 以沸点增高为序排列下列化合物，并说明理由。

（1）$CH_2\!=\!CHCH_2CHO$ （2）$CH_2\!=\!CHOCH\!=\!CH_2$

（3）$CH_2\!=\!CHCH_2CH_2OH$ （4）CH_3CHO

8. 使用四个碳或少于四个碳的卤代烃和醇，分别合成下列化合物，写出反应方程式并注明反应条件。

（1） $CH_3CH_2\underset{\underset{CH_3}{|}}{C}HCHO$ （2）$(CH_3)_2CHCH_2CH_2CH(CH_3)_2$

（3） $CH_3CH_2CH_2\underset{\underset{CH_2CH_3}{|}}{C}H\!=\!CHCH_2OH$ （4） $CH_3\underset{\underset{CH_3}{|}}{C}HCH\!=\!CH_2$

9. 以苯、甲苯及四碳以下等简单原料合成下列化合物。

（1） $CH_3CH\!=\!CH\underset{\underset{OH}{|}}{C}HCH_2CH_2CH_2CH_3$

（2） $C_6H_5CH\!=\!CHCH\!=\!CHCH_2OH$

（3） $CH_3CH_2CH_2CH_2\underset{\underset{CH_2OH}{|}}{C}HCH_2CH_2CH_3$

（4） $(CH_3)_2\underset{\underset{OH}{|}}{C}CH_2CH_2\underset{\underset{OH}{|}}{C}(CH_3)_2$

（5） $HOCH_2CH_2\underset{\underset{O}{||}}{C}CH_2OH$

（6） 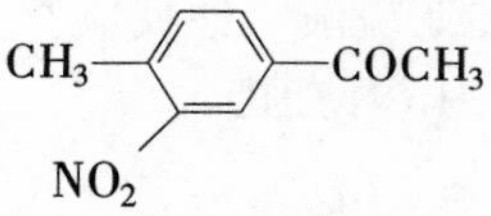 $CH_3\text{—}\overset{}{\underset{NO_2}{\bigcirc}}\text{—}COCH_3$

（7） 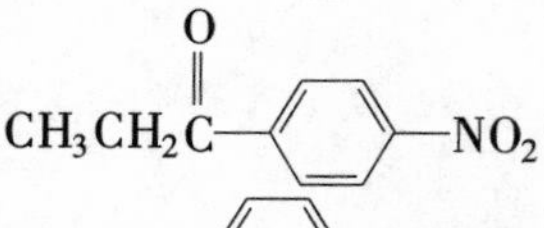 $CH_3CH_2\overset{\overset{O}{||}}{C}\text{—}\bigcirc\text{—}NO_2$

（8） 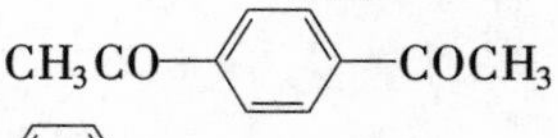 $CH_3CO\text{—}\bigcirc\text{—}COCH_3$

（9） 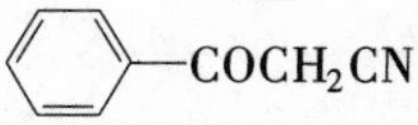 $\bigcirc\text{—}COCH_2CN$

（10） 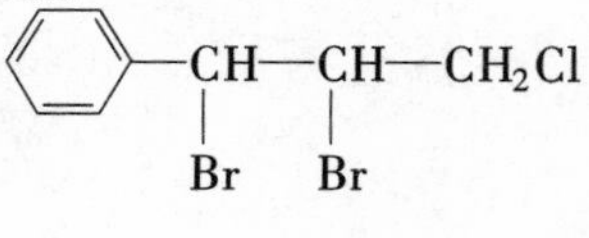 $\bigcirc\text{—}\underset{\underset{Br}{|}}{C}H\text{—}\underset{\underset{Br}{|}}{C}H\text{—}CH_2Cl$

第 10 章　羧酸及其衍生物

烃分子中的氢原子被羧基(—COOH)取代所形成的有机化合物称为羧酸。羧酸分子中羧基上的羟基被其它原子或原子团取代后的产物,称为羧酸衍生物。羧酸分子中烃基上的氢原子被其它原子或原子团取代的产物称为取代羧酸。在自然界中,羧酸、羧酸衍生物和取代羧酸广泛存在于动植物体中。许多羧酸及其衍生物是动植物代谢的中间产物,有些参与动植物的生命过程,有些具有很强的生物活性,有些则是有机合成和医药工业的重要原料。

10.1　羧　　酸

10.1.1　羧酸的分类和命名

1.分类

羧酸是由烃基(甲酸除外)和羧基两部分构成。根据分子中与羧基相连的烃基种类的不同,可分为脂肪族羧酸(如戊酸)、脂环族羧酸(如环丁烷羧酸)和芳香族羧酸(如苯甲酸)。

$CH_3(CH_2)_3COOH$	环丁烷羧酸	苯甲酸
戊酸	cyclobutane carboxylic acid	benzoic acid
pentanoic acid		

依据羧酸分子中羧基数目不同,羧酸可分为一元羧酸(如丙酸)、二元羧酸(如丙二酸)和三元羧酸(如柠檬酸)等,其中二元以上羧酸统称为多元羧酸。

CH_3CH_2COOH　　　　$HOOC—CH_2—COOH$

丙酸	丙二酸	柠檬酸
propanoic acid	malonic acid	citric acid

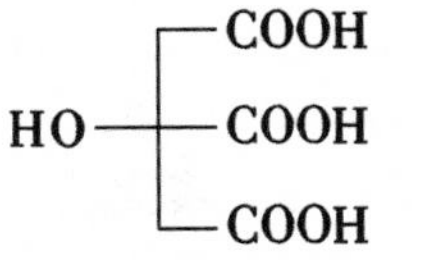

按照羧酸分子中烃基饱和程度不同,也可以分为饱和羧酸(如月桂酸)、不饱和羧酸(如丙烯酸)等。

$$CH_3(CH_2)_{10}COOH \qquad\qquad CH_3=CH—COOH$$

月桂酸　　　　　　　　　　丙烯酸

lauric acid　　　　　　　　acrylic acid

2.命名

(1)俗名

许多羧酸的名称常用俗名,而一些俗名往往根据其来源进行命名,如甲酸又称蚁酸,是从蒸馏蚂蚁中得到的;乙酸又称醋酸,是食醋中的主要成分;苹果酸、柠檬酸和酒石酸则分别来自苹果、柠檬和酿造葡萄酒时所形成的酒石。许多羧酸的俗名在实际生活和工作中使用得较为普遍。

$$CH_3COOH$$

醋酸

acetic acid

$$\begin{matrix} COOH \\ | \\ COOH \end{matrix}$$

草酸

oxalic acid

$$\begin{matrix} CH_2COOH \\ | \\ CH_2COOH \end{matrix}$$

琥珀酸

succinic acid

(2)系统命名法

羧酸的系统命名原则与醛的命名类似。选取含有羧基的最长碳链为主链,根据主链碳原子数目称为某酸。编号自羧基开始,用阿拉伯数字 1,2,3…来表示链上取代基的位置。取代基及位次写在某酸之前。简单的羧酸,也常用希腊字母标明取代基的位置,即从羧基相邻的碳原子开始编号为 α,依次为 β、γ 等。

$$\begin{matrix} & CH_3 \\ & \overset{\beta}{|} & \overset{\alpha}{} \\ CH_3-CH-CH-COOH \\ & | \\ & CH_3 \end{matrix}$$

$\alpha,\beta-$二甲基丁酸

$\alpha,\beta-$dimethylbutanoic acid

$$\overset{6}{C}H_3\overset{5}{C}H\overset{4}{C}H_2\overset{3}{C}H\overset{2}{C}H_2\overset{1}{C}OOH$$
$$\begin{matrix} \quad | \quad\quad | \\ CH_3 \quad CH_2CH_3 \end{matrix}$$

5-甲基-3-乙基己酸

3-ethyl-5-methyl hexanoic acid

命名含脂环和芳环的羧酸时,以脂环和芳环作为取代基,脂肪酸为母体。

4-甲基环己烷羧酸

4-methyl cyclohexaneformic acid

2-萘乙酸

2-naphthylacetic acid

10.1.2 羧酸的性质

1.物理性质

常温下,脂肪族一元羧酸如甲酸、乙酸、丙酸都是具有刺激性臭味的液体,正丁酸至正壬酸则为油状液体,癸酸以上为蜡状固体。而脂肪族二元羧酸和芳香族羧酸都是结晶状固体。

饱和一元羧酸的沸点随相对分子质量增加而增高。从羧基结构中可以看出,羧酸分子具有极性,能够形成氢键。羧酸分子可以通过氢键形成二聚体或多聚体。因此,羧酸的

沸点比与其分子量相当的烷烃、卤化烃高,也比相应的醇高。例如,乙酸和丙醇的相对分子质量均为 60,乙酸的沸点为 118℃,丙醇的沸点为 98℃。

羧酸的熔点随着碳原子数的增加而呈锯齿状上升,含偶数碳原子的羧酸的熔点比相邻两个奇数碳原子同系物的熔点高一点。原因在于含偶数碳原子的羧酸对称性更好,分子在晶格中排列更紧密。

羧酸的水溶性比相应醇大,1~4 个碳原子的羧酸与水可以混溶,但随着羧酸分子量增加,在水溶液中的溶解度迅速降低。癸酸以上的羧酸基本不溶于水,但脂肪族一元羧酸都能够溶解在乙醇、乙醚、氯仿等有机溶剂中。芳香酸的水中溶解度极其微量。芳香酸一般具有升华性,有些能随水蒸气挥发。一些羧酸的物理常数见表 10.1。

表 10.1　一些常见羧酸的物理常数

化合物	熔点/℃	沸点/℃	pK_{a1}	pK_{a2}	溶解度/g
甲酸	8.4	100.5	3.77		∞
乙酸	16.6	118.0	4.76		∞
丙酸	−20.8	141	4.88		∞
丁酸	−4.3	163.5	4.61		∞
戊酸	−33.8	186	4.81		4.97
己酸	−2	205	4.85		0.968
庚酸	−1.1	223.5	4.89		0.244
辛酸	16.5	237	4.85		0.068
丙烯酸	13	141	4.17		
苯甲酸	122.4	249	4.17		0.34
苯乙酸	77	265	4.31		
乙二酸	189		1.23	4.19	8.6
丙二酸	135		2.83	5.69	74.5
丁二酸	185		4.19	5.45	5.8

2.化学性质

羧酸的羧基(—COOH)中的碳原子是 sp^2 杂化的,它用三个 sp^2 杂化轨道分别与羟基中的氧原子、羰基中的氧原子和一个烃基的碳原子(或氢原子)以 σ 键相结合,且这三个 σ 键在同一个平面上。该碳原子余下的一个 p 轨道与羰基中氧原子的 p 轨道形成一个 π 键。羟基中氧的 p 轨道与羰基碳氧双键之间还存在 $p-\pi$ 共轭。

所以说,羧基虽然是由羟基和羰基直接相连而成,但由于两者在分子中的相互影响,羧基的性质并不是这两者性质的简单加和,而是具有它自己特有的性质。

因此,羧酸的化学反应,根据其分子结构中键的断裂方式不同而发生不同的反应,可表示如下:

α-H 取代反应　　　　C=O 亲核反应

O—H 键断裂而呈酸性

脱羧反应　—OH 被取代反应

（1）羧酸的酸性

由于羧基中 $p-\pi$ 共轭作用的存在,使氢氧键中的电子云比一般的醇羟基中的电子云更靠近氧原子,从而使羟基中 O—H 键有较大的极性,使氢更易电离,因此羧酸的酸性大于醇。但由于其 pK_a 值较小,所以仍然是弱酸。

$$RCOOH + H_2O \rightleftharpoons RCOO^- + H_3O^+$$

一般羧酸的 pK_a 值在 $3\sim5$ 之间,比碳酸($pK_a = 6.38$)、苯酚($pK_a = 10.00$)和甲醇($pK_a = 15.9$)的酸性要强一些,羧酸可以分解碳酸盐,而苯酚不能。因此,这个性质可用来区别或分离酚和羧酸。羧酸与碳酸氢钠(或碳酸钠、氢氧化钠)的成盐反应如下:

$$RCOOH + NaHCO_3 \longrightarrow RCOONa + CO_2\uparrow + H_2O$$

羧酸的钠盐具有盐的一般性质,不能挥发,在水中能完全溶解为离子,加入无机酸(强酸)又可以使盐重新变为羧酸游离出来。

$$RCOONa + HCl \longrightarrow RCOOH + NaCl$$

（2）羟基被取代反应

羧酸通过与不同试剂的反应,可使羧基中的羟基被卤素(—X)、羧酸根、烷氧基(—OR)及氨基(—NH₂)取代,生成酰卤、酸酐、酯和酰胺等羧酸衍生物。

①羧酸与 $SOCl_2$、PX_3、PX_5 等作用,使得羧基中的羟基被卤素取代,从而生成酰卤。酰卤是一类具有高度反应活性的化合物,广泛应用于药物和有机合成中。

$$3RCOOH + PX_3 \longrightarrow 3RCOX + H_3PO_3$$
$$RCOOH + PX_5 \longrightarrow RCOX + POX_3 + HX$$
$$RCOOH + SOCl_2 \longrightarrow RCOCl + SO_2\uparrow + HCl\uparrow$$

最后一个反应最常用,因为产物除酰卤外都是气体,很容易从反应体系中逸出,过量的低沸点 $SOCl_2$ 易通过蒸馏除去,得到的酰卤纯净。卤化剂选用 PX_3 或 PX_5,取决于产物和反应物、副产物是否便于分离。如制备苯甲酰氯时不能用 PCl_3,因为苯甲酰氯的沸点与亚磷酸的沸点相近。

②羧酸在脱水剂存在下脱水生成酸酐。

$$2RCOOH + (CH_3CO)_2O \rightleftharpoons (RCO)_2O + 2CH_3COOH$$

通过二元酸直接加热脱水生成五元或六元环状酸酐。

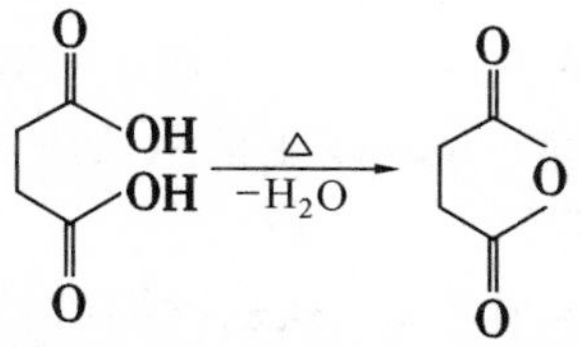

③在无机酸催化下，羧酸与醇反应可以生成酯，这种反应称为酯化反应。酯化反应通常都是可逆的，如需较好地完成反应则要采用过量的反应原料（羧酸或醇），或加入能与水共沸的溶剂（如苯或甲苯），把水不断地从反应体系中带出，从而使反应向右进行。

$$\mathrm{RCOOH} + \mathrm{R'OH} \underset{}{\overset{H^+}{\rightleftharpoons}} \mathrm{RCOOR'} + \mathrm{H_2O}$$

④羧酸中通入氨气生成铵盐，铵盐加热失水可得到酰胺。

$$\mathrm{RCOOH} \xrightarrow{NH_3} \mathrm{RCOONH_4^+} \xrightarrow[-H_2O]{\triangle} \mathrm{RCONH_2}$$

(3)脱羧反应

一些羧酸在加热时容易发生失去 CO_2 的反应，称脱羧反应。也可以将羧酸与无水碱金属盐与碱石灰（NaOH—CaO）共热，则从羧基中脱去 CO_2 生成烃。

$$\mathrm{CH_3COOH} + \mathrm{NaOH} \xrightarrow{\triangle} \mathrm{CH_4} + \mathrm{Na_2CO_3}$$

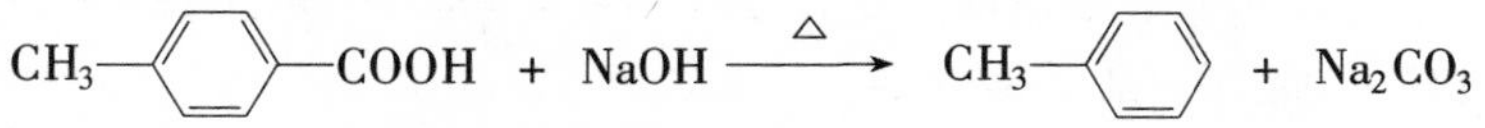

β酮酸更容易脱羧，反应可在室温下进行。

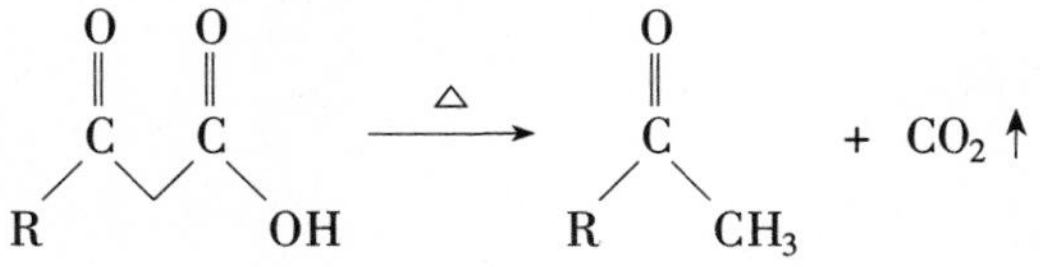

(4)羧酸还原反应

羧酸很难被还原，但 $LiAlH_4$ 能顺利地把羧酸直接还原为伯醇。

$$\mathrm{R\overset{\overset{O}{\|}}{C}OH} \xrightarrow[\text{干醚}]{LiAlH_4} \xrightarrow[H^+]{H_2O} \mathrm{RCH_2OH}$$

(5)α－H的卤代反应

饱和一元羧酸 α 碳上的氢原子和醛、酮中的 α 氢原子相似，比较活泼，可被卤素（氯或溴）取代，生成 α－卤代酸。但在一般情况下作用较慢，而在少量红磷存在下，反应进行较顺利。

$$\mathrm{RCH_2COOH} \xrightarrow[P]{X_2(Cl_2 \cdot Br_2)} \mathrm{R\underset{\underset{X}{|}}{C}HCOOH} \xrightarrow[P]{X_2} \mathrm{R\overset{\overset{X}{|}}{\underset{\underset{X}{|}}{C}}COOH}$$

α - 卤代酸的卤原子像在卤烷中一样,可发生亲核取代反应,转变为—CN、—NH$_2$、—OH等,由此得到各种 α - 取代酸;也可发生消除反应而得到 α,β - 不饱和酸,所以在合成上很重要。

乙酸的 α 氢原子被氯代后生成的 α - 氯乙酸的酸性比相应的脂肪酸的酸性强,而且取代的氯原子愈多,酸性愈强。

这种由于取代基的引入而导致酸性强弱的变化,是由于某些原子或基团的吸引电子或供给电子的能力(电子效应)不同所引起的,氯代酸中的氯原子是电负性强的原子,具有吸收电子的能力,可使氯原子与碳原子间的 σ 键的电子云向氯原子方向偏移。氯原子的这种电子效应可沿着 σ 键链传递下去,使羧酸根负离子的负电荷分散而更稳定,有利于羧酸的离解,因而酸性增强。显然,α 碳上卤原子愈多,吸电子效应的影响也愈大,酸性也愈强。

氯原子与羧基的距离远近,对酸性强弱有影响,距离越远,影响越小。

烷基的供电子能力比氢原子大,它与氯原子的作用正好相反。例如,乙酸的酸性因甲基的供电子效应而比甲酸的酸性弱。

二元羧酸的酸性一般比一元羧性强,因为羧基是吸电子基团,它的诱导效应可以促进另一个羧基的离解。

羧基连接在芳环上的芳香羧酸由于产生了 p - π 共轭,一般来说,它的酸性比饱和一元脂肪酸的酸性强,但比甲酸的酸性弱。

对于某个具体羧酸的酸性大小,则需要综合考虑其共轭效应、空间效应、溶剂性质等因素影响。

10.1.3 重要的羧酸

1. 甲酸(formic acid)

甲酸俗名蚁酸,为无色液体。最初从蒸馏蚂蚁中得到的,具有强烈的刺激性和毒性。它的腐蚀性较小,有挥发性,常用作防腐剂、酸性还原剂、橡胶凝聚剂及基本化工原料,能替代无机酸使用。

甲酸分子中的羧基和氢原子相连,分子中包含醛基结构,所以具有醛的性质,能发生银镜反应,同时也能使 KMnO$_4$ 溶液褪色,这些反应可用来检验甲酸。

甲酸还可与浓硫酸等脱水剂反应,分解生成纯度很高的 CO。甲酸易被氧化剂氧化生成 CO$_2$ 和 H$_2$O。

2. 乙酸(acetic acid)

乙酸俗称醋酸,通过发酵法制得乙酸的浓度约为 8%,许多微生物具有将有机物转变为乙酸的能力,所以它是人类使用最早的有机酸。当温度低于 16.6℃ 时,纯醋酸会凝结成冰状,故又称冰醋酸。

乙酸是一个很重要的基本有机化工原料,用来合成乙酸酐、乙酸乙酯、乙酸乙烯酯等化合物,进一步转化为许多精细化工品,用途极广。

3.丙烯酸(acrylic acid)

丙烯酸($CH_2=CHCOOH$)是最简单的不饱和酸,有刺鼻的酸味,与水混溶。

丙烯酸具有羧酸和烯烃的性质,双键易发生聚合和氧化反应,聚合反应可得聚丙烯酸,用作涂料、黏合剂等。

4.苯甲酸(benzonic acid)

苯甲酸又称安息香酸,最初是从安息香树胶中制得的,它有防止食物腐败和发酵的作用。其钠盐可用作防腐剂,用于食品工业。

5.乙二酸(oxalic acid)

乙二酸又称草酸,常以钙盐和钾盐存在于植物细胞膜中,在所有的有机物中,草酸的含氧量是最高的。

草酸有强的还原性,可用作漂白剂和除锈剂。在受热的条件下也易分解出甲酸和二氧化碳。

$$HOOCCOOH \xrightarrow{\triangle} HCOOH + CO_2\uparrow$$

10.2 羟基酸

10.2.1 羟基酸的分类和命名

羟基酸是指分子中同时具有羟基和羧基的化合物。脂肪族羧酸烃基上连接的氢原子被—OH 取代而得的酸称为醇酸。而芳香羧酸芳环上的氢原子被—OH 取代而得的酸称为酚酸。在醇酸中,根据羟基和羧基的相对位置不同,可分为 α-羟基酸;β-羟基酸等。命名时,羧酸为母体,羟基为取代基。也可用阿拉伯数字 1、2、3…标出羟基的位置。

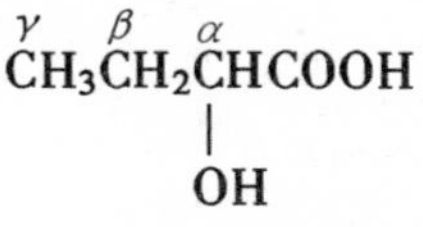

γ β α
CH3CH2CHCOOH
OH

α-羟基丁酸

2-羟基丁酸

2-hydroxy butanoic acid

γ β α
CH3CHCH2COOH
OH

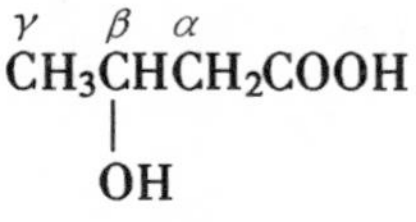

β-羟基丁酸

3-羟基丁酸

3-hydroxy butanoic acid

OH
COOH
1
2
3
4
5
6

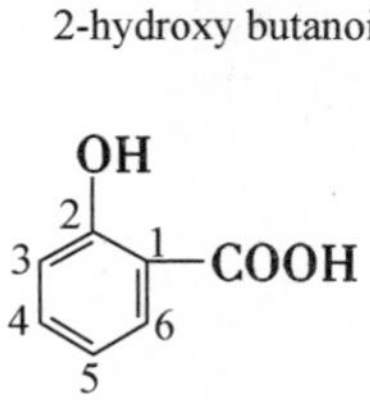

2-羟基苯甲酸

2-hydroxybenzoic acid

COOH
HO
OH
OH

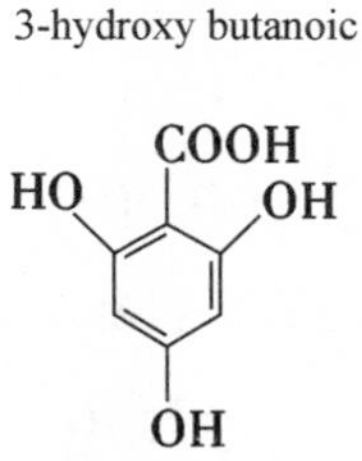

2,4,6-三羟基苯甲酸

2,4,6-trihydroxybenzoic acid

10.2.2　羟基酸的性质

由于羟基酸分子中含有羟基和羧基,这两个基团都能分别与水形成氢键,因此羟基酸在水中的溶解度比相应的醇和羧酸都大,低级羟基酸可与水混溶。羟基酸的熔点比相应的羧酸高。

羟基酸兼有羟基和羧基的性质,并由于羟基和羧基两个官能团相互影响具有一些特殊的性质。

1. 酸性

在羟基酸分子中,由于羟基的吸电子诱异效应,使羟基酸的酸性增强,羟基离羧基距离越近,酸性越强。

$$\underset{\underset{OH}{|}}{CH_2COOH} \qquad CH_3COOH \qquad \underset{\underset{OH}{|}}{CH_3CHCOOH} \qquad \underset{\underset{OH}{|}}{CH_2CH_2COOH} \qquad CH_3CH_2COOH$$

pK_a　3.85　　<　　4.76　　　　3.86　　<　　4.51　　<　　4.87

邻羟基苯甲酸的酸性比苯甲酸强,主要是由于羟基处于羧基邻位时,可形成分子内氢键,有利于羧酸根负离子稳定,因而酸性增强。

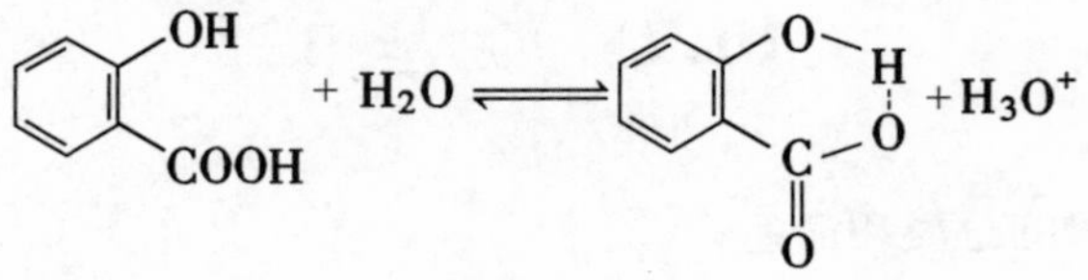

2. 脱水反应

羟基酸受热或与脱水剂共热脱水时,由于羟基和羧基的相对位置不同,脱水反应的产物也不同。α - 羟基酸受热时,两分子间的羧基与羟基相互酯化脱水,生成交酯。

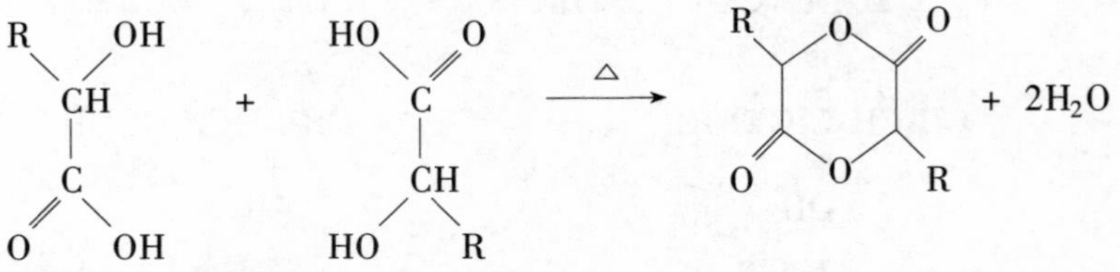

β - 羟基酸受热时,发生分子内脱水生成 α, β - 不饱和酸。

$$\underset{\underset{OH}{|}}{RCH}-\underset{\underset{H}{|}}{CHCOOH} \xrightarrow[\triangle]{稀\ H^+} RCH{=}CHCOOH + H_2O$$

γ - 和 δ - 羟基酸很容易发生分子内脱水生成五元环和六元环的内酯。

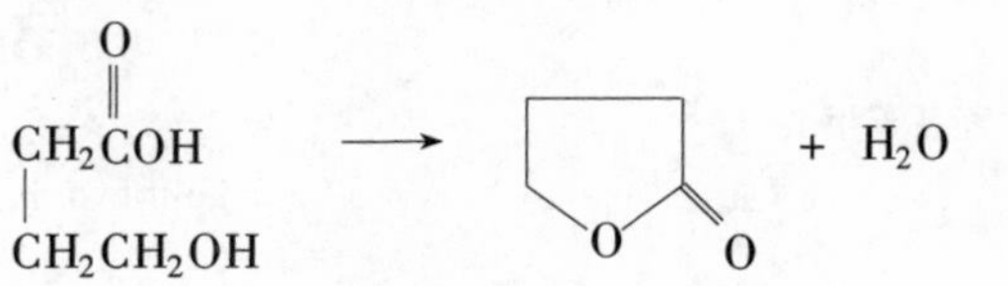

3.氧化分解脱羧反应

α – 羟基酸和 β – 羟基酸与 $KMnO_4$ 共热氧化,可生成 α – 酮酸和 β – 酮酸,此产物在氧化体系中不稳定,易脱羧变成醛、酮或羧酸。

$$\underset{\underset{OH}{|}}{\overset{\alpha}{R}CH}-COOH \xrightarrow[\triangle]{KMnO_4} R\overset{\overset{O}{\|}}{C}-COOH \xrightarrow{-CO_2} R\overset{\overset{O}{\|}}{C}H \xrightarrow{KMnO_4} RCOOH$$

$$\underset{\underset{\beta}{}}{R\overset{\overset{OH}{|}}{C}HCH_2COOH} \xrightarrow[\triangle]{KMnO_4} R\overset{\overset{O}{\|}}{C}CH_2COOH \xrightarrow{-CO_2} R\overset{\overset{O}{\|}}{C}CH_3$$

α – 羟基酸用稀 H_2SO_4 或盐酸加热处理,则分解为醛或酮和甲酸。

$$-\overset{|}{\underset{\underset{OH}{|}}{C}}-COOH \xrightarrow[\triangle]{稀\ H_2SO_4} \diagdown C=O + HCOOH$$

此反应在有机合成上可用来使碳链缩短,从高级羧酸经 α – 溴代、水解,然后分解来合成少一个碳原子的高级醛。

$$RCH_2COOH \xrightarrow[P]{Br_2} R\overset{}{\underset{\underset{Br}{|}}{C}HCOOH} \xrightarrow{OH^-,H_2O} R\overset{}{\underset{\underset{OH}{|}}{C}HCOOH} \xrightarrow[\triangle]{稀\ H_2SO_4} R\overset{\overset{}{}}{\underset{\underset{O}{\|}}{C}H} + HCOOH$$

10.2.3 重要的羟基酸

1.乳酸(lactic acid)

乳酸(即 α – 羟基丙酸)因来自酸牛乳而得名。乳酸有一个手性碳原子,存在对映异构现象。人体肌肉活动后分解出的乳酸是右旋体。而工业上,由葡萄糖在乳酸菌作用下发酵制得的乳酸是左旋体。乳酸熔点为 $18℃$,因吸湿性强而呈黏稠状液体,易溶于水、乙醇、乙醚中。乳酸钙用于治疗佝偻病,乳酸钠用于作为酸中毒的解毒剂。乳酸钙不溶于水中,因此工业上采用乳酸作为脱钙剂。

$$C_6H_{12}O_6 \xrightarrow[35\sim45℃]{乳酸菌} 2CH_3-\overset{\overset{OH}{|}}{C}H-COOH$$

2.酒石酸(tartaric acid)

酒石酸(即 2,3 – 二羟基丁二酸)得名于葡萄酿酒时所生的酒石(酸性酒石酸钾)。它广泛存在于植物果实中,也可用合成方法制取。不同方法制得的酒石酸,熔点不同,旋光性也不同。因为酒石酸的两种旋光异构体比较容易制得,所以左旋或右旋酒石酸常用于合成药物或农药的外消旋体拆分。

3.水杨酸(salicylic acid)

水杨酸(即邻羟基苯甲酸)。它的熔点为 159℃,为无色针状结晶。在 79℃时升华,易溶于乙醇、乙醚和氯仿。因其具有酚羟基,能与三氯化铁溶液作用呈紫色。它是合成染料、药物等的重要原料。乙酰水杨酸俗称阿司匹林,是常用解热镇痛药。对氨基水杨酸简称 PAS,其钠盐具有抗结核病作用。

10.3 羧酸衍生物

10.3.1 羧酸衍生物分类和命名

羧酸分子中的羟基被其它原子或原子团如—X、—OR、—OCOR、—NH$_2$、—NHR、—NR$_2$ 取代后得到的化合物统称为羧酸衍生物。羧酸分子中去掉羟基后剩余部分称为酰基: R—C=O ,羧酸和羧酸衍生物都含有酰基,因此,也把它们统称为酰基化合物。

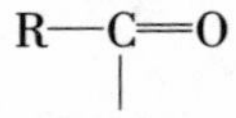

它们可分为酰卤、酸酐、酯及酰胺四大类。其通式如下:

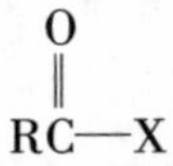

O	O O	O	O
RC—X	RC—O—CR(R′)	RC—OR′	RC—NH$_2$
酰卤	酸酐	酯	酰胺
acyl halide	acid anhydride	ester	amide

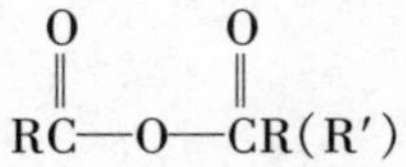

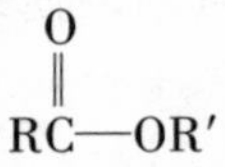

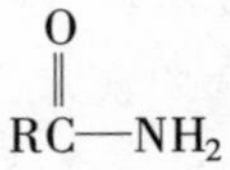

酰卤的命名,就是在酰基后面加上卤素的名称,如丙酰溴、苯甲酰氯。

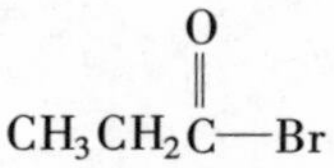

CH$_3$CH$_2$C—Br

丙酰溴
propionyl bromide

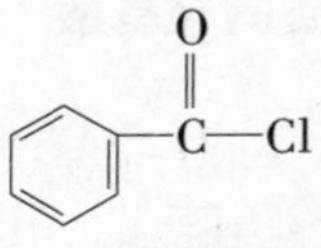

苯甲酰氯
benzoyl chloride

酸酐可以根据其来源的酸命名,以酐为母体,前面加上酸的名字,如果由相同羧酸形成的酸酐,"二"字可以省略,如乙酸酐;不同羧酸形成的酸酐,简单的羧酸写在前面,复杂的羧酸写在后面,如乙丙酸酐。

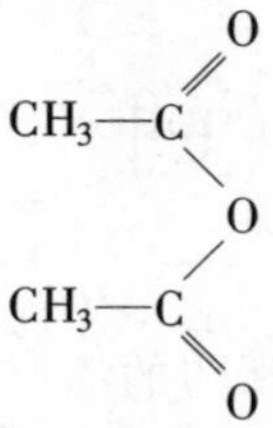

乙酸酐
acetic anhydride

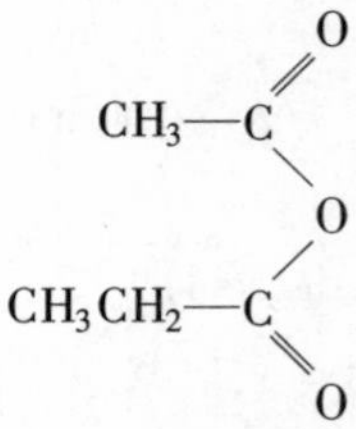

乙丙酸酐
acetic propanoic anhydride

而酰胺的命名同酰卤,也是在酰基后面加上"胺或某胺",如 $N,N-$二甲基甲酰胺,内酰胺则用希腊字母标明氨基位置,在酰字前加"内"字,如 $\delta-$己内酰胺。

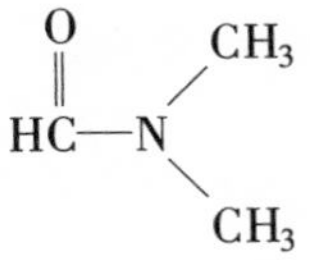

$N,N-$二甲基甲酰胺
N,N-dimethylformamide

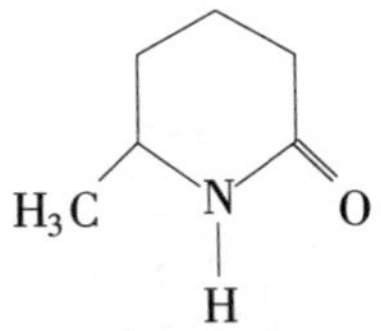

$\delta-$己内酰胺
δ-hexanolactam

酯则根据其组成酸和醇被称为某酸某酯,如甲基丙烯酸甲酯。

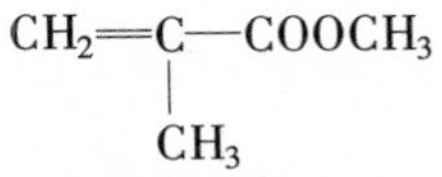

$$CH_2=\overset{\underset{\displaystyle CH_3}{|}}{C}-COOCH_3$$

甲基丙烯酸甲酯
methyl methacrylate

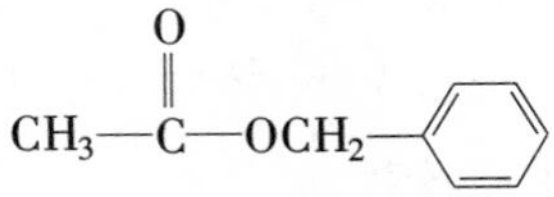

乙酸苄酯
benzyl acetate

10.3.2 羧酸衍生物的物理性质

低级的酰卤和酸酐都具有刺激性气味,而挥发性酯具有令人愉快的香味。

酰卤、酸酐和酯的分子间形成不了氢键,酰胺的氨基可以在分子间形成强的氢键。因此,酰卤和酯的沸点比相应羧酸都要低;酸酐的沸点较相同碳原子的羧酸高;酰胺的熔点、沸点均比相应的羧酸高。

所有的羧酸衍生物均溶于乙醚、氯仿、丙酮和苯等有机试剂。

10.3.3 羧酸衍生物的化学性质

羧酸衍生物的分子中都含有酰基,酰基上连有一个可被取代的基团,能发生水解、醇解、氨解的反应,称为酰基碳上的亲核取代反应,其反应通式表示如下:

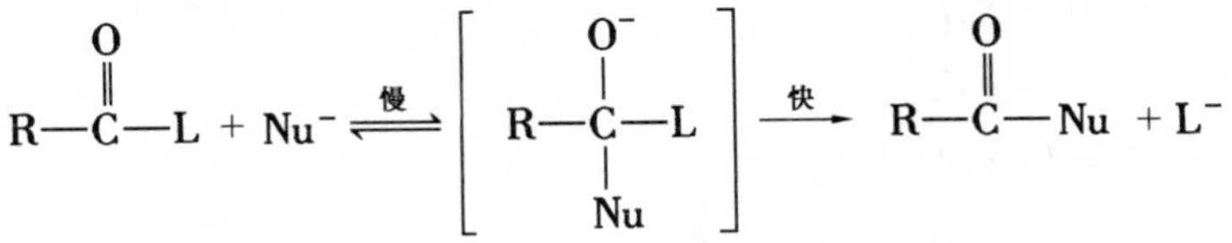

$$R-\overset{\overset{\displaystyle O}{\|}}{C}-L + Nu^- \underset{\text{慢}}{\rightleftharpoons} \left[R-\overset{\overset{\displaystyle O^-}{|}}{\underset{\underset{\displaystyle Nu}{|}}{C}}-L \right] \overset{\text{快}}{\longrightarrow} R-\overset{\overset{\displaystyle O}{\|}}{C}-Nu + L^-$$

式中,Nu^- 为亲核试剂,如 H_2O、ROH、NH_3 等;L^- 为离去基团,如—X、—OR、—OCOR、—NH_2、—NHR 等。

1.羧酸衍生物的水解反应

羧基衍生物可以发生水解反应而生成羧酸。

$$RCOX + H_2O \longrightarrow RCOOH + HCl$$

$$RCOOCOR' + H_2O \longrightarrow RCOOH + R'COOH$$

$$RCOOR' + H_2O \xrightarrow{H^+ \text{ 或 } OH^-} RCOOH + R'OH$$

$$RCONH_2 + H_2O \xrightarrow{H^+ \text{ 或 } OH^-} RCOOH + NH_3\uparrow$$

根据羧酸衍生物水解反应的产物,可准确测定羧酸衍生物结构。

发生水解反应的难易次序为:酰氯 > 酸酐 > 酯 > 酰胺。一般来说,酰卤和酸酐稳定性差,很容易发生水解反应;酯和酰胺由于稳定性较好,水解比酰卤和酸酐困难,需要用强酸或强碱催化;在用碱为催化剂时,酯水解后得到的羧酸可以继续和碱作用,生成了羧酸盐,由于羧酸盐不能和醇发生酯化反应,因此这种情况下的反应为不可逆,也就是说在碱催化下酯的水解反应比较完全。酰胺水解反应要比其他羧酸衍生物水解困难,只有在强酸、强碱以及长时间回流情况下,才能水解为酸和氨(胺)。

2.羧基衍生物醇解

酰氯、酸酐、酯和酰胺都可与醇作用,通过亲核取代反应而生成酯。

$$\left.\begin{array}{l} RCOCl \\ (RCO)_2O \\ RCOOR'' \\ RCONH_2 \end{array}\right\} \xrightarrow{R'OH} \begin{array}{l} RCOOR' + HCl \\ RCOOR' + RCOOH \\ RCOOR' + R''OH \\ RCOOR' + NH_3\uparrow \end{array} \quad \downarrow \text{反应活性递减}$$

酯的醇解反应得到新的酯和新的醇,这一反应又称为酯交换反应。

3.羧酸衍生物的氨解

羧酸衍生物与氨(或胺)反应,生成相应的酰胺,反应式如下:

$$\left.\begin{array}{l} RCOX \\ RCOOCOR \\ RCOOR' \end{array}\right\} \xrightarrow{H-N} \begin{array}{l} RCO\text{—}N + HX \\ RCO\text{—}N + RCOOH \\ RCO\text{—}N + R'OH \end{array} \quad \downarrow \text{反应的活性递减}$$

酰氯与氨(胺)作用生成酰胺和铵盐,可在碱性条件下进行;酸酐与胺反应,可以在中性条件下或少量酸碱条件下进行。

4.羧酸衍生物与格利雅试剂的反应

羧酸衍生物与格利雅试剂作用生成叔醇。

$$CH_3CH_2COOCH_3 \xrightarrow{CH_3MgBr} CH_3CH_2\underset{\underset{CH_3}{|}}{\overset{\overset{OMgBr}{|}}{C}}OCH_3 \xrightarrow[OCH_3]{-Mg\overset{Br}{|}} CH_3CH_2\overset{O}{\overset{\|}{C}}CH_3$$

$$\xrightarrow{\text{CH}_3\text{MgBr}} \underset{\underset{\text{CH}_3}{|}}{\text{CH}_3\text{CH}_2\overset{\overset{\text{OMgBr}}{|}}{\text{C}}\text{CH}_3} \xrightarrow{\text{H}_2\text{O}} \underset{\underset{\text{CH}_3}{|}}{\text{CH}_3\text{CH}_2\overset{\overset{\text{OH}}{|}}{\text{C}}\text{CH}_3}$$

10.3.4　重要的羧酸衍生物

1. 苯甲酰氯（benzyl chloride）

酰氯是羧酸衍生物中最活泼的酰化试剂，其中苯甲酰氯是一种常用的苯甲酰化试剂，是无色而有刺激性气味的液体，沸点为197℃，不溶于水，与水或碱溶液作用慢。与羟基或氨基化合物进行反应后，能形成水溶性极小的化合物。

2. N,N – 二甲基甲酰胺（N,N – dimethylformamide）

N,N – 二甲基甲酰胺简称DMF，能溶解多种难溶的有机物和高聚物，是一个重要的溶剂，也用作甲酰化试剂，有刺激毒性。工业上制法如下：

$$2\text{CH}_3\text{OH} + \text{NH}_3 + \text{CO} \xrightarrow[\text{15 MPa}]{100℃} \text{HC}\overset{\overset{\text{O}}{\|}}{—}\text{N}\underset{\diagdown \text{CH}_3}{\overset{\diagup \text{CH}_3}{}}$$

3. 丙二酸二乙酯（diethylmalonate）

丙二酸二乙酯是 β – 二羰基化合物的典型代表化合物之一。该类型化合物的两个羰基中间为一个亚甲基，在两个羰基的共同影响下，该亚甲基上的氢非常活泼。因此，β – 二羰基化合物具有自己独特的反应特性，在有机合成上有着多方面的应用。

丙二酸二乙酯在有机合成上的用途非常广泛，利用其为原料的合成方法常称为丙二酸酯合成法。例如，丙二酸酯在碱性试剂的存在下发生烃基化反应，产物水解和脱羧后生成羧酸。用这种方法可以合成 RCH_2COOH 和 $\text{RR}'\text{CHCOOH}$ 型的羧酸。

$$\text{CH}_2(\text{COOEt})_2 \xrightarrow[\underset{\text{CH}_3}{\overset{|}{(2)\ \text{CH}_3\text{CH}_2\text{CHBr}}}]{(1)\text{EtONa, EtOH}} \underset{\underset{\text{CH}_3}{|}}{\text{CH}_3\text{CH}_2\text{CHCH}(\text{COOEt})_2} \xrightarrow{\text{H}_3\text{O}^+,\triangle} \underset{\underset{\text{CH}_3}{|}}{\text{CH}_3\text{CH}_2\text{CHCH}_2\text{COOH}}$$

丙二酸二乙酯　　　　　　　　　　仲丁基丙二酸二乙酯　　　　　　　　　3 – 甲基戊酸

$$\text{CH}_2(\text{COOEt})_2 \xrightarrow[(2)\ n\text{C}_5\text{H}_{11}\text{Br}]{(1)\text{EtONa, EtOH}} n\text{C}_5\text{H}_{11}\text{CH}(\text{COOEt})_2 \xrightarrow[(2)\text{CH}_3\text{I}]{(1)\text{EtONa, EtOH}}$$

丙二酸二乙酯　　　　　　　　　　戊基丙二酸二乙酯

$$n\text{C}_5\text{H}_{11}\underset{\underset{\text{CH}_3}{|}}{\text{C}}(\text{COOEt})_2 \xrightarrow[(2)\text{HCl},\triangle]{(1)\text{NaOH, H}_2\text{O}} n\text{C}_5\text{H}_{11}\underset{\underset{\text{CH}_3}{|}}{\text{CH}}\text{COOH}$$

α – 甲基 – α – 戊基丙二酸二乙酯　　　　　　　2 – 甲基庚酸

4．乙酰乙酸乙酯（ethyl acetoacetate）

乙酰乙酸乙酯也是 β - 二羰基化合物的典型代表化合物之一。它是通过克莱森（Claisen）酯缩合反应得到的，即两分子乙酸乙酯在乙醇钠的作用下，发生缩合反应，脱去一分子乙醇后的产物。

乙酰乙酸乙酯是无色有水果香味的液体，沸点 180.4℃，在水中的溶解度不大，可溶于各种有机溶剂。

乙酰乙酸乙酯实际上有两种存在形式，即酮式异构体和烯醇式异构体，在不同溶剂和不同温度、浓度等条件下，酮式异构体和烯醇式异构体的含量也会不同。两种异构体互相转变，构成了一个动态平衡体系。

$$CH_3-\overset{O}{\overset{\|}{C}}-CH_2-\overset{O}{\overset{\|}{C}}-OC_2H_5 \Longleftrightarrow CH_3-\overset{O-H\cdots O}{\overset{\|}{C}=CH-C}-OC_2H_5$$

酮式结构(93%)   烯醇式结构(7%)

在室温下，两种异构体相互转变极快，二者不能分离。这种处于动态平衡的同分异构现象，称为互变异构现象。而在无碱、酸催化剂的存在时，二者互变速度并不快，在适当条件下可以将它们分离开来。

乙酰乙酸乙酯在稀碱（5% NaOH）或稀酸中加热，可以发生酮式分解，也就是分解脱羧生成丙酮的反应。

$$CH_3-\overset{O}{\overset{\|}{C}}-CH_2-\overset{O}{\overset{\|}{C}}-O-C_2H_5 \xrightarrow{5\% \text{NaOH}} CH_3-\overset{O}{\overset{\|}{C}}-CH_3 + CO_2 + C_2H_5OH$$

乙酰乙酸乙酯在浓碱（40% NaOH）中加热时，可以发生酸式分解，也就是 α 和 β 的 C—C 键断裂生成两分子乙酸的反应。

$$CH_3-\overset{O}{\overset{\|}{C}}-CH_2-\overset{O}{\overset{\|}{C}}-O-C_2H_5 \xrightarrow{40\% \text{NaOH}} 2CH_3-\overset{O}{\overset{\|}{C}}-ONa + C_2H_5OH$$

由于乙酰乙酸乙酯也是 β - 二羰基化合物，具有活泼的亚甲基，所以它与醇钠反应时会转变成为碳负离子，碳负离子再与卤烃亲核取代，发生 α 碳原子上的烃基化反应。这一反应产物再进行酮式分解或酸式分解，就可以制取甲基酮、二酮、一元或二元羧酸。此外，还可以用来合成酮酸及其他环状或杂环化合物。因此，乙酰乙酸乙酯在有机合成上的应用也非常广泛。

5．蜡（wax）**和油脂**（grease）

蜡大多是由高级的 20～28 个偶数碳原子的羧酸和 16～36 个碳的一元醇的酯组成的，如蜂蜡 $C_{15}H_{31}CO_2C_{31}H_{63}$，鲸蜡 $C_{15}H_{31}CO_2C_{16}H_{33}$ 等，此外还会有一些游离的羧酸、醇、酮和碳氢化合物，习惯上常把一些熔点介于体温和 100℃ 之间的蜡状固体都称为蜡。蜡在生物体中常起润滑和防水等作用。

油脂是高级脂肪酸的甘油酯。由同种脂肪酸生成的称为甘油同酸酯,与两种或三种羧酸生成的称为甘油混酸酯。天然油脂中含多种脂肪酸,是一个复杂的混合物。甘油二羧酸酯或一羧酸酯主要存在于生物代谢的产物中。

油脂用途很广,为食物中的三大营养物(油脂、蛋白质、碳水化合物)之一,也是工业重要原料。

油的主要成分是高级不饱和脂肪酸的甘油酯,脂肪的主要成分是高级饱和脂肪酸的甘油酯。

油脂在酸、碱催化下,水解可得甘油和羧酸。在碱性条件下水解,可生成肥皂,称皂化反应。工业上把 1 g 油脂皂化时所需 KOH 的质量(单位为 mg)称为皂化值。皂比值可用来估计油脂的平均相对分子量,皂化值愈大,相对分子量越低。

油脂可以经过催化加氢成为固体产品,这一过程又称为"油的硬化"。油脂的不饱和程度常用"碘值"表示,碘值是指 100 g 油脂与碘加成所需碘的质量(单位为 g)。碘值愈大,油脂的不饱和程度就愈大。

油脂中含有不饱和酸,在空气及细菌作用下,酸败变质。含有共轭双键的油类,易发生聚合反应,如桐油干化成膜。

油脂中游离脂肪酸含量,可以通过 KOH 中和来测定。酸值是指中和 1 g 油脂所需的KOH 的质量(单位为 mg)。它是油脂中游离脂肪酸的量度标准。

习　题

1. 用系统命名法命名下列化合物。

(1) $CH_3(CH_2)_4COOH$

(2) $CH_3CH(CH_3)C(CH_3)_2COOH$

(3) $CH_3CHClCOOH$

(4) 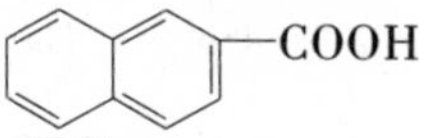 [双环萘] —COOH

(5) $CH_2\!=\!CHCH_2COOH$

(6) 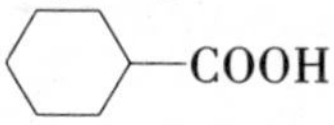 [环己烷] —COOH

(7) $(CH_3CO)_2O$

(8) $CH_3CH_2CHCOOH$，其中带有 CH_3 和 OH 取代基

(9) 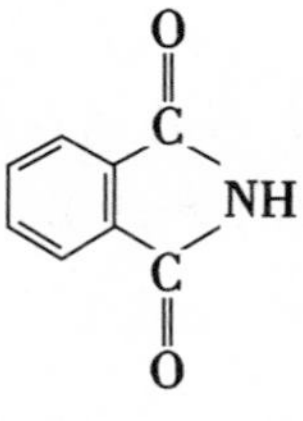 [邻苯二甲酰亚胺结构] NH

2. 写出下列化合物的构造式。

(1) 草酸　　(2) 马来酸　　(3) 邻苯二甲酸酐　　(4) 乙酰苯胺　　(5) 己内酰胺

3. 比较下列各组化合物的酸性强弱。

(1) 醋酸、丙二酸、草酸、苯酚和甲酸

(2) C_6H_5OH、CH_3COOH、F_3CCOOH、$ClCH_2COOH$、C_2H_5OH

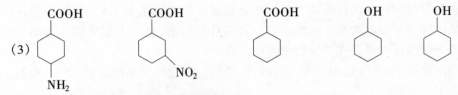

(3)

4. 写出异丁酸和下列试剂作用的重要产物。

(1) Br_2/P　　　　　　(2) $LiAlH_4/H_2O$　　　　　(3) $SOCl_2$

(4) $(CH_3CO)_2CO/\triangle$　　　　　(5) PBr_3　　　　　(6) $NH_3/\triangle$

5. 完成下列各反应式(写出主要产物或主要试剂)。

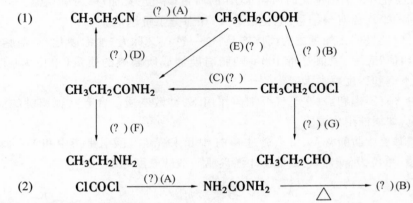

(2)　　　$ClCOCl$ $\xrightarrow{\text{(?)(A)}}$ NH_2CONH_2 $\xrightarrow{\triangle}$ (?)(B)

6. 试写出下列反应的主要产物。

(1) 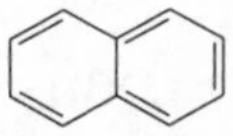 ○○ + $KMnO_4$ $\xrightarrow{H^+}$?

(2) $CH_3CH_2COONa + CH_3CH_2CH_2COCl \longrightarrow$?

(3) 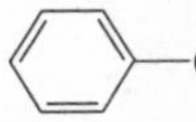 ○—$CONH_2$ + P_2O_5 $\xrightarrow{\triangle}$?

7. 由指定原料合成下列化合物(无机试剂可任选)。

(1) 乙炔 $\longrightarrow$ 丙烯酸甲酯

(2) 甲苯 $\longrightarrow$ 苯乙酸

(3) 乙烯 $\longrightarrow$ β - 羟基丙酸

8. 写出下列各化合物的结构及反应过程。

化合物 A,分子式 C_9H_{16},催化加氢生成 $B(C_9H_{18})$;A 经臭氧反应后生成 $C(C_9H_{16}O_2)$;C 经 Ag_2O 氧化生成 $D(C_9H_{16}O_3)$;D 与 I_2/OH^- 作用得到二羧酸 $E(C_8H_{14}O_4)$;E 受热后得到 4 - 甲基环己酮。

第11章 含氮化合物

分子中含有碳氮键的有机化合物称为含氮化合物（nitrogenous compound）。含氮有机化合物种类很多，主要包括硝基化合物、胺、重氮化合物和偶氮化合物等。

各类含氮化合物的化学性质各不相同。一般都具有碱性，并可还原成胺类化合物。本章主要讨论硝基化合物、胺、重氮化合物和偶氮化合物。

11.1 硝基化合物

11.1.1 硝基化合物的分类和命名

烃分子中的一个或多个氢原子被硝基（—NO_2）取代所形成的化合物，称为硝基化合物（nitro-compound）。根据烃基的不同，硝基化合物可分为脂肪族硝基化合物和芳香族硝基化合物。根据分子中硝基的数目，硝基化合物分为一硝基化合物和多硝基化合物。一硝基化合物的通式是 RNO_2，它与亚硝酸酯互为同分异构体。

R—NO_2 R—ONO

一硝基化合物   亚硝酸酯

硝基化合物命名和卤代烃相似，是以烃作为母体，硝基作为取代基。

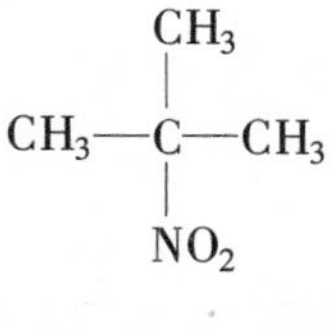

2－甲基－2－硝基丙烷   对硝基甲苯   2,4－二硝基氯苯

2-methyl-2-nitropropane   *p*-nitrotoluene   2,4-dinitrochlorobenzene

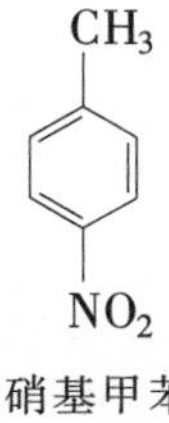

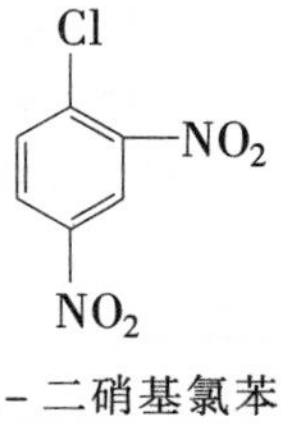

11.1.2 结构

一硝基化合物的结构可以表示如下：

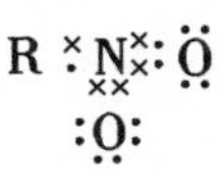

R ×N× Ö   或 $R - \overset{+}{N} = O$
  :O: |
            O^-

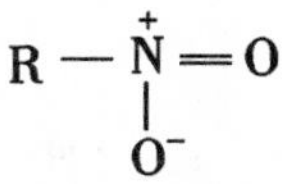

在这些结构中，两个氮氧键看起来一个为 N＝O 共价双键，另一个为 N→O 配位键，应当具有不同的键长。但物理测试表明，两个 N—O 键键长相等，这说明在硝基结构中，N

原子的 p 轨道和两个氧原子的 p 轨道平行而相互交盖形成的大 π 键中发生了 π 电子的离域(三原子四电子的 $p - \pi$ 共轭)。

$$R—N\underset{O}{\overset{O}{\Vert}} \qquad\qquad R—N\underset{O}{\overset{O}{=}}$$

11.1.3 硝基化合物的物理性质

通常情况下,脂肪族硝基化合物是无色而具有香味的液体,难溶于水,易溶于醇和醚。大部分芳香族硝基化合物都是淡黄色固体,有些一硝基化合物是液体,具有苦杏仁味。硝基化合物的相对密度都大于1,不溶于水,而溶于有机溶剂。多硝基化合物在受热时一般易分解而发生爆炸。芳香族硝基化合物都有毒性。硝基是一个强电负性基团,硝基化合物的极性也较强,所以分子间的偶极作用力较大,沸点很高。常见硝基化合物的物理常数见表 11.1。

表 11.1　一些常见硝基化合物的物理常数

名　　称	熔点/℃	沸点/℃
硝基甲烷	−28.5	100.8
硝基乙烷	−50	115
1 − 硝基丙烷	−108	131.5
2 − 硝基丙烷	−93	120
硝基苯	5.7	210.8
间二硝基苯	89.8	303
1,3,5 − 三硝基苯	122	315
邻硝基甲苯	−4	222.3
对硝基甲苯	54.5	238.3
2,4 − 二硝基甲苯	71	300
2,4,6 − 三硝基甲苯	82	(分解)

11.1.4 硝基化合物的化学性质

1.与碱作用

脂肪族硝基化合物的 $\alpha - H$ 原子,由于硝基的吸电子诱导效应,很活泼,这和羰基化合物可以形成烯醇异构体相似,硝基化合物可以形成假酸式异构体。

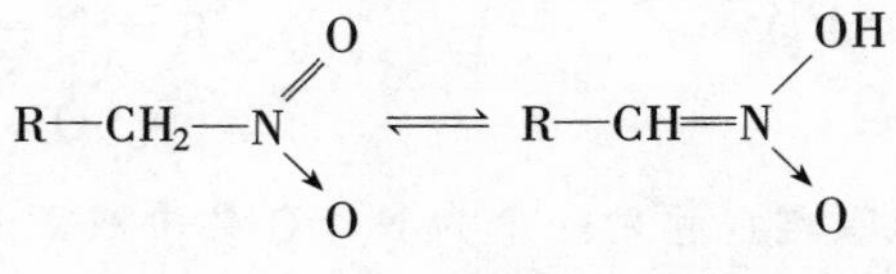

$$R—CH_2—N\underset{O}{\overset{O}{\Vert}} \rightleftharpoons R—CH=N\underset{O}{\overset{OH}{}}$$

假酸式

· 140 ·

因为假酸式中氧原子上的氢原子相当活泼,容易生成 H^+,因此,含有 $\alpha-H$ 原子的硝基化合物显酸性。例如,CH_3NO_2,$CH_3CH_2NO_2$ 和 $CH_3CH_2CH_2NO_2$ 的 pK_a 分别为 10.2,8.5 和 7.8。

含有 $\alpha-H$ 的脂肪族硝基化合物能与强碱作用而生成盐,而叔硝基化合物没有 $\alpha-H$,不能异构成为假酸式,也就不能与碱作用。

$$RCH_2NO_2 + NaOH \longrightarrow [R\bar{C}HNO_2]Na^+ + H_2O$$

RHC^-NO_2 存在下列异构现象:

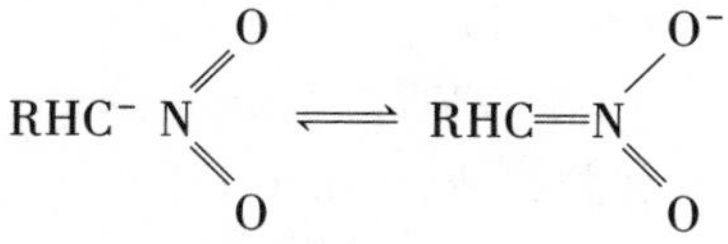

2.还原反应

硝基化合物是氮的氧化态最高的有机含氮化合物,能被多种还原剂(如铁、锡和盐酸)还原得到胺类化合物。由于催化加氢法在产品质量和收率等诸方面都优于化学还原法,因而工业生产已愈来愈多采用催化加氢(如 H_2/Ni)由硝基化合物制备胺类。

$$RNO_2 \xrightarrow{\quad H_2 \quad}_{Ni} RNH_2$$

芳香硝基化合物在不同介质中使用不同还原剂可以得到不同的还原产物。用强还原剂还原的最终产物是伯胺。例如,硝基苯在酸性条件下以铁和盐酸为还原剂的反应中,金属铁的作用是提供电子,反应经过许多中间体,最终得到苯胺。这是工业上制备苯胺的方法。其还原过程可以表示如下:

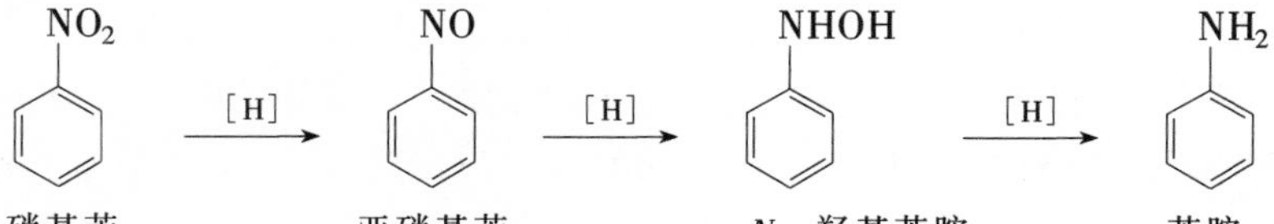

芳香族多硝基化合物用碱金属的硫化物或多硫化物,硫氢化铵、硫化铵或多硫化铵为还原剂还原,可以选择性地还原其中的一个硝基为氨基。

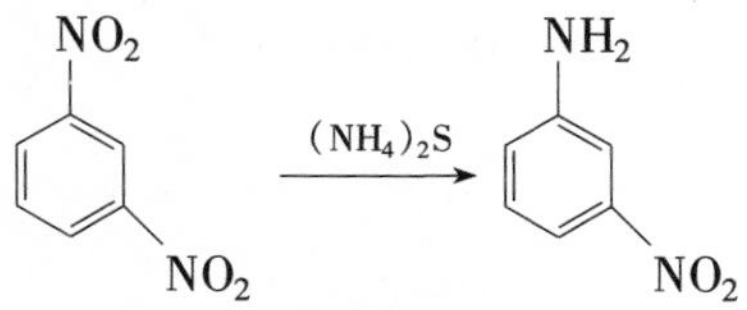

3.硝基化合物的爆炸性

硝铵(NH_4NO_3)可用作炸药。含硝基的有机化合物如硝酸酯(硝化甘油,nitroleum)、亚硝酸酯(nitrous acid ester)、硝化木素(nitrolignin),特别是芳香族多硝基化合物虽然在常态下比较稳定,但达到一定温度时会剧烈分解以致爆炸。例如,2,4,6 - 三硝基甲苯(TNT, trinitrotoluene 的缩写)、2,4,6 - 三硝基苯酚(trinitrophenol)等达到一定温度或剧烈震动时,分子内部发生激烈的氧化还原反应,放出大量热,产生二氧化碳、水蒸气、氮气,体积骤然膨胀,发生爆炸。它们主要应用于军事、开矿、筑路等工程。

11.2　胺

11.2.1　胺的分类和命名

胺(amine)可以看作氨的烃基衍生物。氨分子中的一个、两个或三个氢原子被烃基取代的产物分别称为第一胺(1°胺或称为伯胺, primary amine)、第二胺(2°胺或称为仲胺, secondary amine)、第三胺(3°胺或称为叔胺, teriary amine)。其通式为:

NH_3	RNH_2	$RR'NH$	$RR''R'N$
氨	伯胺	仲胺	叔胺

除了以上的中性胺外,还可以形成 $NH_4^+Cl^-$ 和 $NH_4^+OH^-$ 类似的化合物 $R_4N^+Cl^-$ 和 $R_4N^+OH^-$,分别称为季铵盐(quaternary ammonium salt)或季铵碱(quaternary ammonium hydrate)。

胺分子中的氮原子与脂肪烃相连的称为脂肪胺,与芳香烃相连的称为芳香胺。胺分子中,根据氨基的数目分为一元胺、二元胺、三元胺等。

$CH_3CH_2NH_2$	$H_2NCH_2CH_2NH_2$	$H_3C\!-\!\langle\rangle\!-\!NH_2$
乙胺(脂肪胺、一元胺)	乙二胺(脂肪胺、二元胺)	对甲苯胺(芳香胺、一元胺)
ethylamine	ethylenediamine	p – toluidine

简单的胺用习惯命名法命名。即先写出连在氮原子上的烃基的名称,再以胺作词尾。如果是仲胺和叔胺,烃基不同时,把简单烃基的名称写在前面,复杂烃基的名称写在后面;烃基相同时,用数字二、三表明。

CH_3NH_2	$(CH_3)_2CHCH_2NH_2$	$\langle\rangle\!-\!NH_2$
甲胺	2 - 甲基丙胺	环己胺
methylamine	2-methylpropylamine	cyclohexylamine

$CH_3NHCH_2CH_3$	$(CH_3CH_2)_3N$	1,3 - 苯二胺
甲乙胺	三乙胺	1,3 - 苯二胺
ethyl methyl amine	triethylamine	1,3-benzenediamine

芳香仲胺或叔胺以芳胺为母体,脂肪烃基作为取代基写在母体前,并在取代基前冠以"N"字,以表示这个基团是连接在氮原子上,而不是连接在芳环上。

NHCH₃   CH₃NCH₃   CH₃NCH₂CH₃

N – 甲基苯胺 N,N – 二甲基苯胺 N – 甲基 – N – 乙基苯胺

N-methylaniline N,N-dimethylaniline N-methyl-N-ethylaniline

结构比较复杂的胺,按系统命名法,即将氨基当作取代基来命名。

CH₃ NH₂
CH₃CHCH₂CHCH₂CH₃

4 – 氨基 – 2 – 甲基己烷

4-amino-2-methylhexane

CH₃ N(C₂H₅)₂
CH₃CH₂CH—CHCH₃

2 – (N,N – 二乙氨基) – 3 – 甲基戊烷

2-(N,N-diethylamino)-3-methyl pentane

季铵盐及季铵碱化合物的命名如同无机铵类化合物。

$[CH_3NH_3]^+ Cl^-$

氯化甲铵

methylammonium chloride

$[(CH_3)_4N]^+ Cl^-$

氯化四甲铵

tetramethyl ammonium chloride

$[C_2H_5NH_3]_2^+ SO_4^{2-}$

硫酸乙铵

ethylammonium sulfate

$[(CH_3)_3NCH_2CH_3]^+ OH^-$

氢氧化三甲乙铵

ethyl trimethyl ammonium hydroxide

11.2.2 结构

胺分子中 N 原子是 sp^3 杂化态。其中 3 个 sp^3 杂化轨道与其它原子形成 σ 键,第 4 个 sp^3 杂化轨道含有一对孤电子对。胺分子具有棱锥形结构,孤电子对在棱锥形的顶点上如图 11.1。若 N 原子上连有三个不同的基团,分子没有对称因素,它是手性的,应存在一对映异构体。但是两种对映异构体之间的能垒相当低,可以迅速相互转化,因此,胺是无旋光性的。季铵盐是四面体结构,当 N 原子上连有 4 个不同的基团时,存在着对映体,它们可以分离出来。

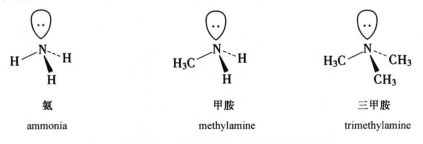

| 氨 | 甲胺 | 三甲胺 |
| ammonia | methylamine | trimethylamine |

图 11.1 氨、甲胺和三甲胺的结构

11.2.3 胺的物理性质

通常情况下,低级胺是气体或易挥发性的液体,气味与氨相似,有的有鱼腥味,高级胺为固体。芳香胺为高沸点的液体或低熔点的固体,具有特殊的气味,毒性较大且易渗入人的皮肤。伯胺和仲胺能形成分子间氢键,叔胺因氮原子上没有氢原子,因此,在碳原子相同的三类胺中,伯胺沸点最高,仲胺次之,叔胺最低。一些胺的物理常数见表11.2。

表 11.2 一些胺的物理常数

名　称	熔点/℃	沸点/℃	名　称	熔点/℃	沸点/℃
甲胺	−93.5	−6.3	环己胺	−18	134
二甲胺	−93	7.5	苯甲胺	10	185
三甲胺	−117	3	苯胺	−6	184
乙胺	−80	17	N−甲苯胺	−57	196
二乙胺	−39	55	N,N−二甲苯胺	3	194
三乙胺	−115	89	二苯胺	53	302
正丙胺	−83	49	三苯胺	127	365
二正丙胺	−63	110	邻甲苯胺	−28	200
三正丙胺	−93	157	间甲苯胺	−30	203
异丙胺	−101	34	对甲苯胺	44	200
正丁胺	−50	78	邻硝基苯胺	71	284
异丁胺	−85	68	间硝基苯胺	114	307(分解)
仲丁胺	−104	63	对硝基苯胺	148	332
叔丁胺	−67	46	对氯苯胺	73	232

11.2.4 胺的化学性质

1.碱性

胺和氨相似,具有碱性,能与大多数酸作用成盐。胺溶于水时发生离解反应,碱性较弱。这是由于氮原子上的未共用电子对能与质子结合,形成带正电荷铵离子的缘故。

$$R\!-\!NH_2 + H^+ \longrightarrow R\!-\!NH_3^+$$

$$R\!-\!NH_2 + H_2O \longrightarrow R\!-\!NH_3^+ + OH^-$$

胺的碱性强弱,可用 K_b 或 pK_b 表示:

$$RNH_2 + H_2O \xrightarrow{K_b} RNH_3^+ + OH^-$$

$$K_b = \frac{[RNH_3^+][OH^-]}{[RNH_2]} \qquad pK_b = -\lg K_b$$

如果一个胺的 K_b 值愈大或 pK_b 愈小,则此胺的碱性愈强。一些胺的 pK_b 值见

表 11.3。

表 11.3　一些胺的碱性(25℃,水中)

胺	pK_b	胺	pK_b
CH_3NH_2	3.36	$(C_2H_5)_2NH$	3.07
$(CH_3)_2NH$	3.26	$(C_2H_5)_3N$	3.42
$(CH_3)_3N$	4.26	$C_6H_5NH_2$	9.40
$C_2H_5NH_2$	3.33	$(C_6H_5)_2NH$	13.21

　　氨分子中的氢原子被甲基取代后,由于甲基的供电子性使氮原子上的电子云密度增加,更容易与质子结合,因此脂肪胺在气态时,仅有烷基的供电子效应,烷基越多,供电子效应越大,故碱性次序为:叔胺 > 仲胺 > 伯胺 > 氨。

　　但在水溶液中呈现碱性的强弱还与溶剂化效应和电子效应等有关。它取决于生成的铵正离子是否容易溶剂化。如果胺的氮上的氢原子愈多溶剂化的程度愈大,铵正离子越稳定,脂肪胺的碱性越强。

　　从电子效应考虑,烷基越多,碱性越强;从溶剂化效应考虑,烷基越多,碱性越弱。此外还有位阻效应的影响。因此,脂肪胺的碱性强弱可能是电子效应、溶剂化效应和位阻效应共同影响的结果。

　　芳胺的碱性比脂肪胺弱得多,这主要是因为氮原子上未共用电子对通过 $p-\pi$ 共轭可以离域到苯环上,结果使氮原子上的电子云向苯环方向移动,氮原子上的电子云密度减少,接受质子的能力也随着减小,因此碱性减弱。芳胺的碱性强弱次序为:$NH_3 > ArNH_2 > Ar_2NH > Ar_3N$。

	NH_3	$C_6H_5NH_2$	$(C_6H_5)_2NH$	$(C_6H_5)_3N$
pK_b	4.76	9.40	13.21	中性

　　对取代芳胺,苯环上连供电子基时,碱性略有增强;连有吸电子基时,碱性则降低。胺与氨的碱性强弱的次序是:脂肪胺 > 氨 > 芳香胺。

2.烃基化反应

　　胺作为亲核试剂与卤代烃发生取代反应,生成仲胺、叔胺和季铵盐,但往往得到的是混合物。此反应可用于工业上生产胺类。

$$RNH_2 \xrightarrow{R'X} \overset{+}{R}NH_2R'X^- \xrightarrow{NaOH} RNHR'$$

$$RNHR' \xrightarrow{R'X} \overset{+}{R}NHR'_2X^- \xrightarrow{NaOH} RNR'_2$$

$$RNR'_2 \xrightarrow{R'X} \overset{+}{R}NR'_3X^-$$

3.酰基化反应

　　伯胺、仲胺易与酰基化剂(如酰氯或酸酐等)发生酰基化反应,氨基上的氢原子被酰基取代而生成酰胺。叔胺的氮原子上没有氢原子,不起酰基化反应。

$$RNH_2 \xrightarrow[\text{or } (R'CO)_2O]{R'COCl} RNHCOR'$$

$$R_2NH \xrightarrow{R'COCl} R_2NCOR'$$

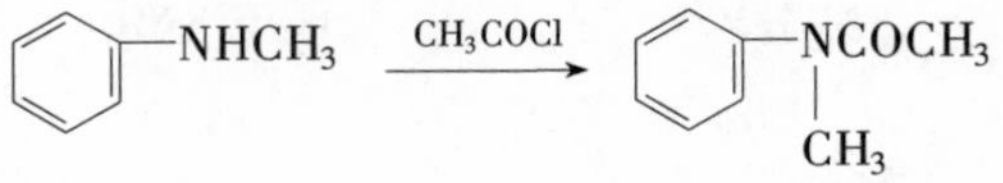

酰胺是具有一定熔点的固体,在强酸或强碱的水溶液中加热易水解生成胺。因此,此反应在有机合成上常用来保护氨基。即先把氨基酰化,把氨基保护起来,再进行其他反应,然后使酰胺水解再变为胺。

4.磺酰化反应

伯胺或仲胺与苯磺酰氯(或对甲基苯磺酰氯)在强碱性溶液中作用生成黄色油状液体苯磺酰胺。伯胺所生成的苯磺酰胺因氨基氮原子上的氢受磺酰基的影响显弱酸性,能溶于过量的碱生成盐而溶于水;仲胺所生成的苯磺酰胺,氨基氮原子上没有氢不能与碱生成盐;叔胺的氮上没有氢原子,所以不能发生磺酰化反应。

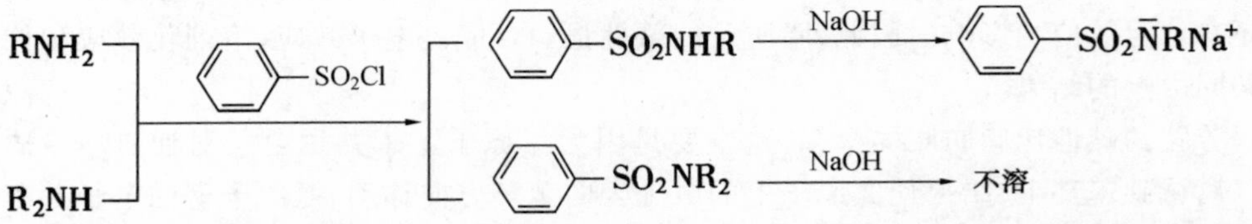

如果使伯、仲、叔胺的混合物与磺酰化剂在碱溶液中反应,析出的固体为仲胺的磺酰胺,而叔胺可以蒸馏分离。余液酸化后,可得到伯胺的磺酰胺。伯胺和仲胺的磺酰胺在酸的作用下可水解而分别得到原来的胺。这个方法称兴斯堡(Hinsberg)试验法,可用于鉴别、分离或纯化伯、仲、叔胺。

5.与亚硝酸反应

各类胺与亚硝酸反应时可生成不同的产物。由于亚硝酸(HNO_2)不稳定,一般在反应过程中由亚硝酸钠与盐酸或硫酸作用得到。

(1)伯胺与亚硝酸反应

脂肪族伯胺与亚硝酸作用先生成不稳定的脂肪族重氮盐,它立即分解成氮气和碳正离子 R^+,然后碳正离子可发生各种反应而生成烯烃、醇和卤代烃等化合物。

$$RNH_2 \xrightarrow{NaNO_2 + HX} \underset{\text{重氮盐}}{R\overset{+}{N_2}X^-} \longrightarrow N_2\uparrow + R^+ + X^-$$

由于反应很复杂,得到的是混合物,在有机合成上用途不大。但由于放出氮气是定量的,因此,可用作氨基的定量测定。

芳香族伯胺在低温下与亚硝酸发生反应生成芳基重氮盐,此反应称为重氮化反应。

$$\text{} \underset{}{\text{NH}_2} \xrightarrow[\text{0~5℃}]{\text{NaNO}_2 + \text{HCl}} \overset{+}{\text{N}_2}\text{Cl}^- + 2\text{H}_2\text{O} + \text{NaCl}$$

氯化重氮苯(重氮盐)

芳基重氮盐不稳定,但在低温下可保持不分解,在有机合成上是很有用的化合物。关于重氮化反应以及重氮盐的性质和应用,将在本章 11.3 节详细讨论。

(2)仲胺与亚硝酸反应

脂肪族和芳香族仲胺与 HNO_2 反应,都生成 N – 亚硝基胺。

$$(\text{CH}_3)_2\text{NH} \xrightarrow{\text{NaNO}_2 + \text{HCl}} (\text{CH}_3)_2\text{N}-\text{NO}$$

N – 亚硝基二甲胺

$$\text{} \text{NHCH}_3 \xrightarrow{\text{NaNO}_2 + \text{HCl}} \text{} \overset{\text{NCH}_3}{\underset{\text{NO}}{|}}$$

N – 甲基 – N – 亚硝基苯胺

N – 亚硝基胺大多是中性、不溶于水的黄色油状物或固体,与稀酸共热时则生成为原来的胺。此反应常用于分离或提纯仲胺。

(3)叔胺与亚硝酸反应

由于叔胺氮原子上无氢,不能发生氮原子上的亚硝化反应。

脂肪族叔胺与 HNO_2 反应生成不稳定的亚硝酸盐而溶于水。

$$\text{R}_3\text{N} \xrightarrow{\text{NaNO}_2 + \text{HX}} [\text{R}_3\overset{+}{\text{N}}\text{H}]\text{NO}_2^-$$

芳香族叔胺与亚硝酸反应,则发生环上亚硝化反应,亚硝基连到苯环上,生成对亚硝基胺。

$$\text{} \text{N}(\text{CH}_3)_2 \xrightarrow{\text{NaNO}_2 + \text{HCl}} \text{ON}-\text{}-\text{N}(\text{CH}_3)_2$$

对亚硝基 – N,N – 二甲基苯胺

综上所述,可以利用亚硝酸与伯、仲、叔胺反应的不同来鉴别伯、仲、叔胺。

6.芳胺的亲电取代反应

(1)卤代反应

苯胺在水溶液中与卤素的反应非常快,例如,溴化生成 2,4,6 – 三溴苯胺,氯化生成 2,4,6 – 三氯苯胺。2,4,6 – 三溴苯胺的碱性很弱,在水溶液中不能与氢溴酸成盐,而生成白色沉淀。这个反应常被用于苯胺的定性及定量分析。

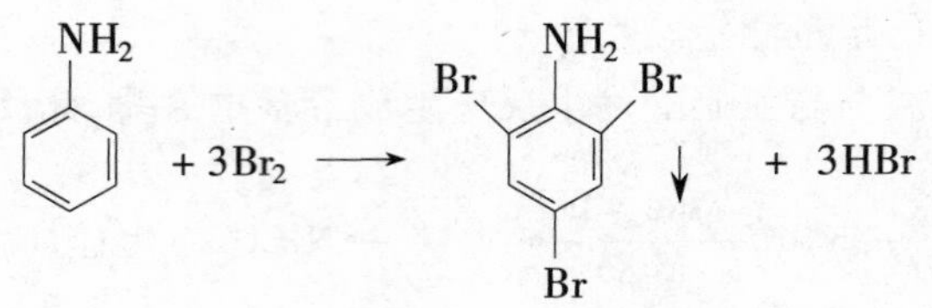

如果要制备苯胺的一元溴化物必须使苯胺先乙酰化，生成的乙酰苯胺再溴化可得主要产物对溴乙酰苯胺，然后水解即得对溴苯胺。

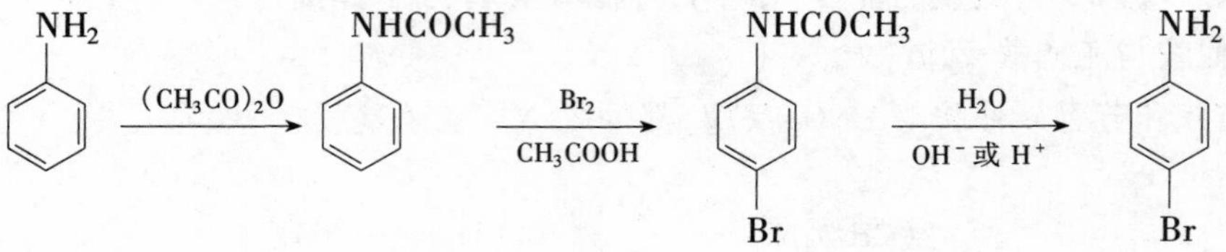

(2)磺化反应

胺与浓硫酸混合，可生成苯胺硫酸盐。苯胺硫酸盐在 180～190℃烘焙，可得到对氨基苯磺酸。

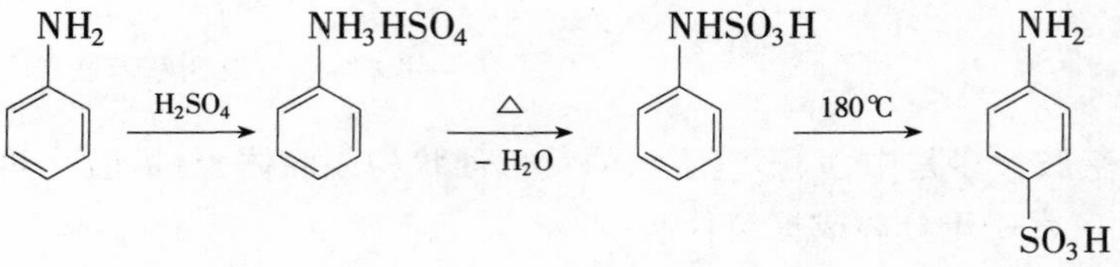

对氨基苯磺酸分子中同时具有酸性的磺酸基和碱性的氨基，它们之间可以中和成盐。这种在分子内形成的盐称为内盐。

(3)硝化反应

芳伯胺直接硝化易被硝酸氧化，必须先把氨基保护起来（乙酰化或成盐），然后再进行硝化。若要得到邻、对位硝基苯胺，需先将氨基酰化，然后硝化，最后水解。

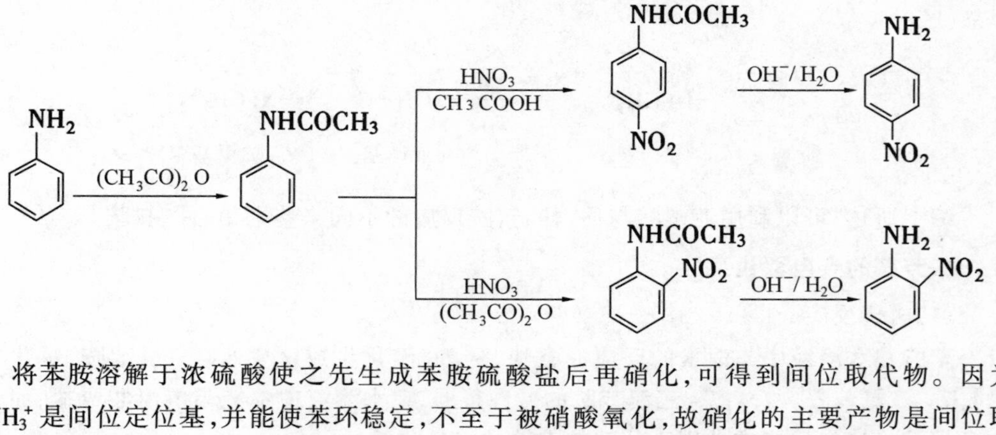

将苯胺溶解于浓硫酸使之先生成苯胺硫酸盐后再硝化，可得到间位取代物。因为—NH₃⁺是间位定位基，并能使苯环稳定，不至于被硝酸氧化，故硝化的主要产物是间位取代物。取代产物最后再与碱作用则得到间硝基苯胺。

$$\text{（NH}_2\text{）} \xrightarrow{\text{H}_2\text{SO}_4} \text{（NH}_3\text{HSO}_4\text{）} \xrightarrow{\text{HNO}_3} \text{（NH}_3\text{HSO}_4, NO}_2\text{）} \xrightarrow{\text{NaOH}} \text{（NH}_2, NO}_2\text{）}$$

4.2.5　季铵盐和季铵碱

叔胺与卤烷作用生成季铵盐。

$$R_3N + RX \longrightarrow R_4NX$$

季铵盐为结晶固体,具有盐的性质,溶于水而不溶于非极性的有机溶剂。季铵盐在高温的作用下分解生成叔胺与卤烷。

$$R_4NX \xrightarrow{\triangle} R_3N + RX$$

季铵盐可作为表面活性剂、抗静电剂、柔软剂和杀菌剂等。

伯、仲、叔胺的盐与强碱作用,则游离出伯、仲、叔胺;而季铵盐和强碱作用不能释放游离出胺,而是得到季铵碱的平衡混合物。

$$R_4\overset{+}{N}X^- + KOH \Longleftrightarrow R_4\overset{+}{N}OH^- + KX$$

但用氢氧化银或湿的 Ag_2O 代替氢氧化钾,可得到季铵碱。

$$R_4\overset{+}{N}Cl^- + Ag_2O \xrightarrow{H_2O} R_4\overset{+}{N}OH^- + AgCl$$

季铵碱具有强碱性,其碱性与 NaOH 或 KOH 相近。它能吸收空气中的二氧化碳,易潮解,易溶于水。

季铵碱加热发生分解反应。烃基上无 $\beta - H$ 的季铵碱在加热下分解生成叔胺和醇。

$$(CH_3)_4NOH \xrightarrow{\triangle} (CH_3)_3N + CH_3OH$$

11.2.6　重要的代表物

1.苯胺(aniline)

苯胺的分子式为 $C_6H_5NH_2$,外观为无色或浅黄色透明油状液体,暴露在空气中或日光下易变成棕色。苯胺有毒,微溶于水,能与乙醇、乙醚、丙酮、四氯化碳以及苯等混溶,也可溶于溶剂汽油。苯胺的化学性质比较活泼,能与盐酸或硫酸反应生成盐酸盐或硫酸盐,也可发生卤化、乙酰化、重氮化和氧化还原等反应。苯胺是一种重要的有机化工原料和化工产品。

2.乙二胺(ethylenediamine)

乙二胺又称 1,2 - 二氨基乙烷。分子式为 $H_2NCH_2CH_2NH_2$。无色透明的粘稠液体,有氨的气味。溶于水和乙醇,微溶于乙醚。乙二胺为强碱,遇酸易成盐;溶于水时生成水合物;能吸收空气中的潮气和二氧化碳生成不挥发的碳酸盐。乙二胺是重要的化工原料和试剂。

3.1,6-己二胺(1,6-hexanediamine)

1,6-己二胺又叫六次甲基二胺,习惯上简称为己二胺,无色片状结晶,升华后变为针状。熔点 39~40℃,沸点 196℃;有吡啶味,易溶于水;溶于醇和醚。易吸收空气中的二氧化碳和水分。有腐蚀性,密封保存。它与己二酸聚合形成链状聚酰胺,即尼龙-66。

11.3 重氮和偶氮化合物

偶氮化合物(azo-compound)分子中含有—N═N—官能团,此官能团两端都与烃基相连。重氮化合物(diazo-compound)分子中含有 —$\overset{+}{N}$═N 官能团,只有一端与烃基相连。常见的重要重氮和偶氮化合物有:

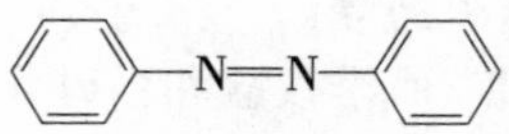

偶氮苯
azobenzene

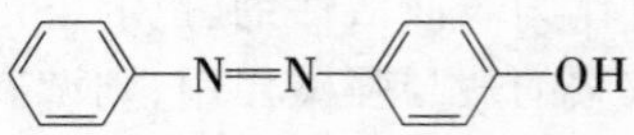

对羟基偶氮苯
4-hydroxy-azobenze

$$CH_3—N═N—CH_3$$

偶氮甲烷
diazomethane

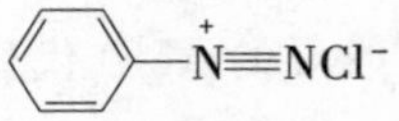

氯化重氮苯
benzene diazonium chloride

11.3.1 重氮化反应

前面我们讨论过芳香族伯胺在低温和强酸溶液中与亚硝酸钠作用,生成重氮盐(diazonium salt)的反应称为重氮化反应(diazotization)。

$$ArNH_2 + NaNO_2 + 2HCl \xrightarrow{0~5℃} ArN_2^+ Cl^- + NaCl + 2H_2O$$

干燥的重氮盐对于热和振动都很敏感,容易发生爆炸,易溶于水而不溶于一般有机溶剂中。重氮盐的结构式为:$[ArN^+ ≡ N]X^-$或简写成:$ArN_2^+ X^-$。重氮正离子的两个氮原子和苯环相连的碳原子是线型结构,而且两个氮原子的 π 轨道和芳环的 π 轨道形成共轭。它是离子型化合物,具有盐的性质。一般情况下不需分离出重氮盐的纯品,在它的水溶液中就可进行下一步反应。芳香重氮盐与苯环上的取代基有关。当苯环上有吸电子取代基时,生成的重氮盐较稳定,重氮化反应可在稍高的温度(40~60℃)下进行。

11.3.2 芳香族重氮盐的性质

重氮盐是一类非常活泼的化合物,可发生多种反应,生成多种化合物,在有机合成上非常有用。归纳起来,主要反应为两类。

1.放氮反应

(1)被羟基取代

当重氮盐和酸液共热时发生水解生成酚并放出氮气。

$$\text{—NH}_2 \xrightarrow[0\sim5℃]{NaNO_2 + H_2SO_4} \text{—N}_2HSO_4 \xrightarrow[\triangle]{H^+} \text{—OH} + N_2\uparrow + H_2SO_4$$

这个反应一般是用重氮硫酸盐,在较浓的强酸溶液(如 $40\%\sim50\%$ 硫酸)中进行,这样可以避免反应生成的酚与未反应的重氮盐发生偶合反应。如果用重氮苯盐酸盐,则因盐酸盐水解易发生副反应,有副产物氯苯生成。

(2)被卤素、氰基取代

$$\text{—N}_2HSO_4 \xrightarrow{KI} \text{—I} + N_2\uparrow + KHSO_4$$

此反应是将碘原子引进苯环的好方法,但此法不能用来引进氯原子或溴原子。碘代反应的研究指出,本反应属于 S_N1 历程。相对说来 Cl^-、Br^- 和 CN^- 的亲核能力较弱,因此 KCl、KBr 和 KCN 就难于进行上述反应,要发生该反应常常需要有亚铜盐作为催化剂。例如,在氯化亚铜的浓盐酸溶液、溴化亚铜的浓氢溴酸溶液或氰化亚铜的氰化钾溶液存在下,其相应重氮盐能受热后转变成氯代、溴代或氰代芳烃。这个反应称为桑德迈尔(Sandmeyer)反应。

$$\text{—N}_2Cl \xrightarrow{CuCl + HCl} \text{—Cl} + N_2\uparrow$$

$$\text{—N}_2Br \xrightarrow{CuBr + HBr} \text{—Br} + N_2\uparrow$$

$$\text{—N}_2Cl \xrightarrow{CuCN + KCN} \text{—CN} + N_2\uparrow$$

(3)被氢原子取代

重氮盐与还原剂次磷酸(H_3PO_2)作用,则重氮基可被氢原子所取代。

$$\begin{array}{c}\text{N}_2Cl\\ \text{—}\end{array} + H_3PO_2 + H_2O \longrightarrow \text{⬡} + H_3PO_3 + N_2\uparrow + HCl$$

2.保留氮的反应

重氮盐与芳胺或酚类化合物作用,生成颜色鲜艳的偶氮化合物的反应称为偶合反应(coupling reaction)。偶合反应是亲电取代反应,是重氮阳离子(弱的亲电试剂)进攻芳环上电子云密度较大的碳原子而发生的反应。

$$\text{—N}\overset{+}{=}\text{N}:\text{—N(CH}_3)_2 \xrightarrow{pH\ 5\sim6} \text{—N}=\text{N—}\text{—N(CH}_3)_2$$

对 $-(N,N-$二甲氨基)偶氮苯(黄色)

· 151 ·

通常与芳胺的偶合反应要在中性或弱酸性溶液中进行。在中性或弱酸性溶液中,重氮离子的浓度最大,且氨基是游离的,不影响芳胺的反应活性。若溶液的酸性太强(pH < 5),会使胺生成不活泼的铵盐,偶合反应就难进行或很慢。

通常与酚的偶合反应要在弱碱性条件下进行,因在弱碱性条件下酚生成酚盐负离子,使苯环更活化,有利于亲电试剂重氮阳离子的进攻。但碱性不能太大(pH 不能大于 10),因碱性太强,重氮盐会转变为不活泼的苯基重氮酸或重氮酸盐离子。而苯基重氮酸或重氮酸盐离子都不能发生偶合反应。

重氮盐与伯芳胺或仲芳胺发生偶合反应可以是苯环上的氢原子被取代,也可以是氨基上的氢原子被取代。例如,氯化重氮苯与苯胺偶合,先生成苯重氮氨基苯。如果把生成的苯重氮氨基苯和盐酸或苯胺盐酸盐一起加热到 30~40℃,则又经分子重排而生成对氨基偶氮苯。

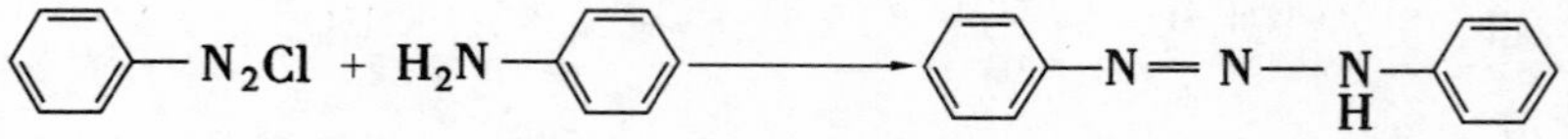

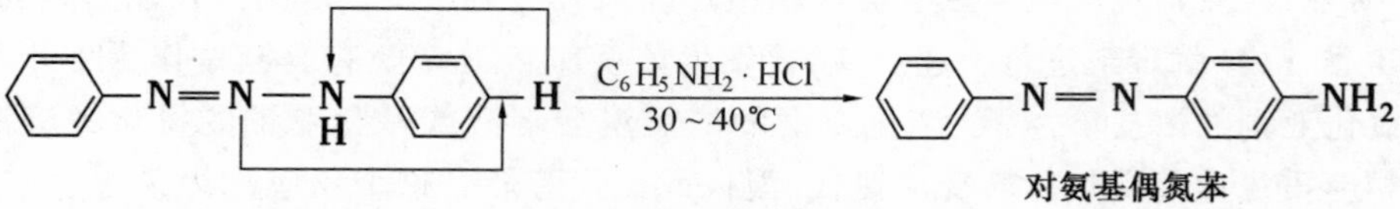

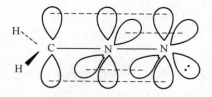

重氮阳离子是一个弱亲电试剂,只能与活泼的芳环(酚、胺)偶合,其它的芳香族化合物不能与重氮盐偶合。偶合反应总是优先发生在对位,若对位被占,则在邻位上反应,间位不能发生偶合反应。在重氮基的邻对位连有吸电子基时,对偶合反应有利。所以在进行偶合反应时,要考虑到多种因素,选择最适宜的反应条件,才能收到预期的效果。偶氮基—N＝N—是一个发色基团,因此,许多偶氮化合物常用作染料(偶氮染料)。

11.3.3 重要代表物

1.重氮甲烷(azomethane)

重氮甲烷是脂肪族最简单也是最重要的重氮化合物,分子式为 CH_2N_2,其结构如图 11.2 所示。

图 11.2 重氮甲烷的结构

其结构式可表示为:

$$\overset{-}{C}H_2 - \overset{+}{N} \equiv N \quad \text{或} \quad H_2C = \overset{+}{N} = \overset{-}{N}$$

在常温时为黄色气体,熔点 - 145℃,沸点 - 23℃,相对密度 1.45,有毒和强烈的刺激性。遇水分解,可溶于乙醇及乙醚。通常制成乙醚溶液。实验室制备重氮甲烷的方法是用碱分解 N – 亚硝基 – N – 甲基对甲基苯磺酰胺。

$$H_3C-\!\!\!\bigcirc\!\!\!-SO_2NCH_3 \xrightarrow[\text{C}_2\text{H}_5\text{OH}]{\text{KOH}} H_3C-\!\!\!\bigcirc\!\!\!-SO_2OC_2H_5 + CH_2N_2 + H_2O$$
$$|$$
$$NO$$

重氮甲烷主要用于有机合成中的甲基化试剂,可与羧酸、酚、二酮类化合物反应生成甲酯或甲醚。

$$RCOOH + CH_2N_2 \longrightarrow RCOOCH_3 + N_2\uparrow$$

$$ArOH + CH_2N_2 \longrightarrow ArOCH_3 + N_2\uparrow$$

$$CH_3CCH_2COC_2H_5 + CH_2N_2 \longrightarrow CH_3CH=CHCOC_2H_5 + N_2\uparrow$$

重氮甲烷又能与酰氯作用生成重氮甲基酮。

$$RCCl + 2CH_2N_2 \longrightarrow RCCHN_2 + CH_3Cl + N_2\uparrow$$

重氮甲基酮在氧化银催化下可与水、醇或氨等作用,得到比原来酰氯多一个碳原子的羧酸或其衍生物,同时放出 N_2。

$$RCCHN_2 \begin{cases} \xrightarrow{H_2O} RCH_2COOH \\ \xrightarrow{R'OH} RCH_2COOR' \\ \xrightarrow{NH_3} RCH_2CONH_2 \end{cases}$$

这一反应称为阿恩特 – 艾斯特尔特反应(Arndt – Eistert 反应),是增长碳链的重要方法之一。

重氮甲烷在受热或光照时,容易分解放出 N_2,同时生成一个极活泼的缺电子基团亚甲基(又称碳烯、卡宾,carben)。

$$CH_2N_2 \xrightarrow{\text{光或热}} CH_2: + N_2\uparrow$$

碳烯是电中性的活性中间体,很容易以它的一对未成键电子与不饱和的烯烃发生加成形成环丙烷及其衍生物。

$$CH_2N_2 \xrightarrow{\triangle} CH_2: \xrightarrow{R_2C=CR_2} R_2C\!\!-\!\!CR_2 \text{(with } CH_2 \text{ bridge)}$$

2.偶氮染料(azo dyestuffs)

由于偶氮基—N=N—是一个发色基团,其颜色的色光几乎包括全部色谱,因此,许多偶氮化合物常用作染料。它是染料中品种最多,应用最广的一类合成染料。

$$NaO_3S-\!\!\!\!\bigcirc\!\!\!\!-N\!\!=\!\!N-\!\!\!\!\bigcirc\!\!\!\!-N\begin{smallmatrix}CH_3\\CH_3\end{smallmatrix}$$

甲基橙

methyl orange

$$\bigcirc\!\!\!\!-N\!\!=\!\!N-\!\!\!\!\bigcirc\!\!\!\!-\overset{+}{N}\begin{smallmatrix}CH_3\\CH_3\\CH_3\end{smallmatrix}$$

奶油黄

butter yellow

偶氮染料是全球制革工业、印染工业使用的最主要染料,其制造工艺复杂,生产和应用过程严重污染环境。更为严重的是,研究发现不少偶氮染料在分解过程中能产生对人体或动物有致癌作用的芳香胺化合物。这类染料因此被德国等发达国家禁用。

习　题

1.命名下列化合物。

(1) $CH_3CH_2\underset{\underset{\displaystyle NO_2}{|}}{CH}CH(CH_3)_2$　　(2) $CH_3CH_2CH_2CH_2NH_2$　　(3) $CH_3CH_2NHCH(CH_3)_2$

(4) $(CH_3)_2CH\overset{+}{N}(CH_3)_3OH^-$　　(5) $\bigcirc\!\!\!\!-\overset{+}{N_2}HSO_4^-$　　(6) 结构式(m-位 NHC_2H_5, CH_3)

2.写出下列化合物的构造式。

(1)正丙胺　　　　　　(2)偶氮甲烷　　　　　(3) N-甲基-N-乙基苯胺

(4)1,6-己二胺　　　　(5)β-萘胺　　　　　(6)溴化重氮苯

3.将下列各组化合物按碱性由强到弱排列。

(1)对甲苯胺,苄胺,2,4-二硝基苯胺,对硝基苯胺

(2)苯胺,甲胺,三苯胺,N-甲基苯胺

(3)氨,苯胺,环己胺,氢氧化四乙基铵

4.写出下列反应的主要产物。

(1) $H_3C-\!\!\!\!\bigcirc\!\!\!\!-NH_2 + (CH_3CO)_2O \longrightarrow$

(2) $O_2N-\!\!\!\!\bigcirc\!\!\!\!-NHCH_3 + NaNO_2 + H_2SO_4 \longrightarrow$

(3) 哌啶 $\overset{\displaystyle }{\underset{H}{N}} + NaNO_2 + H_2SO_4 \longrightarrow$

(4) $C_2H_5NHCH_3 + \bigcirc\!\!\!\!-SO_2Cl \longrightarrow$

(5) 2-甲基吡咯烷 $\xrightarrow[②湿\ Ag_2O]{①过量\ CH_3I} ? \xrightarrow{\triangle} \xrightarrow[②湿\ Ag_2O]{①过量\ CH_3I} ? \xrightarrow{\triangle}$

5.用简便的化学方法区别下列各组化合物。

(1)乙醇,乙醛,乙酸,乙胺

（2）邻甲苯胺，N–甲基苯胺，N,N–二甲基苯胺

（3）环己酮，苯酚，苯胺

6. 如何分离下列各组混合物。

（1）苄醇，苄胺，苯甲酸

（2）苯甲醛，苯乙酮，N,N–二甲基苯胺

7. 由苯、甲苯及三个碳以下的有机化合物为原料合成下列化合物。

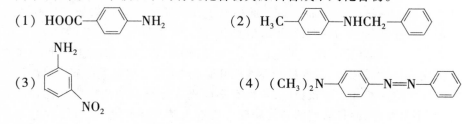

（1）$HOOC\!-\!\!\langle\bigcirc\rangle\!\!-\!NH_2$ （2）$H_3C\!-\!\!\langle\bigcirc\rangle\!\!-\!NHCH_2\!-\!\!\langle\bigcirc\rangle$

（3）

（4）$(CH_3)_2N\!-\!\!\langle\bigcirc\rangle\!\!-\!N\!\!=\!\!N\!-\!\!\langle\bigcirc\rangle$

第12章　杂环化合物

杂环化合物(heterocyclic compound)是指组成环的原子除含有碳原子以外还有其他的杂原子的环状化合物,常见的杂原子有 N、O、S 等。

根据以上定义,杂环化合物似乎应包括内酯、内酰胺、内酸酐和环醚等,但由于它们与相应的开链化合物性质相似,又容易开环变成开链化合物,已在有关章节中讨论过。

本章主要讨论那些环系比较稳定,并且有不同程度芳香性的杂环化合物。这类化合物比较稳定,不易开环,而且它们的结构和反应活性与苯有相似之处,所以称为芳杂环化合物。

杂环化合物在自然界分布很广、功用很多。例如,中草药的有效成分生物碱大多是杂环化合物;动植物体内起重要生理作用的血红素、叶绿素、核酸的碱基都是含氮杂环;部分维生素,抗菌素;一些植物色素、植物染料、合成染料都含有杂环。

12.1　杂环化合物的分类和命名

杂环化合物的种类很多,一般可按杂环的骨架分为单杂环和稠杂环两大类。常见的单杂环为五元杂环及六元杂环。稠杂环是由苯环与单杂环或由两个以上单杂环稠并而成。

杂环化合物的命名通常采用音译法。音译法是根据 IUPAC(国际纯化学和应用化学联合会)推荐的通用名称,按外文名词音译而来,用带"口"字旁的同音汉字命名。

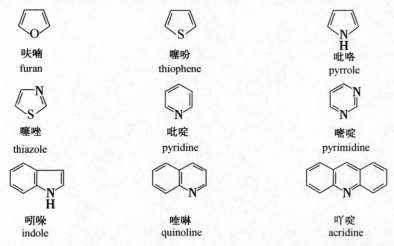

呋喃	噻吩	吡咯
furan	thiophene	pyrrole
噻唑	吡啶	嘧啶
thiazole	pyridine	pyrimidine
吲哚	喹啉	吖啶
indole	quinoline	acridine

杂环上有取代基时一般以杂环为母体。杂环化合物的环上原子编号,一般从杂原子开始。环上只有一个杂原子时,杂原子的编号为1。有时也以希腊字母 α、β 及 γ 编号,邻

近杂原子的碳原子为 α 位,其次为 β 位,再次为 γ 位。环上有两个或两个以上相同杂原子时,应从连接有氢或取代基的杂原子开始编号,并使这些杂原子所在位次的数字之和为最小。环上有不同杂原子时,则按 O、S、N 等顺序依次编号。

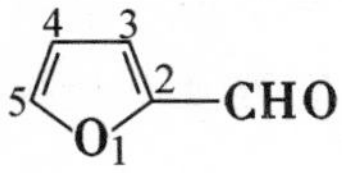

2−呋喃甲醛
2−furfural

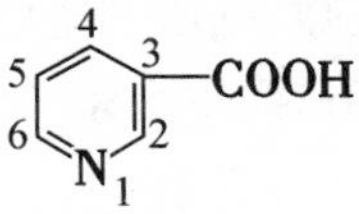

3−吡啶甲酸
3-pyridinecarboxylic aicd

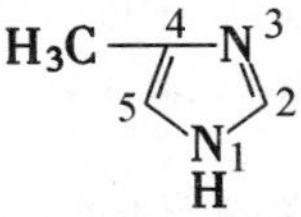

4−甲基咪唑
4- methylimidazole

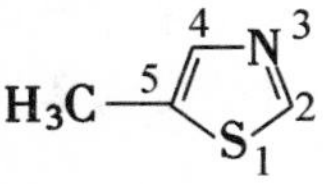

5−甲基噻唑
5-methylthiazole

另有特殊编号的,如异喹啉(isoquinoline)、嘌呤(purine)等,一些重要的杂环化合物的结构、分类和命名见表 12.1。

表 12.1　重要的杂环化合物的结构、分类和命名

杂环分类		碳环母核	重要的杂环化合物					
单杂环	五元杂环	 环戊二烯	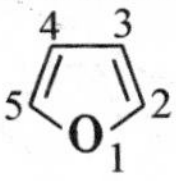 呋喃 furan 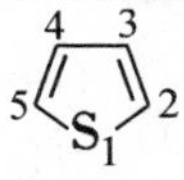	噻吩 thiophene 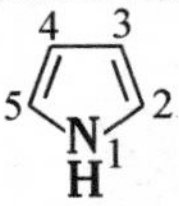	吡咯 pyrrole 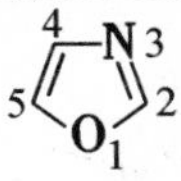	噁唑 oxazole 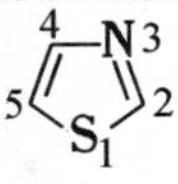	噻唑 thiazole 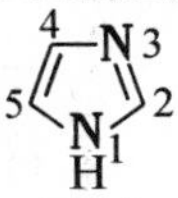	咪唑 imidazole
	六元杂环	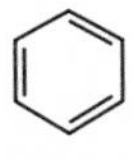 苯	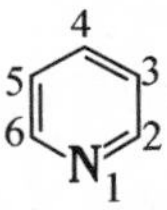 吡啶 pyridine 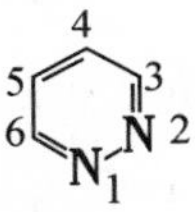	哒嗪 pyridazine 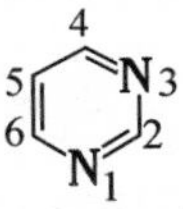	嘧啶 pyrimidine 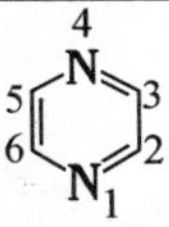	吡嗪 pyrazine 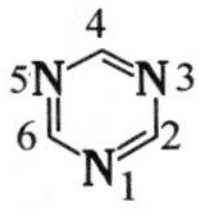	均三嗪 1,3,5−triazine	
稠杂环		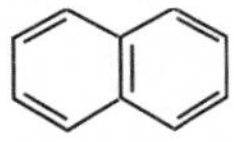 萘	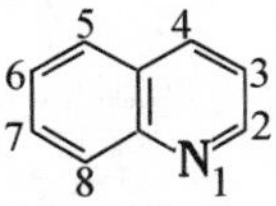 喹啉 quinoline 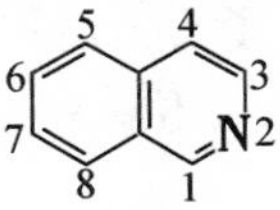	异喹啉 isoquinoline				
		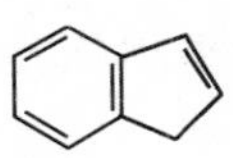 茚	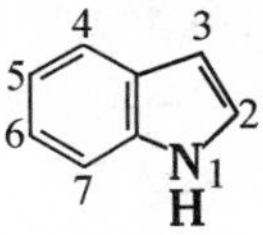 吲哚 indole 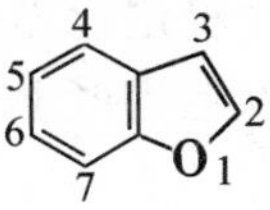	苯并呋喃 benzofuran 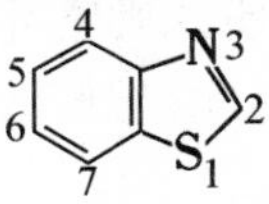	苯并噻唑 benzothiazole 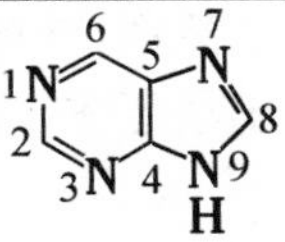	嘌呤 purine		
		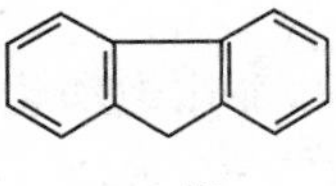 芴	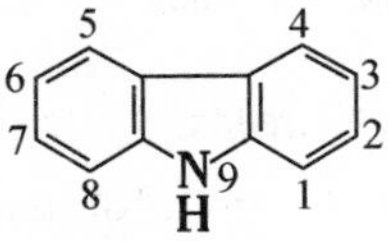 咔唑 carbazole 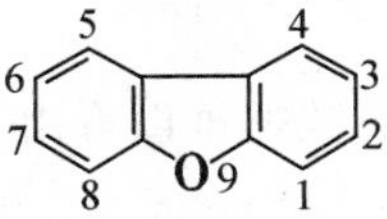	二苯并呋喃 diphenylene oxide				
		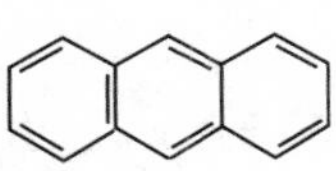 蒽	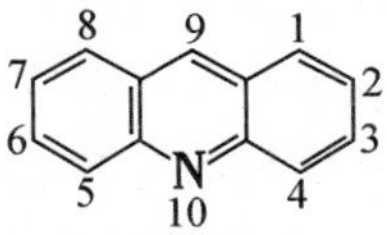 吖啶 acridine					

12.2 五元杂环化合物

含一个杂原子的典型五元杂环化合物是呋喃、噻吩和吡咯。含两个杂原子的有噻唑、咪唑和吡唑等。本节重点讨论呋喃、噻吩和吡咯,简单介绍一下噻唑、吡唑及其衍生物。

12.2.1 呋喃、噻吩、吡咯杂环的结构

五元杂环化合物呋喃、噻吩、吡咯在结构上具有共同点,即构成环的四个碳原子和杂原子(N,S,O)均为 sp^2 杂化状态,它们以 σ 键相连形成一个环面。每个碳原子余下的一个 p 轨道有一个电子,杂原子(N,S,O)的 p 轨道上有一未共用电子对;这五个 p 轨道都垂直于五元环的平面,相互平行重叠,构成一个闭合 5 个原子共用 6 个 π 电子的共轭体系。即组成杂环的原子都在同一平面内,而 p 电子云则分布在环平面的上下方,如图 12.1 所示。

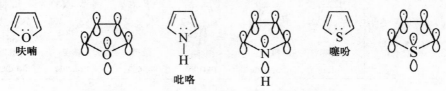

图 12.1 呋喃、噻吩和吡咯的结构示意图

从上图可看出呋喃、噻吩、吡咯的结构和苯结构相似,都是 6 电子闭合共轭体系,具有芳香性,不易氧化,不易进行加成反应,而易起亲电取代反应。由于环上 5 个原子共用 6 个 π 电子,环上的电子云密度比苯环大,所以它们容易发生亲电取代反应,反应比苯容易进行。取代基多进入 α 位,亲电取代的活性顺序为:

$$吡咯 > 呋喃 > 噻吩 > 苯$$

然而,呋喃、噻吩或吡咯环的芳香稳定性不如苯环,电子云密度分布也不完全平均化。由于杂原子不同,因此,它们的芳香性在程度上也不完全一致,键长的平均化程度也不一样。

0.144 nm
0.135 nm
O 0.137 nm

0.142 nm
0.137 nm
S 0.171 nm

0.143 nm
0.137 nm
0.138 nm
N—H

从上述键长的数据可以看山,碳原子和杂原子(O、S、N)之间的键,都比饱和化合物中相应键长(C—C 0.143 nm,C—N 0.147 nm,C—S 0.182 nm)为短,而 C_2—C_3 或 C_4—C_5 的键长较乙烯的 C=C 链 (0.134 nm)为长,C_3—C_4 的键长则较乙烷的 C—C 键(0.154 nm)为短。说明这些杂环化合物的键长在一定程度上发生了平均化。另一方面,从键长数据也说明它们在一定程度上仍具有不饱和化合物的性质。

呋喃、噻吩、吡咯和苯具有很高的离域能,分别为 66、121、89 和 150 kJ/mol。由于杂原子电负性大小不同(O > N > S),电子云离域有差异,所以它们的芳香性强弱有差异,环的稳定性也不同。从离域能数值的大小可以看出,芳香性或稳定性顺序为:

苯 > 噻吩 > 吡咯 > 呋喃

由于吡咯环上 N 原子的一对未共用电子对已参与环状共轭体系,减弱了与 H⁺ 的结合能力。虽然吡咯是一个仲胺,故碱性很弱,其碱性比苯胺小。吡咯有极性 N—H 键,具有弱酸性,其酸性介与乙醇和苯酚之间, 与 NH_3 相当。

其他如咪唑、吡唑、噻唑和恶唑等含有两个杂原子(其中至少有一个氮原子)的五元杂环称为唑。它们的电子结构与上述几个环系类似,同样具有闭合的 6 个电子共轭体系,这些杂环也都具有一定的芳香性。

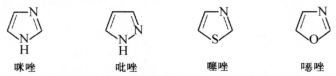

咪唑　　　　　　吡唑　　　　　　噻唑　　　　　　恶唑

例如咪唑可以看作是吡咯环上氮原子的间位"—CH ═"被"—N ═"取代的衍生物。这个"—N ═"的氮原子上未成对电子对不参与环的共轭体系,可与质子结合并保持闭合的 6 电子共轭体系,所以咪唑也有芳香性,并且显弱碱性。

12.2.2　呋喃、噻吩、吡咯的性质

1.物理性质

呋喃为无色液体,沸点 31.36℃,具有氯仿的气味,难溶于水,易溶于有机溶剂。它的蒸气遇有被盐酸浸湿过的松木片时,即呈现绿色,叫做呋喃的松木反应,可用来鉴定呋喃的存在。

噻吩是无色而有特殊气味的液体,沸点 84.16℃。由于噻吩及其同系物的沸点与苯及其同系物的沸点非常接近,故难以用一般的分馏法将它们分开。如果将煤焦油中取得的粗苯在室温下反复用浓硫酸提取,噻吩即被磺化而溶于浓硫酸中。将噻吩磺酸去磺化即可得到噻吩。噻吩和吲哚醌在硫酸的作用下,发生蓝色反应,可用来鉴定噻吩的存在。

吡咯是无色液体,沸点 131℃。吡咯的蒸气遇有被盐酸浸湿过的松木片时,即呈现红色,叫做吡咯的松木反应,可用来鉴定吡咯的存在。

2.化学性质

(1)亲电取代反应

对于吡咯、呋喃、噻吩的亲电取代反应,由于杂环的稳定性不如苯环(如在 H⁺ 作用下开环、聚合、氧化等),因此,对试剂及反应条件必须有所选择和控制。

呋喃、噻吩在室温下与氯或溴反应十分强烈,得到多卤代物,若将反应物用溶剂稀释并在低温下反应,可得到一元取代物。碘代反应则需要在催化剂作用下进行。

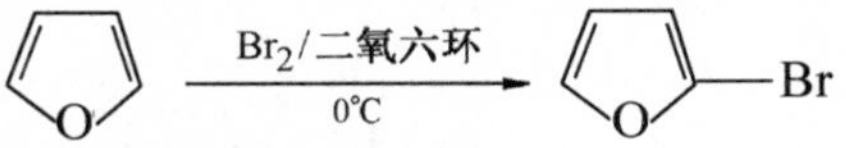

吡咯反应活性最大,卤代常得到多卤代物。

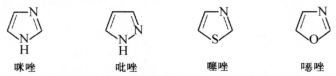

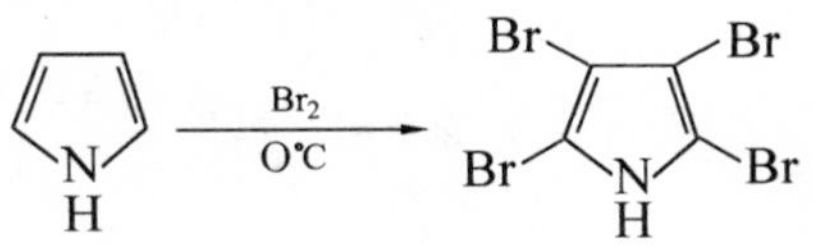

159

为了避免硝酸的氧化和发生质子化,吡咯、呋喃、噻吩进行硝化反应应采用较为温和的非质子硝化剂,一般采用硝酸乙酰酯,它是由乙酸酐与硝酸反应制得。

$$(CH_3CO)_2O + HNO_3 \longrightarrow CH_3\overset{O}{\overset{\|}{C}}ONO_2 + CH_3COOH$$

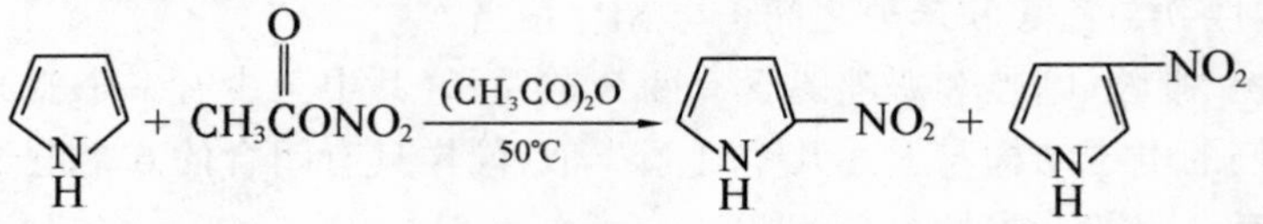

呋喃、吡咯不能用浓硫酸磺化,要用特殊的磺化试剂——吡啶三氧化硫的配合物,噻吩可直接用浓硫酸磺化。

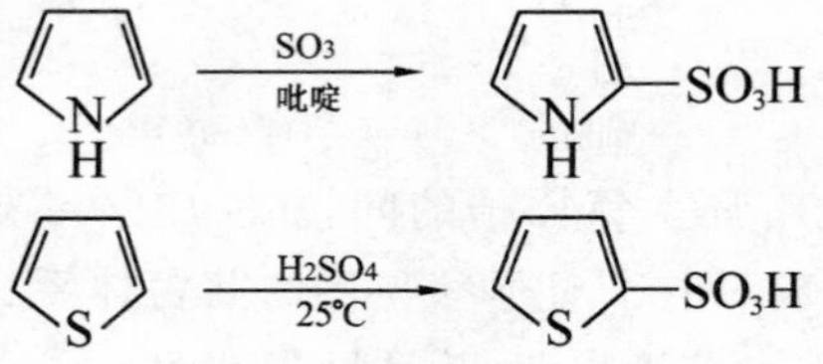

(2)加氢反应

吡咯、呋喃、噻吩都能催化加氢。

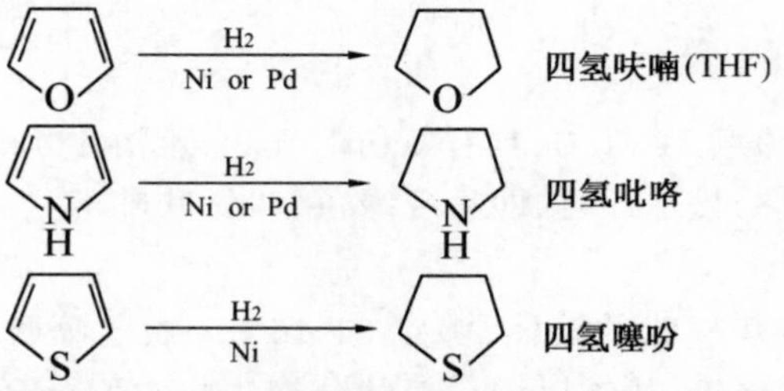

呋喃加氢最易,噻吩加氢易脱 S 变成丁烷。因噻吩能使 Pd 中毒,不能用 Pd 作催化剂催化加氢。

12.2.3　重要的五元杂环衍生物

1.糠醛(furfural)

糠醛,即 α – 呋喃甲醛,是一种无色透明液体,沸点 161.7℃,在空气中逐步氧化为黄色至棕色,能溶于醇、醚等有机溶剂,在水中的溶解度为 9%。

由于糠醛在结构上的特殊性,它兼具芳杂环及 α – 醛的一些化学性质。

(1)氧化还原反应

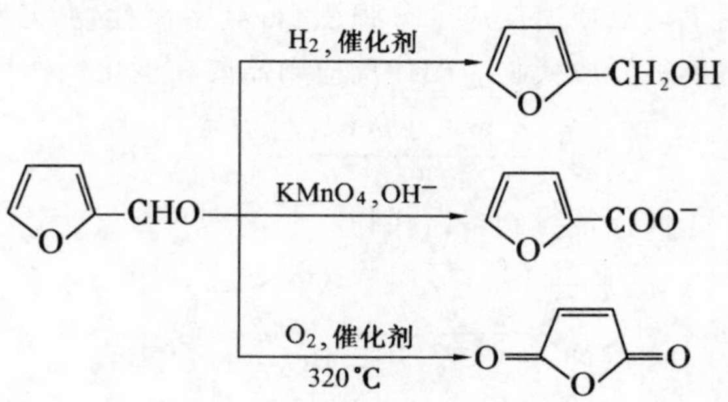

（2）自身氧化还原反应

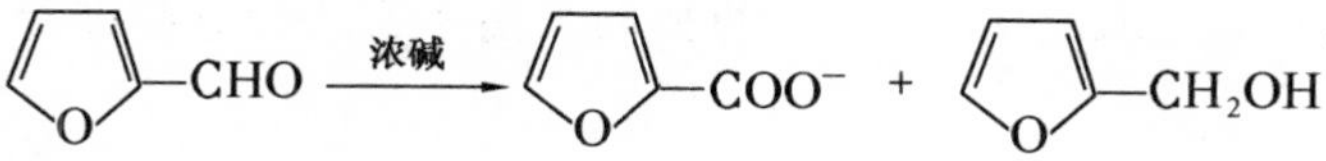

（3）羟醛缩合反应

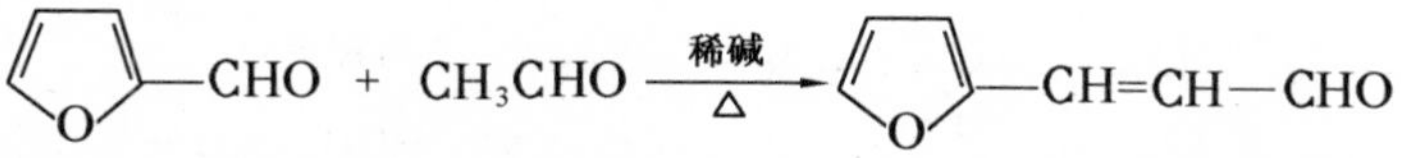

糠醛是良好的溶剂,常用作精炼石油的溶剂,以溶解含硫物质及环烷烃等。可用于精制松香,脱出色素,溶解硝酸纤维素等。糠醛广泛用于油漆及树脂工业。此外,糠醛还用于制备呋喃。工业上是将糠醛和水蒸气在气相下通过加热至 $400 \sim 415 \, ℃$ 的催化剂（$ZnO - Cr_2O_3 - MnO_2$）,糠醛即脱去羰基而成呋喃。实验室中则采用糠酸在铜催化剂和喹啉介质中加热脱羧而得。

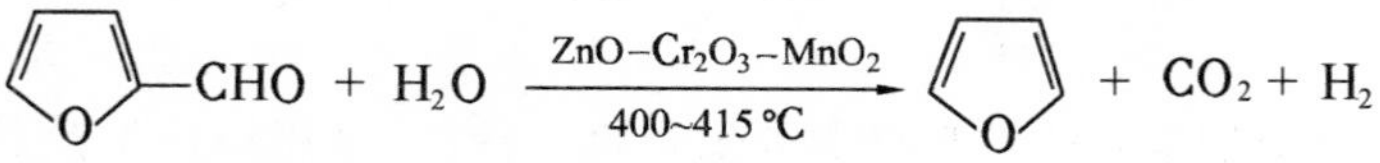

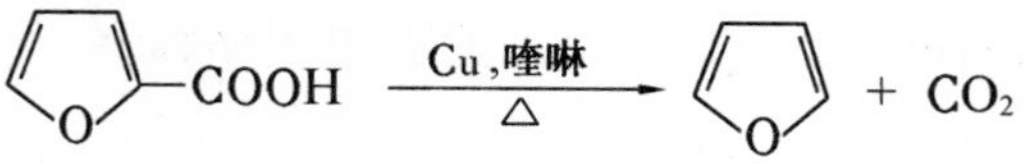

2. 卟啉（porphyrin）

吡咯的衍生物广泛分布于自然界,叶绿素、血红素、维生素 B_{12} 及许多生物碱中都含有吡咯环。

四个吡咯环的 α 碳原子通过四个次甲基（—CH ＝）交替连接构成的大环叫卟吩环（porphine ring）。卟吩（porphine）的成环原子都在同一平面上,是一个复杂的共轭体系。它的取代物广泛存在自然界中,是重要的生理活性物质。卟吩能以共价键和配位键与不同的金属原子结合。如在血红素中环螯合的是 Fe^{2+},叶绿素环螯合的是 Mg^{2+}。血红素与蛋白质结合成为血红蛋白,存在于哺乳动物的红细胞中,是运输氧气的物质。叶绿素是植物光合作用的催化剂。

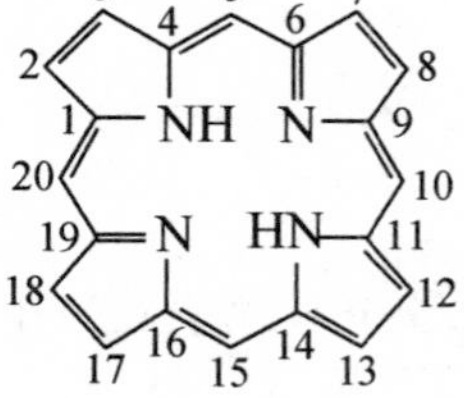

卟吩
porphine

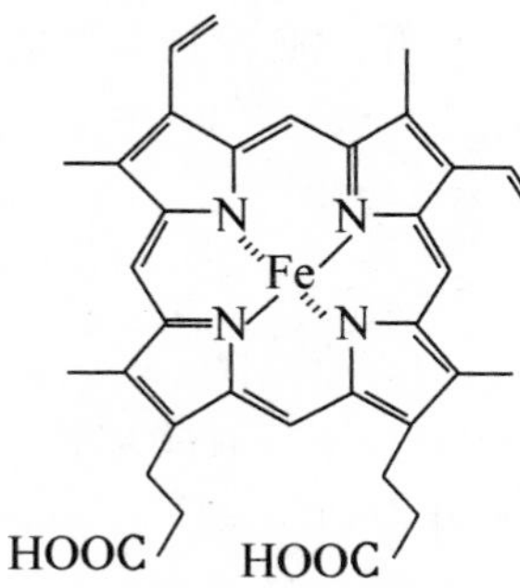

血红素
hemin

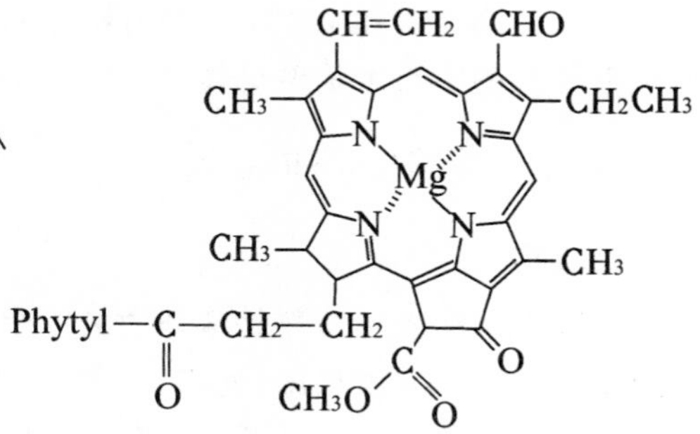

叶绿素 b
chlorophyll b

3. 噻唑、吡唑及其衍生物（thiazole, pyrrazole and their derivatives）

噻唑可以看作噻吩的 3 位上的 CH 被 N 取代,而吡唑可以看作吡咯的 2 位上的 CH 被 N 取代,都能形成闭合的共轭体系,但它们具有不同的芳香性。此外,由于插入一个—N ＝基,这个氮原子上未成对电子对不参与环的共轭体系,它们显示不同的碱性。

噻唑无色,有吡啶臭味的液体,沸点 117℃,与水互溶,有弱碱性(pK_a 2.5),是稳定的化合物。不易发生亲电取代反应。一些重要的天然产物及合成药物含有噻唑结构,如青霉素、维生素 B$_1$ 等。

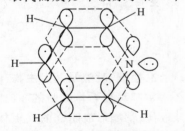

HOOC —— N —— C=O

青霉素 G

R = —CH$_2$—

青霉素 V

R = —CH$_2$—O—

青霉素 penicillin

吡唑无色固体,熔点 70℃,沸点 188℃,能溶于水、醇、醚中,有弱碱性(pK_a 2.5)。易发生亲电取代反应,得到 4 位取代产物。

安替比林
antipyrine

安乃近
analgin

氨基比林
amidopyrine

吡唑衍生物中最重要的是吡唑酮类化合物。例如,医用镇痛解热药"安替比林"、"安乃近"及"氨基比林"结构很相似,均具有吡唑酮的基本结构。

12.3 六元杂环化合物

六元杂环化合物中最重要的有吡啶和嘧啶等。吡啶是重要的有机碱试剂,嘧啶是组成核糖核酸的重要生物碱母体。

12.3.1 吡啶(pyridine)

1.结构

吡啶在结构上可看作是苯环中的一个—CH=被—N=取代而成,5 个碳原子和一个氮原子都是 sp^2 杂化状态,处于同一平面上,相互以 σ 键连接成环状结构。每一个原子各有一个电子在 p 轨道上,p 轨道与环平面垂直,彼此"肩并肩"重叠形成一个包括 6 个原子在内的,与苯相似的闭合 6 中心 6π 电子共轭体系。氮原子上的一对未共用电子对,占据在一个 sp^2 杂化轨道上,它与环平面共平面,因而不参与环的共轭体系,不是 6 中心 6π 电子共轭体系的组成部分,如图 12.2 所示。

图 12.2 吡啶结构示意图

吡啶的结构与苯相似,也有芳香性。由于氮原子的电负性较强,环上的电子云密度不像苯那样分布均匀。它的键长数据为:

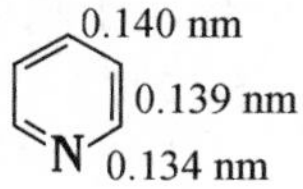

吡啶分子中的 C—C 键长(0.139~0.140 nm)与苯分子中的 C—C 键长(0.140 nm)相似;C—N 键长(0.134 nm)较一般的 C—N 键长(0.147 nm)短,但比一般的 C═N 双键(0.128 nm)长。这说明吡啶的键长平均化程度较高,但并不像苯一样是完全平均化的,所以吡啶具有芳香性。

由于吡啶环中氮原子的电负性大于碳原子,所以环上的电子云密度因向氮原子转移而降低,亲电取代比苯难。此环上氮原子具有与间位定位基—NO_2 相仿的电子效应,钝化作用使亲电性取代较苯困难,取代基进入 β 位(即间位),且收率偏低。它还可以发生亲核取代反应,亲核取代基进入 α 位。

吡啶环上的氮原子有一对未共用电子对未参与 6 电子共轭体系,可与质子结合,故其碱性(pK_b 8.8)较吡咯(pK_b 13.6)强,也比苯胺(pK_b 9.3)强,能与强酸作用生成较稳定的盐。但比氨(pK_b 4.75)弱,也比脂肪叔胺(三甲胺的 pK_b 4.22)弱。原因在于吡啶环上未参与共轭体系的这一对未共用电子对处于 sp^2 杂化轨道上,其 s 成分较 sp^3 杂化轨道多,受原子核束缚强,因而较难与 H^+ 结合。

其他如哒嗪、吡嗪、嘧啶的电子结构都与吡啶类似,同样具有闭合的 6 个电子组成的共轭体系。

曾经对芳香族化合物的电荷分布进行了定量的描述。以苯环碳原子的电荷密度为标准(作为零),正值表示电荷密度(有效电荷)比苯小,负值表示电荷密度比苯大。以下列出一些化合物的有效电荷分布。

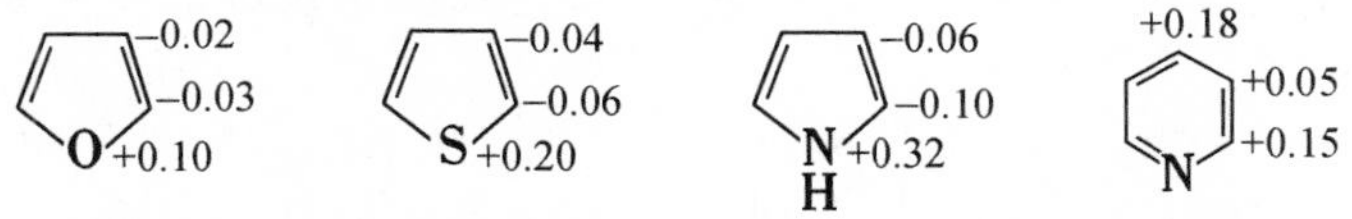

上述化合物中,环上碳原子电荷密度比苯大的,称为多 π 芳杂环(或富电子芳杂环),通常都是五元芳杂环。环上碳原子电荷密度比苯小的,称为缺 π 芳杂环(或缺电子芳杂环),通常都是六元氮芳杂环。这种根据杂环上碳原子的电荷密度不同而分类的方法,不仅对结构的本质作了基本描述,而且对性质也作了简明概括。尽量把性质与结构有机地联系起来,可与杂环骨架分类法互为补充。

2.物理性质

吡啶存在于煤焦油、页岩油和骨焦油中。吡啶衍生物广泛存在于自然界,例如维生素 B_6 和烟碱(尼古丁)含有吡啶环结构。吡啶是有特殊臭味的无色液体,沸点 115.5℃,熔点 -42℃,相对密度 0.982,可与水、乙醇、乙醚等任意混溶。常用做溶剂溶解大部分的有机化合物和无机盐类。

3.化学性质

(1)亲电取代反应

吡啶环上氮原子为吸电子基,故吡啶环属于缺电子的芳杂环,和硝基苯相似。其亲电取代反应很不活泼,反应条件要求很高,不起傅-克烷基化和酰基化反应。亲电取代反应主要发生在 β -位上。

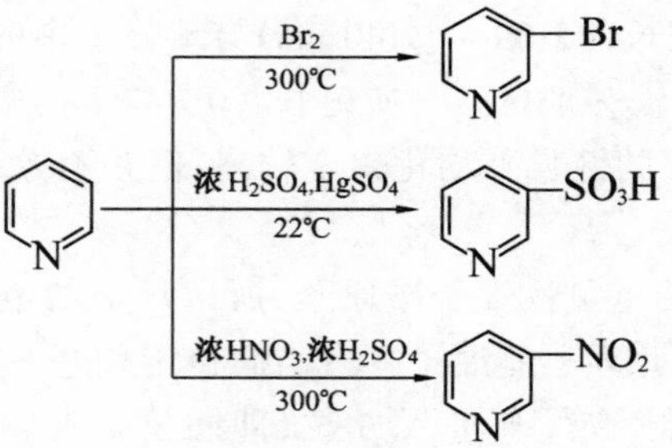

(2)氧化还原反应

①氧化反应。吡啶环对氧化剂稳定,一般不被酸性高锰酸钾、酸性重铬酸钾氧化,通常是侧链烃基被氧化成羧酸。

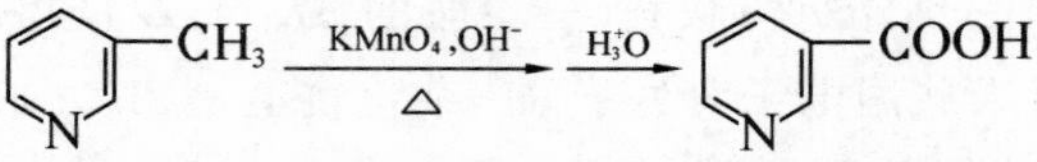

②还原反应。吡啶比苯容易还原。用钠加乙醇或催化加氢均使吡啶还原为六氢吡啶(即哌啶)。

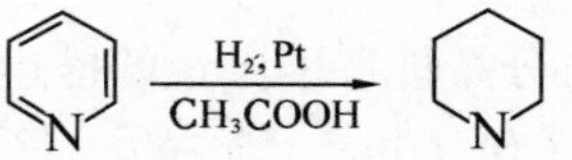

(3)亲核取代反应

由于吡啶环上的电荷密度降低,且分布不均,可与强的亲核试剂发生亲核取代反应,主要生成 α 取代物。

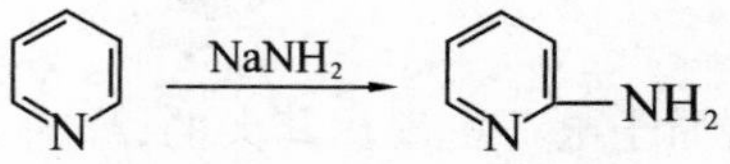

12.3.2　嘧啶及其衍生物(pyrimidine and its derivatives)

嘧啶又名间二嗪,本身并不存在于自然界。它为无色晶体,熔点 22℃,易溶于水,碱性比吡啶弱。嘧啶衍生物在自然界分布很广,尿嘧啶、胞嘧啶、胸腺嘧啶是遗传物质核酸的重要组成部分,维生素 B_1 也含有嘧啶环。合成药物的磺胺嘧啶也含这种结构。

嘧啶	尿嘧啶	胸腺嘧啶	胞嘧啶
pyrimidine	uracil	thymine	cytosine

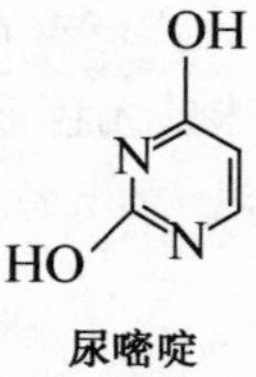

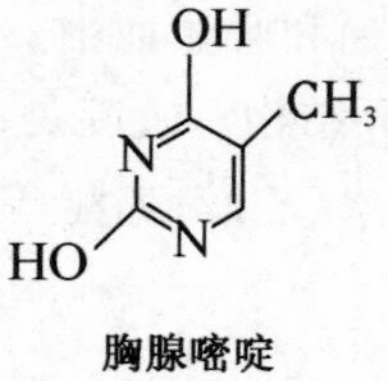

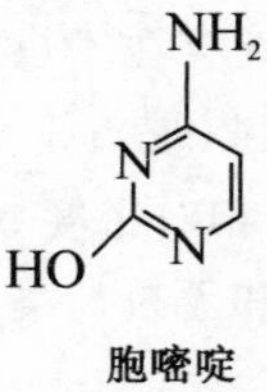

12.4 稠杂环化合物

稠杂环化合物(fused heterocyclic compound)是指苯环与杂环稠合或杂环与杂环稠合在一起的化合物。常见的有喹啉、吲哚和嘌呤等。

12.4.1 喹啉(quinoline)

1.喹啉的物理性质

喹啉为无色油状液体,放置时逐渐变成黄色,沸点 238.05℃,有恶臭味,难溶于水,能与大多数有机溶剂混溶,是一种高沸点溶剂。

2.喹啉的化学性质

(1)取代反应

喹啉是由苯环与吡啶环组合而成。由于喹啉吡啶环的电子云密度低于苯环,所以喹啉的亲电取代反应生在电子云密度较大的苯环上,取代基主要进入 5 或 8 位。而亲核取代则主要发生在吡啶环的 2 或 4 位。

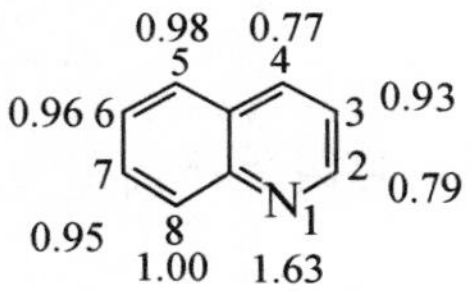

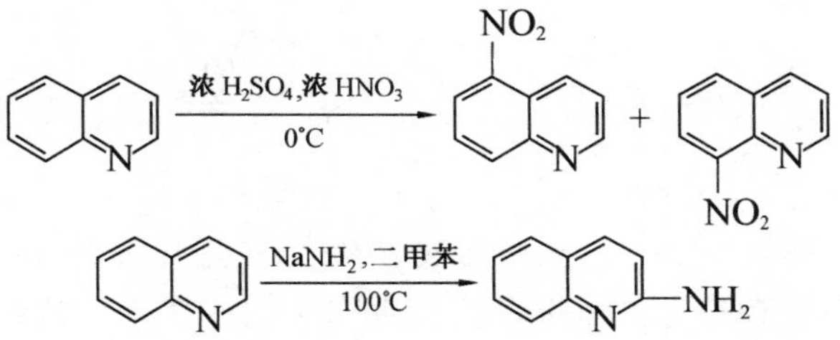

(2)氧化反应

喹啉用高锰酸钾氧化时,苯环优先被氧化。

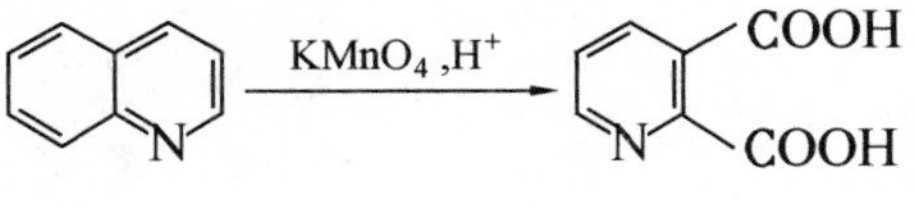

(3)还原反应

吡啶环比苯环易还原。

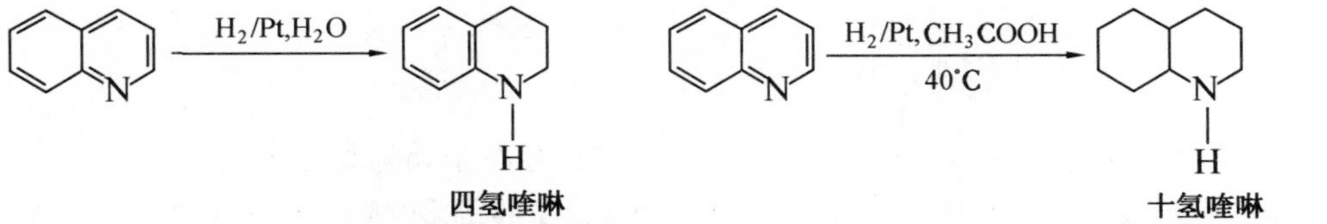

四氢喹啉
tetrahydroquinoline

十氢喹啉
decahydroquinoline

喹啉的衍生物 8 - 羟基喹啉能与 Mg、Al、Mn、Fe、Cd、Ni 及 Cu 等形成配位化合物,在分析测定及萃取分离中使用。许多抗疟药都是喹啉的衍生物,例如,奎宁(又名金鸡纳碱)、氯喹、抗癌药喜树碱等。

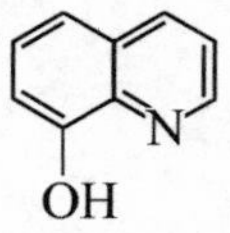

8-羟基喹啉
8-hydroxyquinoline

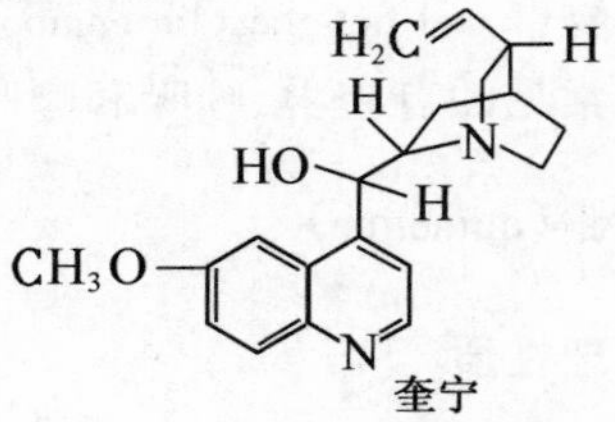

奎宁
quinine

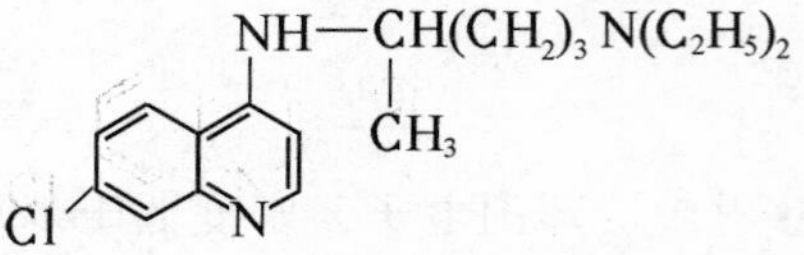

氯喹
chloroquine

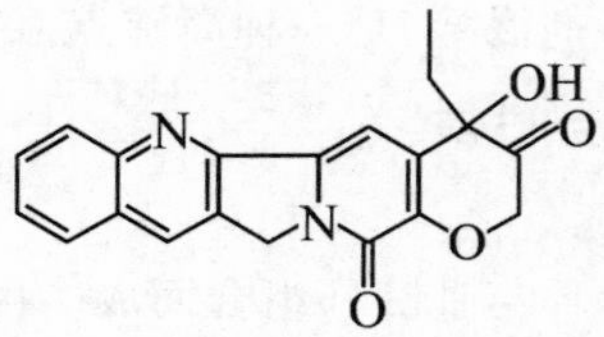

喜树碱
camptothecine

12.4.2 吲哚(indole)

吲哚是由苯环和吡咯环稠合而成的稠杂环化合物,因此也可叫做苯并吡咯。苯并吡咯类化合物有吲哚和异吲哚两类。

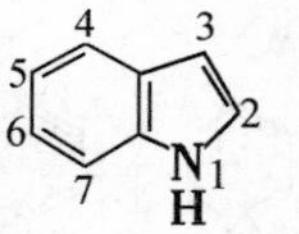

吲哚

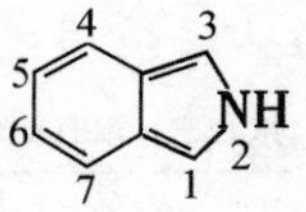

异吲哚

吲哚是白色结晶,熔点 52.5℃。极稀溶液有香味,可用作香料,浓的吲哚溶液有粪臭味。素馨花、柑桔花中含有吲哚。吲哚环的衍生物广泛存在于动植物体内,与人类的生命、生活有密切的关系。

吲哚的亲电取代反应发生在 β - 位上,加成和取代都发生在吡咯环上。它也能使浸有盐酸的松木片显红色。

12.4.3 嘌呤(purine)

嘌呤为无色晶体,熔点 216~217℃,易溶于水,其水溶液呈中性,但能与酸或碱成盐。嘌呤结构式如下:

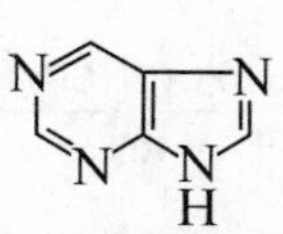

或

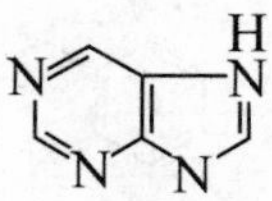

纯嘌呤环在自然界不存在,嘌呤的衍生物广泛存在于动植物体内。

例如,尿酸存在于鸟类及爬虫类的排泄物中,含量很多,人尿中也含少量。尿酸结构式如下：

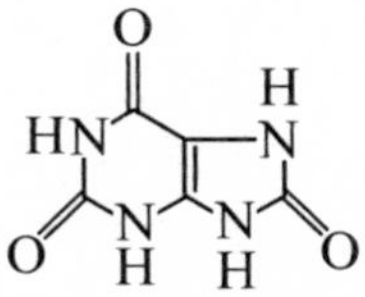

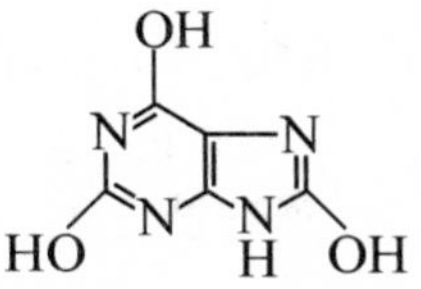

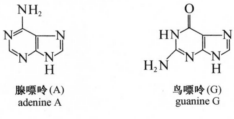

黄嘌呤存在于茶叶及动植物组织和人尿中,黄嘌呤结构式如下:

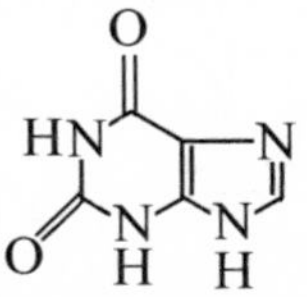

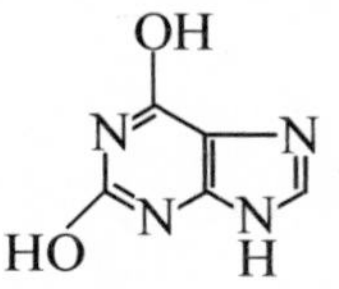

咖啡碱、茶碱和可可碱都是黄嘌呤的甲基衍生物,存在于茶叶、咖啡和可可中,它们有兴奋神经中枢作用,其中以咖啡碱的作用最强。

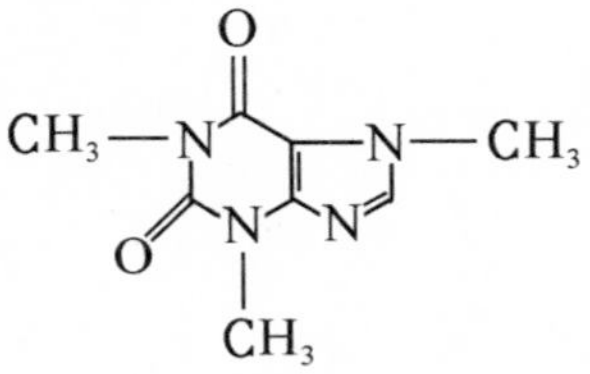

咖啡碱
caffeine

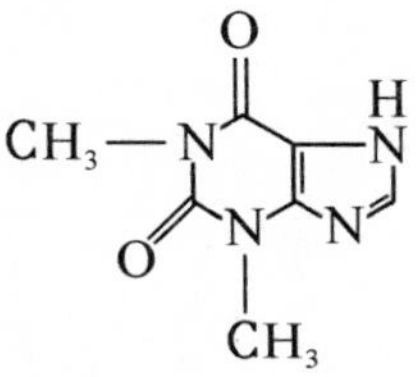

茶碱
theophylline

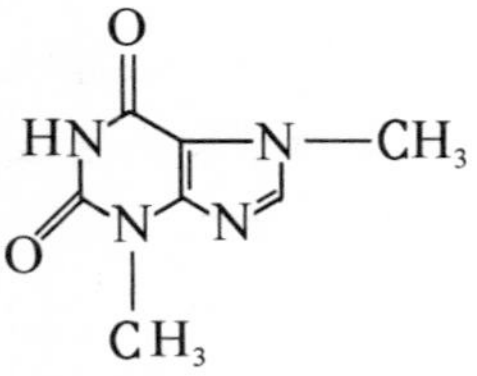

可可碱
cacaine

腺嘌呤和鸟嘌呤是核酸中的两种重要碱基。

腺嘌呤(A)
adenine A

鸟嘌呤(G)
guanine G

习　题

1.命名下列化合物。

(1)　　　　　　(2) 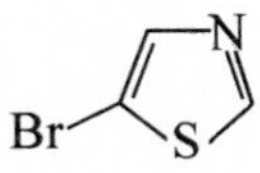　　　　　　(3) 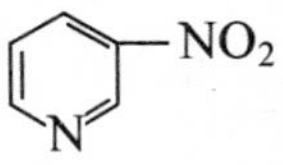　　　　　　(4)

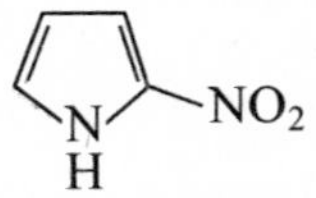

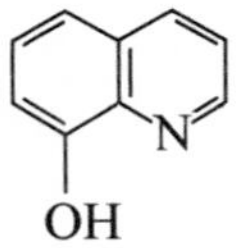

2.写出下列化合物的构造式。

(1)4 – 氯噻唑　　　(2)糠醛　　　　(3)2,5 – 二氢呋喃

(4)3 – 甲基吡咯　　(5)β – 吲哚乙酸　(6)5 – 羟基喹啉

3.将下列化合物按碱性由强到弱排列。

苯胺,苄胺,吡咯,吡啶,氨

4. 写出下列反应的主要产物。

(1) 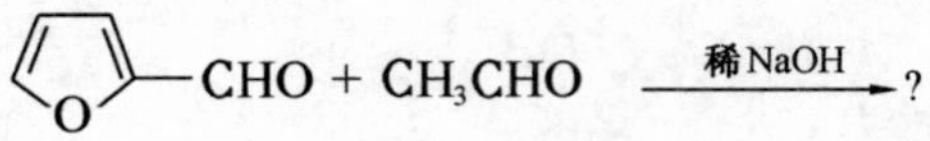
$$\text{（呋喃）-CHO} + CH_3CHO \xrightarrow{\text{稀 NaOH}} ?$$

(2) 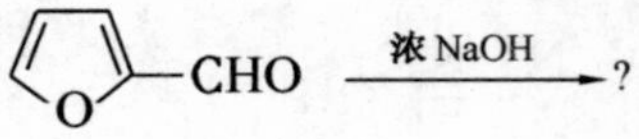
$$\text{（呋喃）-CHO} \xrightarrow{\text{浓 NaOH}} ?$$

(3) 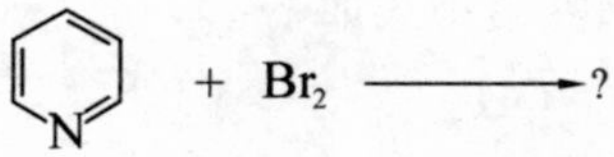
$$\text{（吡啶）} + Br_2 \longrightarrow ?$$

(4)
$$\text{（噻吩）} \xrightarrow{H_2SO_4} ?$$

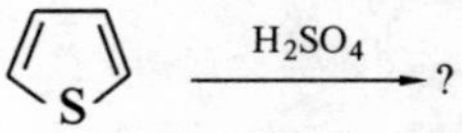

5. 用简便的化学方法区别下列各组化合物。

(1)呋喃,四氢呋喃

(2)苯,苯酚,噻吩

(3)苯甲醛,糠醛

6. 由所给原料合成指定化合物。

(1) 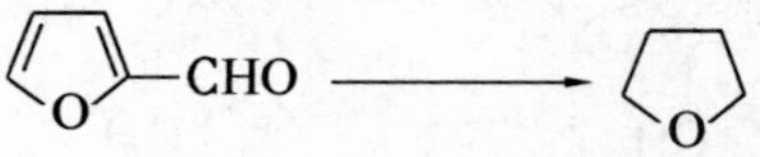
$$\text{（呋喃）-CHO} \longrightarrow \text{（四氢呋喃）}$$

(2) 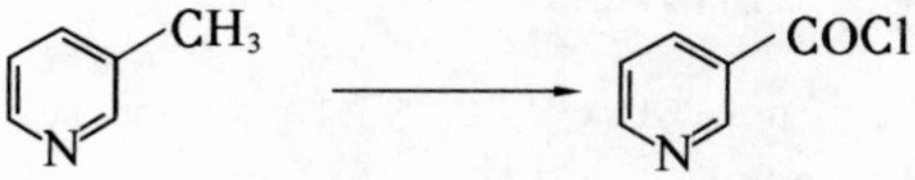
$$\text{（吡啶）-CH}_3 \longrightarrow \text{（吡啶）-COCl}$$

第13章　碳水化合物

碳水化合物(carbohydrates)又称糖类,是自然界存在最广泛的一类有机化合物。人们所熟悉的葡萄糖、麦芽糖、蔗糖、淀粉和纤维素等均属碳水化合物。这类有机物由 C、H、O 三种元素组成,最早法国人把符合通式 $C_n(H_2O)_m$ 的化合物叫碳水化合物,后来发现,碳水化合物这个名称并不能确切反映出所有糖类化合物结构上的特点,如鼠李糖 $C_6H_{12}O_5$ 和脱氧核糖 $C_5H_{10}O_4$ 并不符合碳水化合物的通式。但根据它们的结构和性质应该属于碳水化合物。而有些化合物如醋酸($C_2H_4O_2$)和乳酸($C_3H_6O_3$)等组成虽然符合上面的通式,但从结构及性质上讲与碳水化合物完全不同。可见碳水化合物这一名称是不确切的,但由于沿用已久,至今仍然采用。进一步研究后发现从分子结构和性质上讲,碳水化合物是多羟基醛、酮以及水解后生成多羟基醛和多羟基酮的一类有机化合物。

碳水化合物按能否水解及水解后生成的物质分为三类。单糖——不能再水解的糖,如葡萄糖、果糖和核糖。低聚糖——水解后能生成几个分子(为 2~9 个分子)单糖。如蔗糖和麦芽糖等。多糖——水解后能生成多个分子的单糖,如淀粉、纤维素等。多糖大多数是无定形固体,没有甜味,难溶于水。

碳水化合物对人类生活十分重要,碳水化合物是自然界太阳能的贮存体。碳水化合物是植物光合作用的产物。植物在叶绿素催化下,在日光作用下将空气中的二氧化碳和水转化成碳水化合物并吸收能量,同时放出氧气。碳水化合物在自然界分布广泛,它是人类和动物得以生存的物质基础。碳水化合物在人体内代谢最终生成二氧化碳和水,同时释放出能量以维持生命及体内进行各种生物合成和转变所必需的能量。其次,碳水化合物又是重要的化学工业原料。

13.1　单　　糖

13.1.1　单糖的分类

单糖在自然界中以各种形式广泛存在。按照分子中所含官能团的不同,单糖可分为两类:多羟基醛叫醛糖,多羟基酮叫酮糖。按照分子中碳原子数目的不同,又可分为丙糖、丁糖、戊糖、己糖等。在实际研究中,这两种分类方法常合并使用。

	CHO				CH₂OH

$$
\begin{array}{cccccc}
& & \text{CHO} & & & \text{CH}_2\text{OH} \\
& \text{CHO} & \text{CHOH} & & \text{CH}_2\text{OH} & \text{C}=\text{O} \\
\text{CHO} & \text{CHOH} & \text{CHOH} & \text{CH}_2\text{OH} & \text{C}=\text{O} & \text{CHOH} \\
\text{CHOH} & \text{CHOH} & \text{CHOH} & \text{C}=\text{O} & \text{CHOH} & \text{CHOH} \\
\text{CHOH} & \text{CHOH} & \text{CHOH} & \text{CHOH} & \text{CHOH} & \text{CHOH} \\
\text{CH}_2\text{OH} & \text{CH}_2\text{OH} & \text{CH}_2\text{OH} & \text{CH}_2\text{OH} & \text{CH}_2\text{OH} & \text{CH}_2\text{OH} \\
\text{丁醛糖} & \text{戊醛糖} & \text{己醛糖} & \text{丁酮糖} & \text{戊酮糖} & \text{己酮糖} \\
\text{aldotetrose} & \text{aldopentose} & \text{aldohexose} & \text{ketotetrose} & \text{ketopentose} & \text{ketohexose}
\end{array}
$$

相应的醛糖和酮糖是同分异构体。丙糖是最简单的单糖,而戊醛糖、己醛糖和己酮糖是自然界存在的最广泛和最重要的单糖。如核糖属于戊醛糖,葡萄糖属于己醛糖,果糖则属于己酮糖。

13.1.2 单糖的结构

单糖中,丙醛糖(甘油醛)和丙酮糖(二羟基丙酮)分子最简单,丙酮糖分子中无手性碳原子,无旋光异构。其余单糖都含有手性碳原子,都有旋光异构体。若分子中含 n 个手性碳原子,则旋光异构体的数目为 2^n 个。己醛糖有 4 个手性碳原子,则应有 $2^4 = 16$ 个旋光异构体。己酮糖有 3 个手性碳原子,故有 $2^3 = 8$ 个旋光异构体。甘油醛分子中有 1 个手性碳原子,所以有两个旋光异构体。

$$
\begin{array}{cc}
\text{CHO} & \text{CHO} \\
\text{H} \!-\!\!-\! \text{OH} \quad & \quad \text{OH} \!-\!\!-\! \text{H} \\
\text{CH}_2\text{OH} & \text{CH}_2\text{OH} \\
\text{D}-\text{甘油醛} & \text{L}-\text{甘油醛}
\end{array}
$$

由于糖和氨基酸的构型常采用 D、L 构型标记法。上面的左式 OH 写在右边的为 D-甘油醛,右式 OH 写在左边的为 L-甘油醛。

实际上,从 D-(+)-甘油醛出发,可以衍生出一系列的 D 型异构体,简称 D 系列,D系列的各个异构体都各有一个 L-构型的对映体,它们可以由 L-(-)-甘油醛衍生出来,称为 L 系列。自然界中广泛存在的单糖均为 D-型糖。

单糖的立体构型可以由甘油醛,以逐步增加碳原子的方法推导出来。图 13.1 列出了由 D-(+)-甘油醛导出所有 D 型醛糖。

1.葡萄糖的结构

在单糖中最有代表性是葡萄糖,以葡萄糖为例来讨论单糖的结构。葡萄糖(glucose)的分子式是 $C_6H_{12}O_6$,葡萄糖经 Na-Hg 齐还原后得到己六醇,进一步用强还原剂(氢碘酸和红磷)还原时,得到正己烷。这说明葡萄糖分子的碳架是一个直链,没有支链存在。

$$
C_6H_{12}O_6 \xrightarrow{\text{Na-Hg}} HOCH_2-(CHOH)_4-CH_2OH \xrightarrow{\text{HI+P}} CH_3-(CH_2)_4-CH_3
$$

葡萄糖与过量的乙酐作用生成五乙酸酯,说明分子中有 5 个羟基。由于同一个碳原

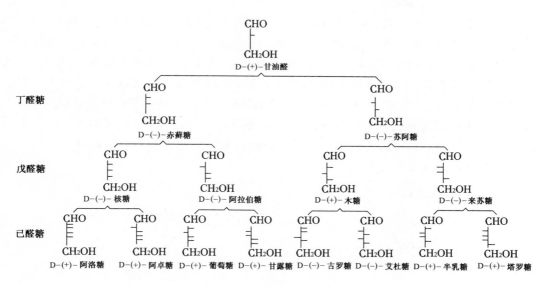

图 13.1　D 型醛糖的构型和名称

子同时连有 2 个羟基不稳定,所以 5 个羟基分别与 5 个碳原子相连。

$$C_6H_7O(OH)_5 \xrightarrow{\text{过量乙酐}} C_6H_7O(OCOCH_3)_5 + 5CH_3COOH$$

葡萄糖与托伦试剂作用有银镜生成,说明含有醛基。从以上实验事实可以推知葡萄糖的构型是一个具有 6 个碳原子、5 个羟基和一个醛基的直链羟基醛,表示为

CHO
H——OH
HO——H
H——OH
H——OH
CH₂OH

D – 葡萄糖

D-glucose

上面式子是费歇尔投影式,为了书写方便可以简化,下面式中短线代表羟基。三角符号表示醛基,长线代表羟甲基。

2.葡萄糖的环状结构

在研究 D – 葡萄糖的性质时,发现 D – 葡萄糖能以两种结晶存在,其物理性质不完全相同。一种是从酒精溶液中结晶出来的,熔点为 146℃,比旋光度为 + 112.2°。另一种是

从吡啶中结晶的 D - 葡萄糖,熔点为 150℃,比旋光度为 + 18.7°。将两者分别溶于水后,二者的比旋光度都逐渐变为 + 52.7°,这种现象称为变旋光现象。这是为什么呢? 经研究并从醇和醛的相互作用可以形成半缩醛反应受到启发,葡萄糖分子中的醛基可以与它自己分子中的羟基形成一个环状的半缩醛结构。羰基氧转变成的半缩醛羟基又称为苷羟基。当苷羟基与第六位的羟甲基处于环平面的两侧时,为 α - 构型;当苷羟基与第六位的羟甲基在环平面的同一侧时,为 β - 构型。两种环状结构与开链式结构可以相互转化形成平衡时,α 型占 35% ~ 36%,β 型占 63% ~ 64%,开链结构的含量小于 1%,环状结构和开链结构平衡时的比旋光度为 + 52.7°。

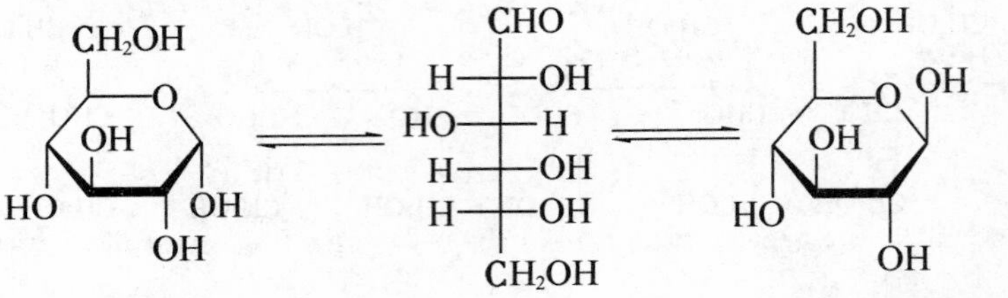

α-D-(+)-葡萄糖
α-D-(+)- glucose

β-D-(+)-葡萄糖
β-D-(+)- glucose

3.哈沃斯(Haworth)透视式

单糖的环状结构是以费歇尔投影式为基础表示的,它不能反映单糖分子中原子和基团的空间关系。所以常采用哈沃斯透视式来表示。以 D - 葡萄糖为例把开链投影式改写成哈沃斯式的过程为,首先将碳链竖直放置(Ⅰ),然后将羟甲基一端从左面向后弯成类似六边形(Ⅱ),为了有利于形成环状半缩醛,将 C_5 按箭头所示绕 C_4—C_5 键轴旋转 120° 成(Ⅲ)。若 C_5 上羟基的氧原子从羰基所在平面的上方(A)与羰基碳连接成环,C_1 上新生成的半缩醛羟基处于所成环的平面的下方(Ⅳ),即产生 α - D - 葡萄糖;反之,若 C_5 上羟基的氧原子从羰基所在平面的下方(B)与羰基碳连接成环,C_1 上新生成的半缩醛羟基便处于所形成环的平面上(V),则产生 β - D - 葡萄糖。

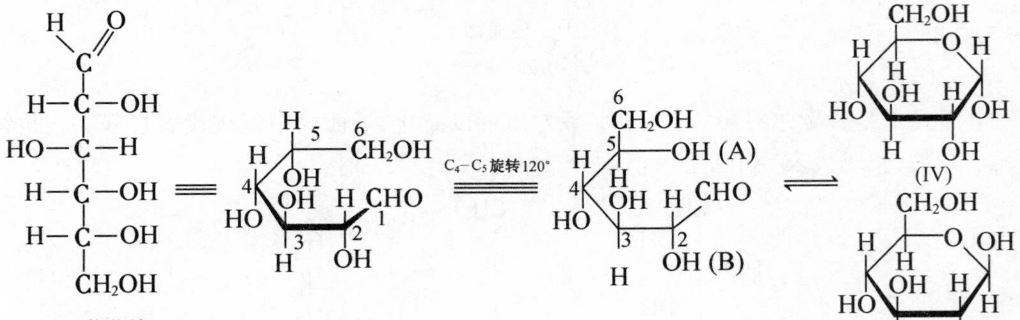

D - 葡萄糖
(I)　　　　　　(II)　　　C_4-C_5旋转120°　　(III)　　　　　　(IV)　　　　(V)

单糖分子的六元环是由五个碳原子和一个氧原子组成的,与杂环化合物中的吡喃环

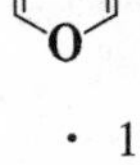

相似,故把六元环形的糖称为吡喃糖。如上面结构式中(Ⅳ)称为 α - D - 吡喃葡萄

糖,(Ⅴ)称为 β-D-吡喃葡萄糖。单糖分子的五元环是由四个碳原子和一个氧原子组成的,与呋喃环 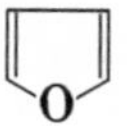 相似,故五元环形的称为呋喃糖。例如,D-呋喃果糖的两种哈沃斯式如下:

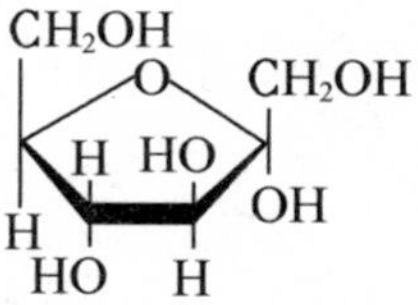

α-D-呋喃果糖
α-D-fructofuranose

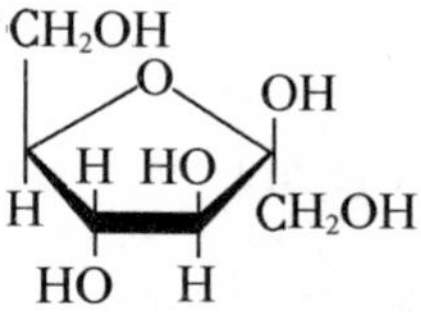

β-D-呋喃果糖
β-D-fructofuranose

在哈沃斯式中,六边形的环与纸面垂直,前面的粗线表示在纸的外侧,后面的细线表示在纸的内侧。环上的原子顺时针编号,将投影式中右面的基团写在哈沃斯式的下面,左面的基团及羟甲基写在环的上面。

4.葡萄糖的构象

在哈沃斯式中,吡喃葡萄糖的六元环在同一个平面上,而实际上吡喃环上的原子并不在同一平面内,而是与环己烷类似,主要以椅式构象存在,两种椅式构象可互相转化。如 α 和 β 两种氧环式 D-葡萄糖的椅式构象如下所示。

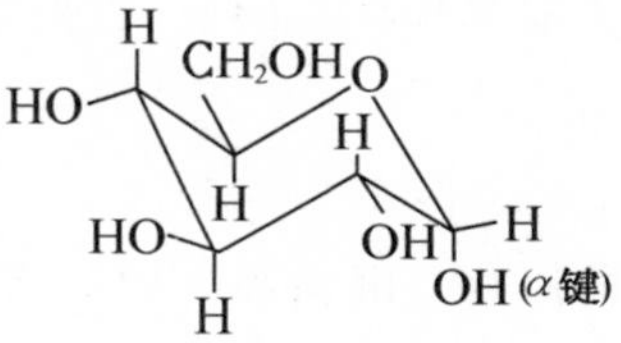

α-D-(+)-葡萄糖
α-D-(+)-glucose

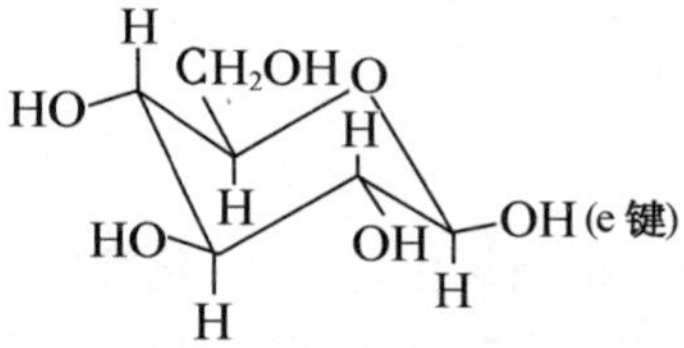

β-D-(+)-葡萄糖
β-D-(+)-glucose

在 β 型葡萄糖中,羟基和羟甲基都处于平伏键上是最稳定的构象。在 α 型葡萄糖中,有一个羟基处在直立键上,不是最稳定的构象。所以 β 型比 α 型稳定,在葡萄糖的平衡混合物中 β 型比 α 型多。

13.1.3 单糖的性质

单糖分子中有多个羟基易溶于水,具有吸湿性、溶于乙醇,难溶于乙醚及其他非极性有机溶剂。单糖含有羟基和羰基,具有醇的性质和醛、酮的性质,能发生氧化、还原、成苷、成脎等反应。

1.差向异构化(epimerization)

含有多个手性碳原子的旋光异构体中,如果只有一个手性碳原子的构型相反,其他手性碳原子的构型完全相同,此异构体称为差向异构体。如 D-葡萄糖与 D-甘露糖,它们的第二碳原子的构型相反,故又称为 C_2 差向异构体。差向异构化的作用就是在差向异构体之间进行的一种直接可逆的转化过程。用稀碱处理 D-葡萄糖,就会得到葡萄糖、D-

甘露糖和 D - 果糖三种糖的平衡混合物。其中 D - 葡萄糖和 D - 甘露糖的互相转化称为差向异构化。三者之间的转化是通过烯二醇中间体完成的。

$$\text{D - 葡萄糖} \quad\rightleftharpoons\quad \text{烯二醇中间体} \quad\rightleftharpoons\quad \text{D - 甘露糖}$$

$$\text{D-果糖}$$

烯二醇结构不稳定,当它变回醛型时,C_2 上的羟基可以在右边,即得到 D - 葡萄糖;但也可在左边,产物便是 D - 甘露糖。如 C_2 羟基上的氢原子转移到 C_1 上,这样得到的产物便是 D - 果糖。D - 葡萄糖和 D - 果糖并不是差向异构体。因此,它们之间的异构化,不能称为差向异构化。

2.氧化反应

单糖用不同的试剂氧化,生成氧化程度不同的产物。醛糖和酮糖与裴林试剂或托伦试剂作用生成糖酸。果糖能与裴林试剂反应,就是在碱性条件下发生差向异构化之故,差向异构化使酮糖部分转变为醛糖。

$$
\begin{array}{c}
\text{CHO} \\
(\text{CHOH})_4 \\
\text{CH}_2\text{OH}
\end{array}
+ 2\text{Ag}^+ + 2\text{OH}^- \longrightarrow
\begin{array}{c}
\text{COOH} \\
(\text{CHOH})_4 \\
\text{CH}_2\text{OH}
\end{array}
+ 2\text{Ag} \downarrow + \text{H}_2\text{O}
$$

$$\text{D - 葡萄糖} \qquad\qquad\qquad \text{D - 葡萄糖酸}$$

醛糖能被溴水氧化为糖酸,被稀 HNO_3 氧化成糖二酸。酮糖与溴水无作用,利用这个反应可鉴别醛糖和酮糖。

$$
\begin{array}{c}
\text{CHO} \\
(\text{CHOH})_4 \\
\text{CH}_2\text{OH}
\end{array}
\quad
\begin{array}{l}
\xrightarrow{\ \text{Br}_2+\text{H}_2\text{O}\ }
\begin{array}{c}
\text{COOH} \\
(\text{CHOH})_4 \\
\text{CH}_2\text{OH}
\end{array}
\quad
\begin{array}{l}\text{D - 葡萄糖酸}\\ \text{D-gluconic acid}\end{array} \\[4ex]
\xrightarrow{\ \text{HNO}_3\ }
\begin{array}{c}
\text{COOH} \\
(\text{CHOH})_4 \\
\text{COOH}
\end{array}
\quad
\begin{array}{l}\text{D - 葡萄糖二酸}\\ \text{D-glucaric acid}\end{array}
\end{array}
$$

3.还原反应

单糖可使用硼氢化钠或催化加氢进行还原。

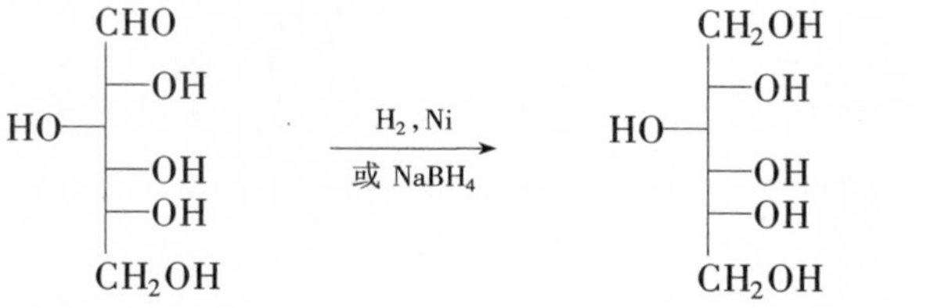

D-葡萄糖
D-glucose

D-葡萄糖醇(山梨醇)
D-glucose alcohol(sorbitol)

4.成脎反应

醛糖成酮糖与苯肼作用生成苯腙,当苯肼过量时可生成一种不溶于水的黄色结晶脎。

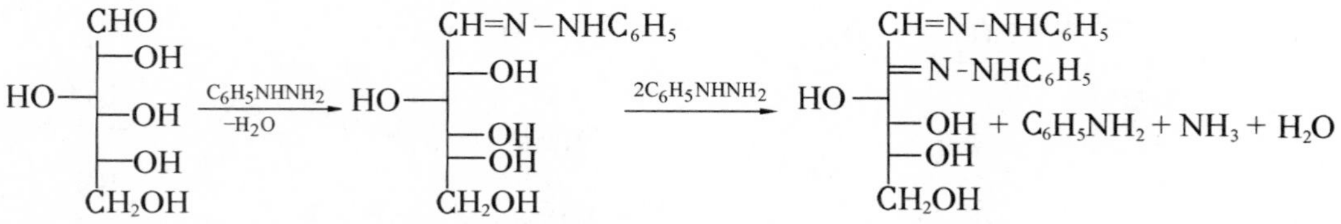

D-葡萄糖
D-glucose

D-葡萄糖苯腙
D-glucose phenylhydrazone

D-葡萄糖脎
D-glucosazone

成脎反应只发生在 C_1 和 C_2 上,只是 C_1 和 C_2 不同的糖将生成相同的脎。

5.成苷反应

单糖环状结构的半缩醛羟基与其他含羟基的化合物如醇、酚等形成的环状缩醛叫糖苷。糖的半缩醛结构中,半缩醛的碳叫异头碳,异头碳上的羟基叫苷羟基。与碳水化合物形成苷的非糖部分叫配糖基或苷元。连接配基与糖基的键叫苷键。例如 D-(+)-吡喃葡萄糖在干燥 HCl 存在下与甲醇反应,苷羟基参与反应生成甲基葡萄糖苷。甲基葡萄糖苷中的甲基就是苷元。

D-吡喃葡萄糖
D-glucopyranose

D-甲基葡萄糖苷
D-methyl glucoside

糖苷是无色、无臭的晶体,味苦,能溶于酒精,难溶于乙醚,有旋光性。糖苷的化学性质与单糖不同,单糖是环状半缩醛结构,有半缩醛羟基,性质活泼,可开环成链状式,有变旋光现象,有还原性,能生成糖脎等。但糖苷具有缩醛结构,分子中不存在活泼的半缩醛羟基,因此,它不能转化为链状结构式,糖苷稳定性好,不易被氧化,不和苯肼作用。所以,无还原性,不能成脎,也无变旋现象。但糖苷在酸性条件下可以水解生成原来的糖。

13.2 二糖和多糖

13.2.1 二糖(disaccharide)

二糖是两个单糖分子通过苷键结合的化合物,自然界存在的二糖有蔗糖、麦芽糖、纤维二糖等。

1.蔗糖(sucrose)

蔗糖($C_{12}H_{22}O_{11}$)是从甘蔗(约 26%)或甜菜(含 20%)及水果等产品中获得的一种非还原性双糖。蔗糖是无色晶体,熔点 180℃,易溶于水,甜度超过葡萄糖,比旋光度为 +66.5℃。蔗糖水解后生成葡萄糖及果糖。

$$C_{12}H_{22}O_{11} + H_2O \xrightarrow{\text{H}^+ \text{或酶}} C_6H_{12}O_6 + C_6H_{12}O_6$$

蔗糖 　　　　　　　　　葡萄糖　　果糖

$[a]_D^{20}=+66.5°$ 　　　　　转化糖 $[a]_D^{20}=-20°$

把水解混合物称为转化糖,是由于水解前后比旋光度由右旋变为左旋,旋光方向发生了转化。用蔗糖熬制水果糖时,常加入少量柠檬酸促进蔗糖的水解作用,使水果糖易成型和增加甜味。蔗糖不能成脎,也无变旋现象。这说明蔗糖分子中没有苷羟基,不能转变为链式,所以它是由葡萄糖和果糖的苷羟基之间脱水而成的二糖。

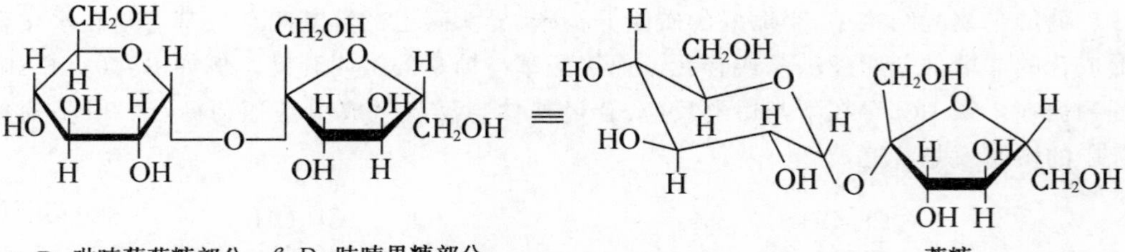

α-D-吡喃葡萄糖部分　　β-D-呋喃果糖部分　　　　　　　蔗糖

2.麦芽糖(maltose)

麦芽糖分子式 $C_{12}H_{22}O_{11}$,淀粉在淀粉酶作用下水解得到麦芽糖。麦芽糖是无色晶体,熔点 102.5℃,易溶于水,甜度是蔗糖的 40%。在酸或麦芽糖酶存在下水解得到只有 D-葡萄糖,所以麦芽糖是两分子葡萄的缩水产物。麦芽糖可与裴林试剂和托伦试剂发生氧化反应,证明麦芽糖是还原糖。麦芽糖可被溴水氧化生成麦芽糖酸,可与苯肼发生成脎反应,也有变旋光现象。麦芽糖分子是由一分子 α-D-葡萄糖的半缩醛羟基与另一分子的 D-葡萄糖 C_4 上的醇羟基脱水,通过 α-1,4-糖苷键结合而成:

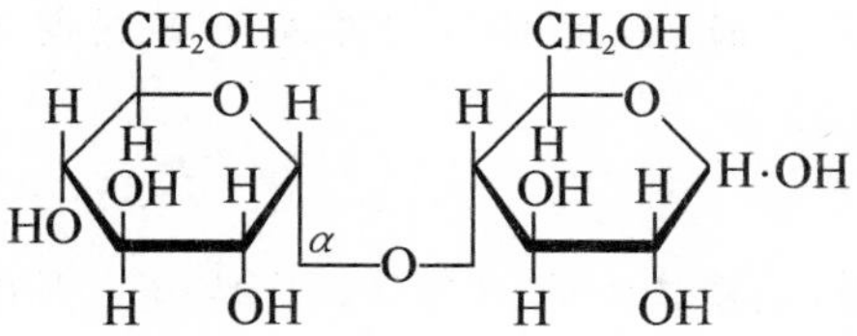

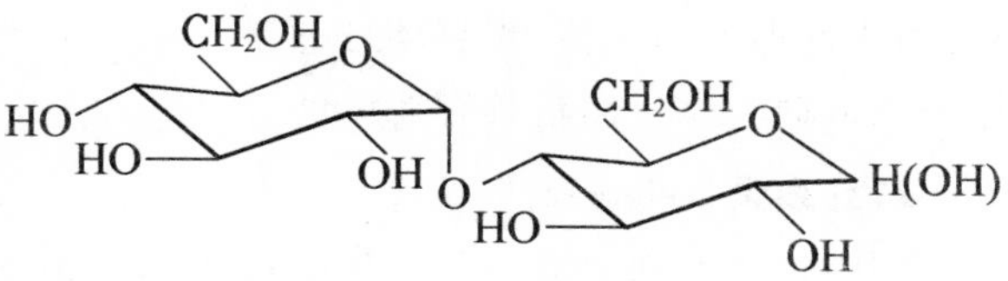

13.2.2　多糖(polysaccharide)

1.淀粉(starch)

淀粉的分子式为$(C_6H_{10}O_5)_n$,广泛存在于植物的种子或根茎。例如,小麦含淀粉$60\% \sim 65\%$,玉米含淀粉$65\% \sim 72\%$,马铃薯含淀粉$15\% \sim 20\%$,大米含淀粉$75\% \sim 80\%$。淀粉在酶或酸的催化下水解为葡萄糖,供种子发芽时营养的需要,人体中肝脏中含有肝淀粉,当需要时肝淀粉水解为葡萄糖进入血液进行生理氧化供给能量。淀粉水解的过程如下。

$$(C_6H_{10}O_5)_n \xrightarrow{H_2O} (C_6H_{10}O_5)_x \xrightarrow{H_2O} C_{12}H_{22}O_{11} \xrightarrow{H_2O} C_6H_{12}O_6$$

淀粉	糊精	麦芽糖	D－(＋)－葡萄糖
starch	dextrin	maltose	D－(＋)－glucose

淀粉经热水处理后可得到20%的直链淀粉和80%的支链淀粉。两种分子在结构上和性质上也有一定的不同。直链淀粉是一种线型聚合物,能溶于热水而不呈糊状,分子量比支链淀粉小,其结构是盘旋的螺旋形,每一圈螺旋有6个葡萄糖单元。直链淀粉遇碘呈蓝色,常用于检验淀粉的存在。直链淀粉是由葡萄糖的$\alpha - 1,4 -$苷链结合而成的链状化合物见图13.2。

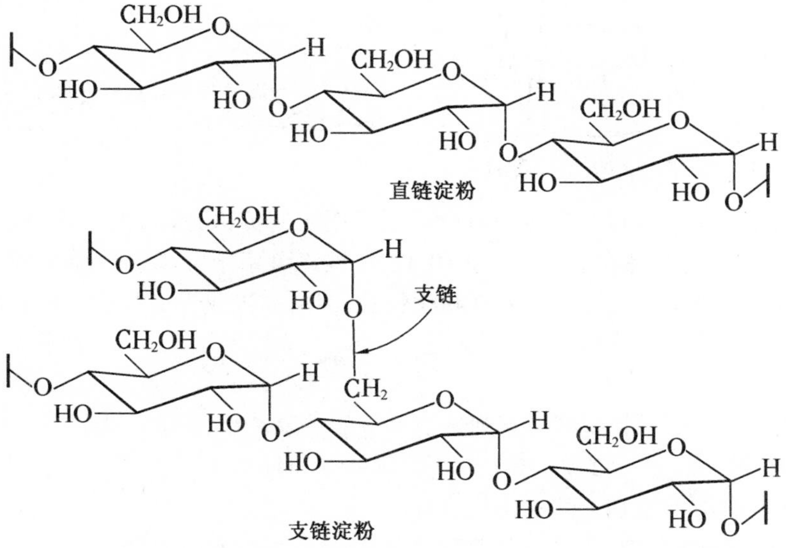

直链淀粉

支链

支链淀粉

图 13.2　淀粉的结构

支链淀粉结构除了由葡萄糖$\alpha - 1,4 -$苷链结合外,还有$\alpha - 1,6 -$苷键。支链淀粉分子量大,溶于水易形成氢键,遇碘呈红紫色。在热水中膨胀而糊化,粘性很大。淀粉经水解,糊化处理得到糊精,糊精溶于水,有粘性,可作粘合剂。无色糊精继续水解得到麦芽糖→葡萄糖。无色糊精具有还原性。

2.纤维素(cellulose)

纤维素是自然界分布最广的天然高分子化合物,是植物细胞的主要组成成分。棉花中纤维素含量 88% ~ 98%,木材中含量为 40% ~ 50%,稻草、麦秆和玉米中含 30% ~ 40%,纯纤维素为白色状晶体,不溶于水和有机溶剂,无还原性。

纤维素分子由成千上万个 β - D 葡萄糖通过 β - 1,4 - 糖苷键连接而成的线型分子,用酸水解最终产物是 D - 葡萄糖,其结构表示如下:

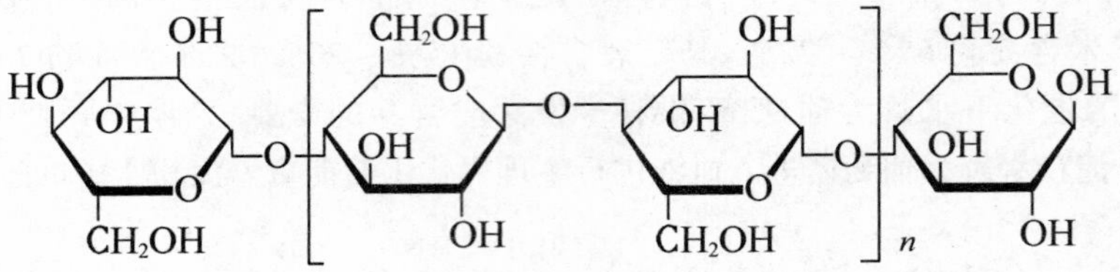

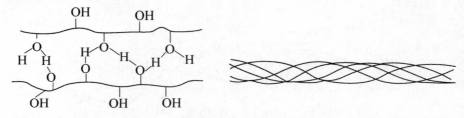

（哈沃斯式）

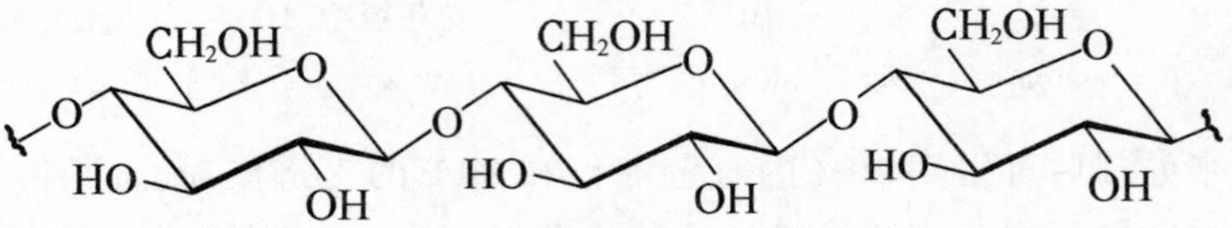

（构象式）

经 X 射线测定,纤维素分子的羟基相互作用形成氢键拧成象麻绳一样的结构。具有良好的机械强度和化学稳定性。

纤维素用途很广,可用于纺织和造纸,也可用于制成人造丝,人造棉、玻璃纸、无烟火药、电影胶片等。纤维素的衍生物,象 DEAE 纤维素可用于分离蛋白质和核酸等,羧甲基纤维素(CMC)可用于纺织、医药、造纸和化妆品、涂料等工业方面都有广泛的用途。

习　题

1.写出 D - (+) - 甘露糖与下列试剂反应的主要产物。

　(1)苯肼　　　　　(2)Br_2/H_2O　　　　(3)HNO_3

2.试用化学方法鉴别下列各组化合物。

　(1)葡萄糖和蔗糖　　(2)蔗糖和麦芽糖　　(3)淀粉和纤维素

3.D - 葡萄糖和 L - 葡萄糖的开链结构是否为对映体?

4.写出下列两种单糖的氧环式构象式,它们的哪一种构象比较稳定?

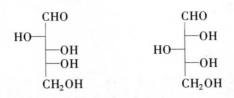

5. 为什么由葡萄糖组成的淀粉无还原性？人能消化淀粉,为什么不能消化纤维素？

6. 写出下列糖的哈沃斯式。

 (1) α – D – 吡喃葡萄糖

 (2) α – D – 呋喃果糖

7. D – 戊醛糖(A)氧化后生成具有旋光性的糖二酸(B),(A)通过碳链缩短反应得到丁醛糖(C)。(C)氧化后生成没有旋光性的糖二酸(D)。试推测(A)、(B)、(C)、(D)的结构。

第14章 氨基酸、蛋白质和核酸

蛋白质和核酸是生物体内极为重要的功能大分子化合物,它们都是生命的基础物质。从最简单的病毒、细菌等微生物直至高等动物,一切生命过程都与它们密切相关。它们不仅是细胞的重要组成成分,并且还具有多种生物学功能,例如,机体内起催化作用的酶、调节代谢的激素以及发生免疫反应的抗体等均为蛋白质,因此,没有蛋白质就没有生命。核酸与生物体的生长、繁衍、变异和转化等过程也有着十分密切的关系。

14.1 氨 基 酸

氨基酸(amino acid)是一类分子中即含有氨基又含有羧基的化合物。不同来源的蛋白质在酸、碱、酶的作用下可完全水解,得到的最终产物是各种不同 α - 氨基酸的混合物,因此 α - 氨基酸是组成蛋白质的基本单位。

14.1.1 氨基酸的结构、分类和命名

1.氨基酸的结构

自然界中已发现的氨基酸有几百种,但蛋白质水解后的常见氨基酸主要有 20 种(表14.1)。它们在化学结构上都具有共同特征,即氨基和羧基都连接在 α - 碳原子上,属 α - 氨基酸(脯氨酸为 α - 亚氨酸)。其结构式通常表示为

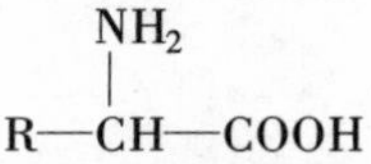

$$\overset{\displaystyle NH_2}{\underset{}{R-CH-COOH}}$$

式中 R 表示侧链基团,不同的 α - 氨基酸只是 R 基团的不同。

表 14.1 存在于蛋白质中的 20 种常见氨基酸

中文名称	英文名称	英文三字母	英文单字母	中文缩写	结构式(偶极离子)
甘氨酸	glycine	Gly	G	甘	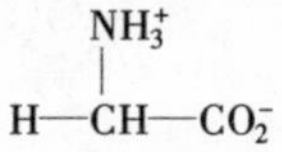 $\overset{\displaystyle NH_3^+}{\underset{}{H-CH-CO_2^-}}$
丙氨酸	alanine	Ala	A	丙	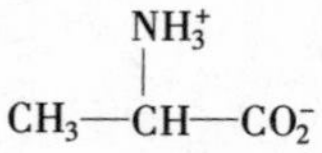 $\overset{\displaystyle NH_3^+}{\underset{}{CH_3-CH-CO_2^-}}$
亮氨酸*	leucine	Leu	L	亮	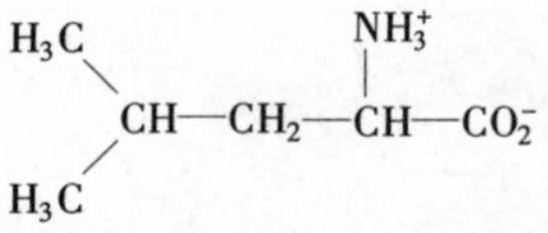 $\underset{H_3C}{\overset{H_3C}{>}}CH-CH_2-\overset{\displaystyle NH_3^+}{\underset{}{CH-CO_2^-}}$

中文名称	英文名称	英文三字母	英文单字母	中文缩写	结构式（偶极离子）
异亮氨酸*	isoleucine	Ile	I	异亮	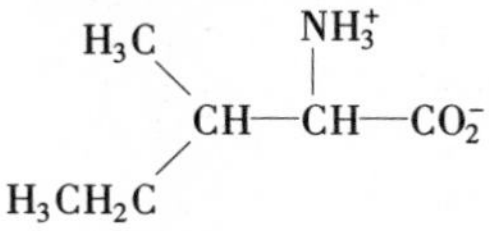 H_3C、H_3CH_2C 连 CH—CH—CO_2^-，CH 上接 NH_3^+
缬氨酸*	valine	Val	V	缬	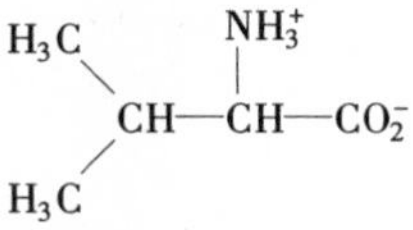 H_3C、H_3C 连 CH—CH—CO_2^-，接 NH_3^+
脯氨酸	proline	Pro	P	脯	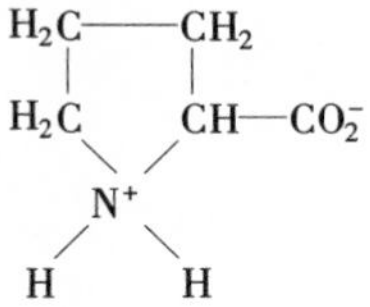 H_2C—CH_2 环 H_2C—CH—CO_2^-，N^+，H H
苯丙氨酸*	phenylalanine	Phe	F	苯丙	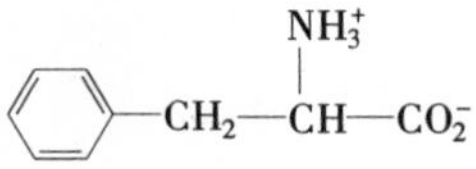 苯环—CH_2—CH—CO_2^-，接 NH_3^+
蛋氨酸*	methionine	Met	M	蛋	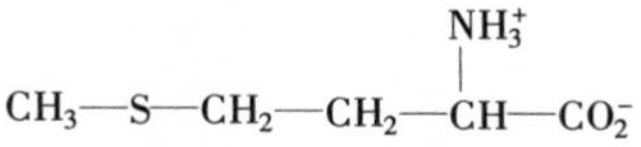 CH_3—S—CH_2—CH_2—CH—CO_2^-，接 NH_3^+
丝氨酸	serine	Ser	S	丝	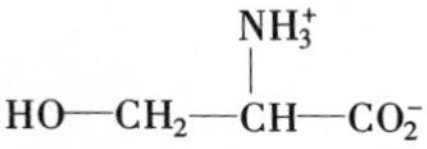 HO—CH_2—CH—CO_2^-，接 NH_3^+
谷氨酰胺	glutamine	Gln	Q	谷酰	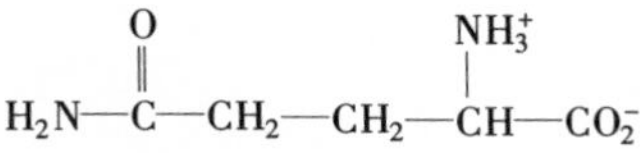 H_2N—$C(=O)$—CH_2—CH_2—CH—CO_2^-，接 NH_3^+
苏氨酸*	threonine	Thr	T	苏	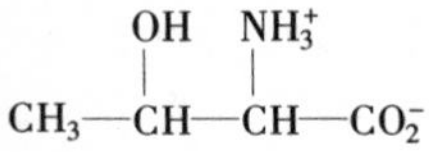 CH_3—CH—CH—CO_2^-，接 OH、NH_3^+
半胱氨酸	cysteine	Cys	C	半胱	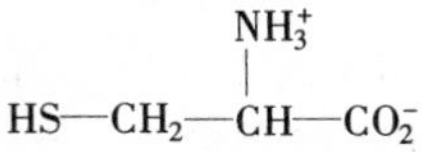 HS—CH_2—CH—CO_2^-，接 NH_3^+
天冬酰胺	asparagine	Asn	N	天酰	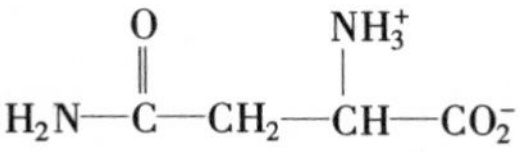 H_2N—$C(=O)$—CH_2—CH—CO_2^-，接 NH_3^+
酪氨酸	tyrosine	Tyr	Y	酪	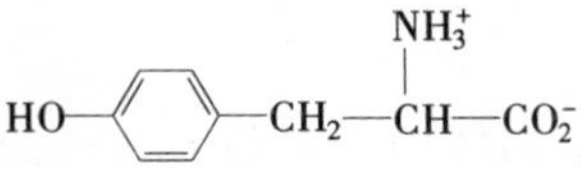 HO—苯环—CH_2—CH—CO_2^-，接 NH_3^+
色氨酸	tryptophan	Trp	W	色	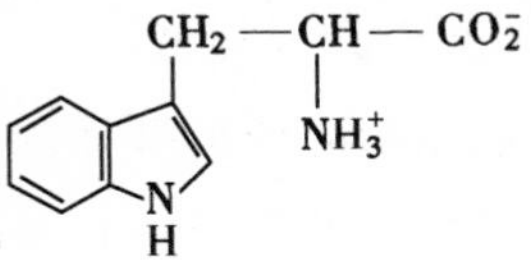 吲哚环—CH_2—CH—CO_2^-，接 NH_3^+

中文 名称	英文 名称	英文三 字母	英文单 字母	中文 缩写	结构式 （偶极离子）
天冬氨酸	aspartic acid	Asp	D	天	$\overset{\displaystyle O}{HO-C}-CH_2-\overset{\displaystyle NH_3^+}{CH}-CO_2^-$
谷氨酸	glutamic acid	Glu	E	谷	$\overset{\displaystyle O}{HO-C}-CH_2-CH_2-\overset{\displaystyle NH_3^+}{CH}-CO_2^-$
赖氨酸 *	lysine	Lys	K	赖	$H_3N^+-CH_2CH_2CH_2CH_2-\overset{\displaystyle NH_2}{CH}-CO_2^-$
精氨酸	arginine	Arg	R	精	$H_2N-\overset{\displaystyle +NH}{C}-NHCH_2CH_2CH_2-\overset{\displaystyle NH_2}{CH}-CO_2^-$
组氨酸	histidine	His	H	组	$CH_2-\overset{\displaystyle NH_3^+}{CH}-CO_2^-$

* 为必须氨基酸

X射线衍射分析证明固态氨基酸成离子状态。在生理 pH 值情况下,羧基都是以 —COO⁻ 的形式存在,大多数氨基也主要以 —NH₃⁺ 形式存在。因此,氨基酸是偶极离子,也是一种内盐。氨基酸其偶极离子结构通式如下:

$$\overset{\displaystyle \overset{+}{N}H_3}{R-CH-COO^-}$$

组成蛋白质的各种 α – 氨基酸中,除 R 基团为 H 的甘氨酸外,其他各种氨基酸分子中的 α – 碳原子均为手性碳原子,所以具有旋光性。

氨基酸的构型通常采用 D、L 标记法,有 D 型和 L 型两种异构体。以甘油醛为参考标准,在 Fischer 投影式中,凡氨基酸分子中 α – NH₃⁺ 的位置与 L – 甘油醛手性碳原子上 —OH的位置相同者为 L 型。

$$\begin{array}{c} CHO \\ HO-\!\!\!\!-H \\ CH_2OH \end{array} \qquad \begin{array}{c} COO^- \\ H_3\overset{+}{N}-\!\!\!\!-H \\ R \end{array}$$

L – 甘油醛　　　　　　L – 氨基酸

生物体内具有旋光活性的氨基酸均为 L 型。若用 R、S 标记法,除半胱氨酸为 R 构型外,其余皆为 S 构型。

2.氨基酸的分类和命名

根据氨基酸分子中 R 基团的结构和性质,氨基酸有不同的分类方法,如按 R 基团的结构可分为脂肪族氨基酸、芳香族氨基酸和杂环氨基酸。

也可以根据氨基酸分子中所含有的氨基和羧基的数目进行分类,分子中含有氨基和羧基的数目相等时,氨基酸近乎中性,称为中性氨基酸;氨基酸含有羧基的数目多于氨基的数目时,氨基酸呈现酸性,称为酸性氨基酸;氨基酸含有羧基数目少于氨基的数目时,氨基酸呈现碱性,称为碱性氨基酸。

有些氨基酸在人体内不能合成或合成数量不足,必须由食物蛋白质补充才能维持肌体正常生长发育,这类氨基酸成为营养必须氨基酸,主要有 8 种(表 14.1 中有 * 者)。

在自然界中还发现大量以游离或结合形式存在的氨基酸,它们中除大多为 α - 氨基酸的衍生物外,也有些是 β - 氨基酸、γ - 氨基酸或 δ - 氨基酸,还发现 D 型氨基酸。这些氨基酸并不参与构成蛋白质,但却以各种形式分布于植物、细菌和动物体内,称为非蛋白氨基酸。

氨基酸可采用系统命名法,但习惯上往往根据其来源或某些特性而采用俗名,如天冬氨酸源于天门冬植物,甘氨酸因其甜味而得名。常见的 20 种 α - 氨基酸的名称、结构及中英文缩写符号见表 14.1。

14.1.2 氨基酸的性质

基于氨基酸具有内盐的性质,其物理性质与一般有机化合物不同,如组成蛋白质的氨基酸一般为晶体。因偶极离子的极性较大,分子间静电引力吸引的结果导致氨基酸熔点较高,一般在 200℃ 以上,多数氨基酸受热易分解放出 CO_2,而不熔融。α - 氨基酸大多难溶于有机溶剂,而易溶于强酸、强碱等极性溶剂中,在水中的溶解度也各不相同。

1. 氨基酸的两性电离和等电点

(1)氨基酸的酸碱性

氨基酸是偶极离子,既能与较强酸起反应,也能与较强的碱起反应而生成稳定的盐,具有两性化合物特征。

$$R-\underset{\underset{NH_2}{|}}{CH}-COOH$$

$$R-\underset{\underset{NH_2}{|}}{CH}-COO^- \underset{OH^-}{\overset{H^+}{\rightleftharpoons}} R-\underset{\underset{NH_3^+}{|}}{CH}-COO^- \underset{OH^-}{\overset{H^+}{\rightleftharpoons}} R-\underset{\underset{NH_3^+}{|}}{CH}-COOH$$

阴离子(pH>pI)　　　　两性离子(pH=pI)　　　　阳离子(pH<pI)

(2)氨基酸的等电点

氨基酸在水溶液中所带电荷状态,除决定于本身的结构外,还取决于溶液的 pH 值。不同的 pH 值溶液中,氨基酸以阳离子、阴离子和偶极离子三种形式存在,它们之间形成一种动态平衡。下面以中性氨基酸为例进行讨论。

$$R-\underset{\underset{COOH}{|}}{\overset{\overset{NH_3^+}{|}}{C}}-H \underset{H^+}{\overset{OH^-}{\rightleftharpoons}} R-\underset{\underset{COO^-}{|}}{\overset{\overset{NH_3^+}{|}}{C}}-H \underset{H^+}{\overset{OH^-}{\rightleftharpoons}} R-\underset{\underset{COO^-}{|}}{\overset{\overset{NH_2}{|}}{C}}-H$$

　　　　(I)　　　　　　　　(II)　　　　　　　　(III)
　　　pH<pI　　　　　　pH=pI　　　　　　pH>pI

当适当调节溶液 pH 值,使某一氨基酸主要以偶极离子形式(Ⅱ)存在,此时其所带的正负电荷数相等,净电荷为零,呈电中性,在电场中也不泳动。氨基酸处于等电状态时溶液的 pH 值称为该氨基酸的等电点(isoelectric point),以 pI 表示。

当在溶液中加入适量酸时使 pH < pI,(Ⅱ)中一COO^-接受质子平衡左移,氨基酸主要以阳离子形式(Ⅰ)存在,在电场中向负极移动;当在溶液中加入适量的碱时,使 pH > pI,(Ⅱ)中的一NH_3^+给出质子,平衡向右移动,氨基酸主要以阴离子形式(Ⅲ)存在,在电场中向正极移动。

等电点并不是中性点,不同的氨基酸具有不同的等电点。中性氨基酸的等电点一般在 5.0 ~ 6.5 之间,酸性氨基酸的等电点在 3.0 左右,碱性氨基酸的等电点在 7.5 ~ 10.8 之间。等电点时,氨基酸的溶解度最小。

2.脱水成肽反应

两分子的氨基酸可由一分子的氨基与另一分子的羧基脱去一分子的水成为一个简单的二肽。如丙氨酸的羧基和甘氨酸的氨基脱水生成丙氨酰甘氨酸。

$$CH_3CHNH_2COOH + NH_2CH_2COOH \longrightarrow CH_3CHNH_2CONHCH_2COOH$$

肽的结构不仅取决于组成肽链的氨基酸种类和数目,也与肽链中的各氨基酸残基的排列顺序有关,由两种氨基酸组成二肽时,就有两种异构体,由三种氨基酸组成三肽时,就有六种异构体,四肽有 24 种异构体等。

二肽分子中的酰胺键称为肽键。二肽分子中仍有自由的氨基和羧基,因此可以继续和氨基酸脱水结合成三肽、四肽等等。十肽以下的称为寡肽(oligopeptide),大于十肽的称为多肽(polypeptide)。

3.与亚硝酸的反应

氨基酸分子中的氨基具有伯胺的性质,与亚硝酸反应时放出氮气。因此,利用该反应可以测定蛋白质分子中的游离氨基或氨基酸分子中氨基含量。

$$CH_3CHNH_2COOH + HNO_2 \longrightarrow CH_3CHOHCOOH + N_2 \uparrow + H_2O$$

4.氨基酸的脱羧反应

氨基酸与 $Ba(OH)_2$ 共热,脱去羧基变成胺。

$$R—\overset{\displaystyle |}{\underset{\displaystyle NH_2}{CH}}—COOH \xrightarrow[\triangle]{Ba(OH)_2} R—CH_2—NH_2 + CO_2 \uparrow$$

脱羧反应也可以在酶的催化作用下进行。如蛋白质腐败时,由精氨酸可以生成腐胺,由赖氨酸可以生成尸胺。

5.与茚三酮反应

α – 氨基酸与水合茚三酮在溶液中加热,被氧化分解成醛、氨和二氧化碳,茚三酮则被还原为仲醇,与所生成的氨结合生成蓝紫色的化合物。反应产生的蓝紫色的深浅与氨基酸的浓度有关,可用于氨基酸的定量分析。

14.2 蛋 白 质

蛋白质是氨基酸的多聚物,是由各种氨基酸通过肽键相连接而成。通常将相对分子质量在 1 万以上的多肽称为蛋白质。

蛋白质是生物体的基本组成物质,细胞内除水外,其余 80% 的物质是蛋白质,所有的酶、激素、病毒等也都是蛋白质。恩格斯早在 100 多年前就指出:"生命是蛋白体的存在形式,这种存在方式实质上就是这些蛋白体的化学成分的不断自我更新。"因此,研究蛋白质的结构和性质对于阐明生命现象具有极其重要的意义,成为 21 世纪生命科学最重要的课题之一。

14.2.1 蛋白质的组成和分类

蛋白质的种类繁多,人体内估计有 10 万种以上蛋白质。经分析从各种生物组织中提取的蛋白质,发现大多数蛋白质中含碳 50% ~ 55%、含氢 6.0% ~ 7.0%、含氧 19% ~ 24%、含氮 15% ~ 17%。一些蛋白质还含有少量的硫、磷。少量的蛋白质还含有微量的金属元素,如铁、铜、锌、锰等。

蛋白质的结构复杂,大多数的蛋白质的结构还未完全阐明,目前还无法找到一种可以从结构上分类的方法。常见的分类法中,一般是根据蛋白质的化学组成、形状、溶解度和功能等进行分类。

蛋白质可按化学组成不同分为单纯蛋白质和结合蛋白质。单纯蛋白质仅由 α – 氨基酸组成,如乳清蛋白、角蛋白等,见表 14.2。

表 14.2 单纯蛋白质的分类

单纯蛋白质	性　　质	实　　例
白蛋白	溶于水、稀酸、稀碱及中性盐中,能被饱和硫酸铵沉淀,加热会凝固	血清蛋白、乳清蛋白、卵清蛋白等
球蛋白	不溶于水,溶于稀酸、稀碱及中性盐中,能被饱和硫酸铵沉淀,加热会凝固	免疫球蛋白、血清蛋白等
谷蛋白	不溶于水、乙醇和中性盐中,溶于稀酸、稀碱中	米谷蛋白、麦谷蛋白等
醇溶谷蛋白	不溶于水、无水乙醇和稀盐溶液中,能溶于 70% ~ 80% 乙醇	玉米醇溶蛋白、麦醇溶蛋白等
精蛋白	易溶于水和稀酸中,呈强碱性,加热不凝固	鱼精蛋白
组蛋白	溶于水和稀酸中,不溶于稀氨水,加热不凝固	小牛胸腺组蛋白
硬蛋白	不溶于水、稀酸、稀碱、中性盐以及有机溶剂	角蛋白、胶原蛋白

结合蛋白质由单纯蛋白质和非蛋白质两部分组成,非蛋白质的部分又称为辅基(prosthetic group),根据辅基种类的不同,又将结合蛋白质分为脂蛋白、糖蛋白、色蛋白、核蛋白和金属蛋白等,见表 14.3。

表 14.3　结合蛋白质的分类

结合蛋白质	辅　基	实　　例
核蛋白	核酸	动植物细胞核和细胞浆内,如动植物细胞中的染色质蛋白、核蛋白
色蛋白	色素	动物血中的血红蛋白、植物叶子中的叶绿蛋白和细胞色素等
磷蛋白	磷酸	染色质中的磷蛋白、乳汁中的酪蛋白和卵黄中的卵黄蛋白
糖蛋白	糖类	唾液中的糖蛋白、免疫球蛋白
脂蛋白	脂类	血浆和各种生物膜的成分,如乳糜微粒、β - 脂蛋白
金属蛋白	金属离子	铁蛋白、铜蛋白、激素、胰岛素等

蛋白质也可按形状不同分为纤维状蛋白质和球状蛋白质两大类。纤维状蛋白质常是肌体组织的主要结构成分,球状蛋白质具有可溶性,在体内起着维护和调节生命过程中的各种功能,如各种激素和酶等。

14.2.2　蛋白质的结构

蛋白质的特殊功能和生理作用不仅取决于蛋白质分子中多肽链的氨基酸组成、数目和排列次序,还与其特定的空间构象有密切关系。常将蛋白质的结构分为一级、二级、三级和四级结构。一级结构又称为初级结构或基本结构,二级以上结构属于构象范畴,称为高级结构。由一条肽链形成的蛋白质有一、二和三级结构,有两条肽链形成的蛋白质才可能有四级结构。

1.蛋白质的一级结构

蛋白质分子的一级结构(primary structure)是指多肽链中氨基酸残基的排列次序。任何特定的蛋白质都有其特定的氨基酸组成和排列顺序。在一级结构中肽键(又称为蛋白质的主键)是其主要的连结方式,另外在两条多肽链之间或一条肽链之间的不同位置之间也存在其他类型的化学键(蛋白质的副键),如二硫键、氢键和酯键等。如牛胰岛素的一级结构,见图 14.1。

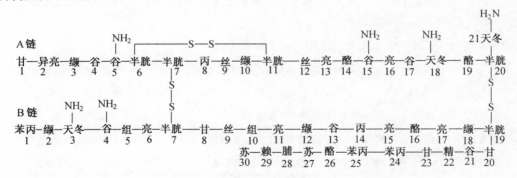

图 14.1　牛胰岛素的一级结构

牛胰岛素由 A 和 B 两条肽链共 51 个氨基酸组成。A 链含有 11 种共 21 个氨基酸残基,B 链含有 16 种共 30 个氨基酸残基,A 和 B 两条肽链通过二硫键互相连接成胰岛素分子,其相对分子质量为 6 000。(溶液中受金属离子作用后,能迅速生成二聚体,被认为是最小的蛋白质。)

不同种属的胰岛素在氨基酸组成和顺序中稍有差异,如在牛胰岛素和人胰岛素中有 3 个氨基酸残基不同,而人胰岛素和猪胰岛素中仅有 1 个氨基酸残基不同。

2. 蛋白质的二级结构

蛋白质的二级结构(secondary structure)是指多肽链骨架在空间的伸展方式,即主链骨架在空间的不同构象。包括 α – 螺旋、β – 折叠、β – 转角和无规则卷曲等几种类型。维系主链构象稳定的最主要因素是主链的氨基酸残基的亚氨基和氨基酸残基的羧基之间形成的氢键。

(1)α – 螺旋(α – helix)

在 α – 螺旋结构中,多肽链中的各肽键平面通过 α – 碳原子的旋转,围绕中心轴形成一种紧密螺旋上升的盘曲构象。大多数蛋白质分子是右手螺旋的。在 α – 螺旋结构中,肽链每隔 3.6 个氨基酸残基上升一圈,每圈轴向升高 0.54 nm,每个氨基酸残基轴向升高 0.15 nm。

螺旋之间靠氢键维系,氢键是由第一个氨基酸残基的亚氨基和第四个氨基酸残基的羧基之间形成的。方向与螺旋轴大致平行,每个肽键中的亚氨基和羧基都参与形成链内氢键,保持了 α – 螺旋的最大稳定性。见图 14.2。

在 α – 螺旋结构中伸向外侧的 R 基团的形状、大小以及电荷状态对 α – 螺旋的形成和稳定也有影响。如在酸性或碱性氨基酸集中的区域,由于同性相斥,不利于 α – 螺旋的形成。有脯氨酸参与形成的肽链,由于吡咯环的 N 原子上没有氢原子,使它不能形成链内氢键,中断了 α – 螺旋,使多肽链发生转折。

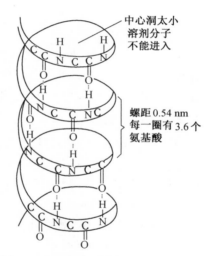

图 14.2 蛋白质分子的 α – 螺旋结构

2. β – 折叠层(β – pleated sheet)

β – 折叠层是蛋白质分子肽链几乎完全伸展的结构。结构中有两条以上或一条肽链内的若干肽段平行排列,相邻肽段之间以氢键维系,为了能在相邻的多肽链之间形成最多的氢键,避免相邻侧链 R 基团的空间障碍,各条多肽链必须同时做一定程度的折叠,从而形成一个如扇面状的折叠片层,称为 β – 折叠层。

在 β – 折叠层结构中,多肽链中各肽键平面通过 α 碳原子相互折叠成 110°角,呈锯齿状结构,R 基团交错位于折叠片层的上下方向。相邻肽段间靠肽键中的亚氨基和羧基之间形成的氢键维系。β – 折叠层有两种类型:一种是平行结构型,即两条肽链从 N 端到 C 端走向为同一方向;另一种是反平行结构型,即一条肽链从 N 端到 C 端,而另一条肽链从

C 端到 N 端。见图 14.3。

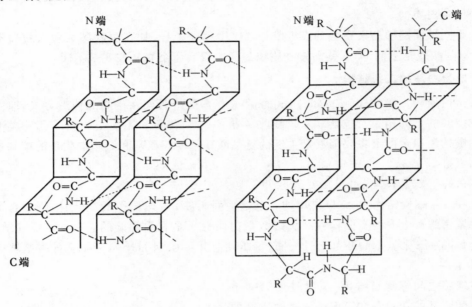

图 14.3　蛋白质分子的 β – 折叠结构

此外,在蛋白质分子的肽链上还常常会出现 180°的回折,肽链的这种回折称为 β – 转角。在有些肽链的某些片段上,还会出现一些不规则的排列,称为无规则卷曲。

3.蛋白质的三级结构

三级结构(tertiary structure)是蛋白质分子在二级结构基础上进一步折叠盘曲形成的更复杂的三维结构。三级结构的形成和稳定主要靠侧链 R 基团的相互作用。R 基团的相互作用力(称为蛋白质的副键)包括以下几种:

(1)氢键(hydrogen bond)

蛋白质侧链的 R 基团相互间也可以形成氢键。如丝氨酸中的醇羟基与天冬氨酸和谷氨酸中的羧基形成的氢键。

(2)盐键(salt bond)

许多氨基酸侧链为极性基团,能电离为阳离子或阴离子,如赖氨酸或谷氨酸等。阴阳离子间依靠静电引力形成盐键。

(3)二硫键(disulfide bond)

二硫键是蛋白质分子中由两个半胱氨酸残基的巯基经氧化形成。它可以将不同的肽链或同一条肽链间连接起来,对稳定蛋白质的结构具有重要作用。

(4)疏水作用力(hydrophobic force)

疏水作用力存在于氨基酸残基上的非极性基团之间。这些非极性基团具有疏水性,它们趋向于分子的内部,彼此聚集在一起,可将水分子从蛋白质的内部挤出去。疏水作用力也是维持蛋白质空间结构最主要的稳定因素。

以上几种蛋白质的副键见图 14.4。

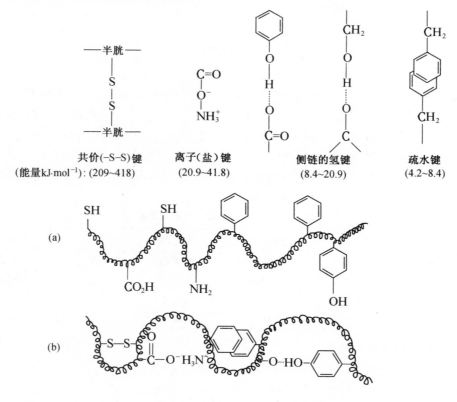

共价(-S-S)键   离子(盐)键   侧链的氢键   疏水键
(能量kJ·mol^{-1})：(209~418)   (20.9~41.8)   (8.4~20.9)   (4.2~8.4)

图 14.4   与蛋白质三级结构有关的相互作用力

4.蛋白质的四级结构

蛋白质分子的四级结构是指由两条或两条以上具有三级结构的多肽链按一定方式通过盐键、疏水作用力等副键结合的聚合体。具有三级结构的多肽链称为亚基。如血红蛋白是由两条 α – 链和两条 β – 链缔合而成的，α – 链含有 141 个氨基酸残基，β – 链含有 146 个氨基酸残基，每一条链均与一个血红素结合，盘曲折叠为三级结构，四个亚基通过侧链间的次级键两两交叉紧密相嵌形成一个具有四级结构的球状血红蛋白分子。

14.2.3   蛋白质的理化性质

蛋白质分子的性质由蛋白质的组成和结构特征决定。虽然各种蛋白质分子基本上是由 20 种左右的氨基酸组成，但是分子中 α – 氨基酸的种类、排列次序、数目、折叠方式、亚基的多少以及空间结构的不同，会造成蛋白质分子理化性质的差异。蛋白质既具有某些与氨基酸相似的性质，又具有一些高分子化合物的性质。

1.两性电离和等电点

蛋白质分子末端和侧链 R 基团中仍存在着未结合的氨基和羧基，另外还有胍基、咪唑基等极性基团。因此，蛋白质和氨基酸一样，也具有两性电离和等电点的性质，在不同的 pH 值条件下，可解离为阳离子和阴离子。蛋白质分子存在下列解离平衡：

$$pH > pI \qquad\qquad pH = pI \qquad\qquad pH < pI$$

蛋白质的带电状态与溶液的 pH 值有关。当蛋白质所带的正、负电荷数相等时，净电荷为零，此时溶液的 pH 值为蛋白质的等电点(pI)。当溶液的 pH 值大于 pI 时，蛋白质带负电荷；当溶液的 pH 值小于 pI 时，蛋白质带正电荷；当溶液的 pH = pI 时，因蛋白质不带电，不存在电荷的相互排斥作用，蛋白质易沉淀析出。此时蛋白质的溶解度、渗透压和膨胀性等最小。蛋白质的两性电离和等电点的特性对蛋白质的分离和纯化具有重要的意义。一些常见蛋白质的等电点见表 14.4。

表 14.4　一些常见蛋白质的等电点

蛋白质	来　源	等电点	蛋白质	来　源	等电点
血清白蛋白	人	4.64	酪蛋白	牛	4.6
胃蛋白酶	猪	2.75 ~ 3.00	丝蛋白	蚕	2.0 ~ 2.4
卵清蛋白	鸡	4.55 ~ 4.9	胰岛素	牛	5.30 ~ 5.35
肌球蛋白	肌肉	7.0	白明胶	动物皮	4.7 ~ 5.0

2.蛋白质的胶体特性

蛋白质分子是高分子化合物。相对分子质量很大，其分子颗粒具有的直径一般在 1 ~ 100 nm，属于胶体分散系，所以具有胶体溶液的特性，如布朗运动、丁达尔效应、电泳、不能透过半透膜等特点。

蛋白质溶液是一种比较稳定的亲水胶体溶液。其主要原因是：蛋白质分子表面有许多极性基团，在非等电点时带有相同的电荷，蛋白质分子颗粒不易接近，且不沉淀；蛋白质分子表面的极性基团还可吸引水分子在它表面定向排列形成一层水化膜，使蛋白质颗粒均匀地分散在水中，形成稳定的胶体溶液。

3.蛋白质的沉淀

保持蛋白质溶液稳定的主要因素是蛋白质分子表面的水化膜和所带的电荷。若用物理或化学方法破坏蛋白质的上述稳定因素，则蛋白质分子将发生凝聚而沉淀。如调节溶液的 pH 值使其至等电点，此时蛋白质分子呈等电状态，再加入脱水剂，使蛋白质分子失去水化膜，蛋白质分子便会从溶液中沉淀析出。使蛋白质沉淀的方法主要有。

(1)盐析(salting out)

向蛋白质溶液中加入一定浓度的中性盐[如(NH_4)SO_4、Na_2SO_4、$NaCl$ 等]，使蛋白质发生沉淀的作用称为盐析。

盐析作用的实质是电解质离子的水化能力比蛋白质强，破坏蛋白质分子表面的水化膜，同时电解质离子中和蛋白质所带的电荷，蛋白质的稳定因素被消除，使蛋白质分子相互碰撞而聚集沉淀。

蛋白质盐析所需盐的最小量称盐析浓度。各种蛋白质的水化程度及所带电荷不同，发生沉淀时所需的盐析浓度也不同。因此,利用此特性可采用不同浓度的盐溶液使蛋白质分段析出,这一操作方法称为分段盐析。

用盐析沉淀得到的蛋白质,其分子内部结构未发生变化,可保持原有的生物活性,只需要经过透析法或凝胶层析法去除盐后,便可获得较纯的蛋白质。

(2)加脱水剂

当向蛋白质溶液中加入甲醇、乙醇或丙酮等极性有机溶剂时,由于这些有机溶剂与水的亲和力较大,能破坏蛋白质分子的水化膜以及降低溶液的介电常数,从而增加蛋白质分子相互间的作用,使蛋白质凝聚而沉淀。用有机溶剂沉淀蛋白质,如果操作不当,往往导致蛋白质丧失生物活性。因此,常用低浓度的有机溶剂并在低温下操作,使蛋白质沉淀析出。

此外,用重金属盐类(如氯化汞、硝酸银等)和酸类(如三氯乙酸、苦味酸等)也能使蛋白质沉淀,但往往引起蛋白质变性,因而不宜用来沉淀具有活性的蛋白质。

(3)蛋白质的变性

天然蛋白质因受物理或化学因素的影响,可改变或破坏蛋白质分子的空间结构,致使蛋白质生物活性和理化性质发生改变,该现象称为蛋白质的变性。物理因素包括加热、紫外线照射、X 射线、超声波、剧烈搅拌等;化学因素包括强酸、强碱、尿素、重金属盐和有机溶剂等。

蛋白质的变性主要是由于蛋白质分子的次级键和空间结构遭到破坏。蛋白质分子从原来有规则的空间结构变为松散紊乱的结构,形状发生改变,原来藏在分子内部的疏水基团大量外露,分子表面的亲水基团减少,使蛋白质水化作用减弱。蛋白质变性后会出现各种现象,如酶失去催化能力;抗体失去免疫作用;激素失去调节作用、溶解度降低等。

蛋白质的变性作用在实际生活中的应用很多。如用紫外线或酒精进行消毒,使细菌或病毒的蛋白质失去致病能力;用放射性同位素杀死癌细胞等。相反,在制备具有生物活性的蛋白质时,就必须要避免引起蛋白质变性的因素。

(4)蛋白质的颜色反应

蛋白质分子中的氨基酸带有某些特殊的侧链基团,可和某种试剂产生特殊的颜色反应。利用这些反应可以鉴别蛋白质,如表 14.5 所示。

表 14.5　蛋白质的颜色反应

反应名称	试　　剂	颜　　色	起反应的基团
茚三酮反应	稀茚三酮溶液	蓝紫色	氨基
缩二脲反应	强碱,稀硫酸铜溶液	紫红色	肽键
蛋白黄反应	浓硝酸,加氨水	黄色或橙红色	苯环
米伦反应	硝酸汞,硝酸亚汞和硝酸混合液	红色	酚羟基

14.3　核　　酸

核酸分布在所有的生物体中,它是组成细胞的重要成分,并因首先发现于细胞核且具有酸性而得名。现在已经证实,生物体的新陈代谢作用与核酸有密切的关系,核酸参加生物体内蛋白质的合成。生物体的遗传特征主要是由核酸决定,核酸是生物体遗传信息的主要携带者,一个核酸分子通过复制作用,可以生成一个和原来的分子在结构上完全相同的新分子,这样把遗传的信息一代一代地传下去。核酸的作用与核酸的化学结构密切有关,本节主要介绍核酸的化学组成和分子结构,为核酸的深入学习打下良好的基础。

14.3.1 核酸的化学组成和分类

核酸分子中所含有的主要元素有 C、H、O、N、P 等,其中磷的质量分数为 9% ~ 10%。

和蛋白质一样,核酸也是链状高聚物,但是核酸的基本组成单位是核苷酸。核苷酸由核苷和磷酸组成,核苷又由有机碱和戊糖组成。

核酸水解时,水解的程度不同,得到的产物不同,可简单表示为

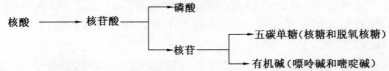

由核酸或核苷酸水解所得的杂环碱分为两大类:含嘌呤环系碱和含嘧啶环系碱。它们的结构和名称为(常用 1,2,…等将环上的原子编号)

嘌呤环系碱

嘌呤
purine

腺嘌呤(A)
adenine

鸟嘌呤(G)
guanine

嘧啶环系碱

嘧啶
pyrimidine

胞嘧啶(C)
cytosine

尿嘧啶(U)
uracil

胸腺嘧啶(T)
thymine

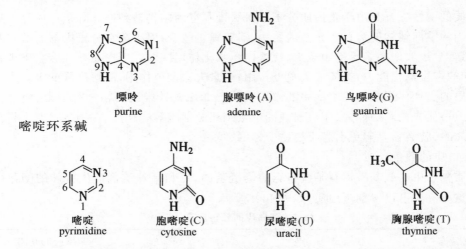

核酸中五碳单糖只有两种:核糖和脱氧核糖,它们都是 D-构型。并以呋喃环状结构存在于核酸中(常以 1′2′3′4′5′表示糖分子中碳原子的位次),即

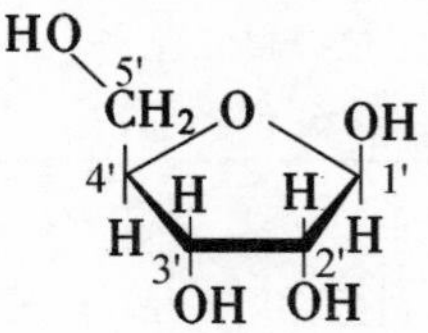

β-D-呋喃核糖
β-D-ribofuranose

β-D-呋喃脱氧核糖
β-D-deoxyribofuranose

根据所含戊糖的种类核酸分成两大类:核糖核酸,简称 RNA(ribonucleic acid);脱氧核

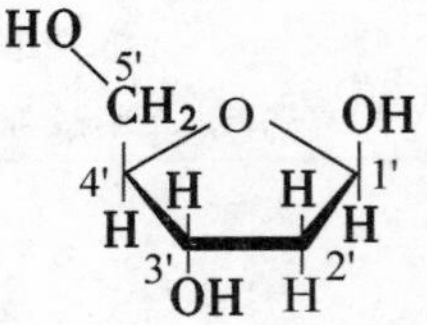

糖核酸,简称 DNA（deoxyribonucleic acid）。DNA 主要存在于细胞核和线粒体内,它是生物遗传的主要物质基础,承担体内遗传信息的储存和发布。RNA 约 90％在细胞质中,直接参与体内的蛋白质合成。

脱氧核糖核酸中含的碱为腺嘌呤、鸟嘌呤、胞嘧啶和胸腺嘧啶,与核糖核酸的区别只是尿嘧啶换成了胸腺嘧啶。脱氧核糖核酸中可能还含有 5－甲基胞嘧啶和 5－羟甲基胞嘧啶两个次要成分。

RNA 又可以根据在蛋白质合成中起的作用不同分为三类:

①核蛋白体 RNA（ribosomal RNA ，r RNA）又称核糖体 RNA,细胞内 RNA 的绝大部分都是核蛋白体组织。它是合成蛋白质时多肽链的"装配机"。参与蛋白质合成的各种成分最终必须在核蛋白体上将氨基酸按特定顺序合成多肽链。

②信使 RNA（messenger RNA，m RNA）是合成蛋白质的模板,在合成蛋白质时,控制氨基酸的排列顺序。

③转运 RNA（transfer RNA，t RNA）是搬运氨基酸的工具,氨基酸由各自特异的 t RNA "搬运"到核蛋白体,才能进行多肽链的合成。

1.核苷和单核苷酸

（1）核苷

由核苷酸温和水解得来的核苷是由一个有机碱与一个糖的苷羟基缩合脱水所成的化合物。它们与通常的糖苷不同,它们是由苷羟基与氨基或亚氨基间脱水缩合而成的氮苷。

在核苷中,杂环碱以其 9 位（嘌呤环系碱）或 1 位（嘧啶环系碱）接在核糖（或脱氧核糖）的 1′位上。在 DNA 中常见的四种脱氧核苷的结构及名称为

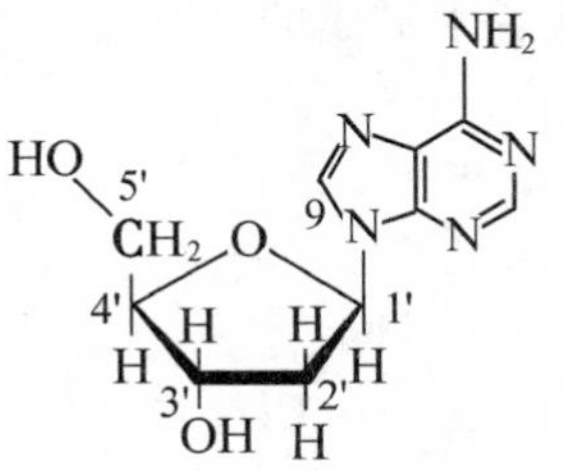

腺嘌呤脱氧核苷（脱氧腺苷）

deoxyadenoside

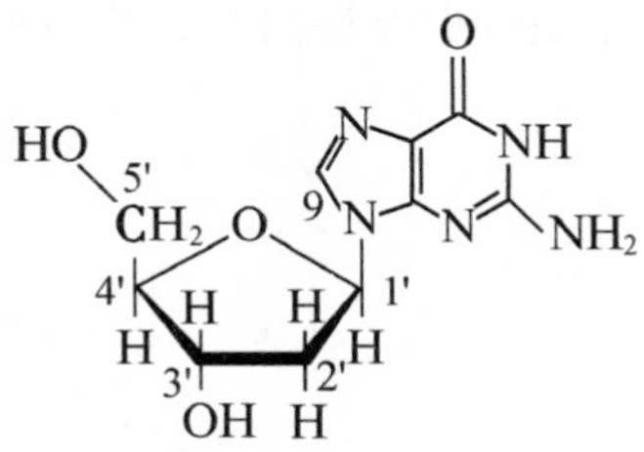

鸟嘌呤脱氧核苷（脱氧鸟苷）

deoxyguanoside

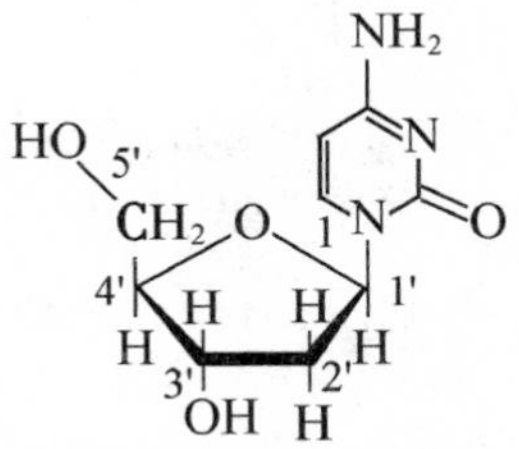

胞嘧啶脱氧核苷（脱氧胞苷）

deoxycytidine

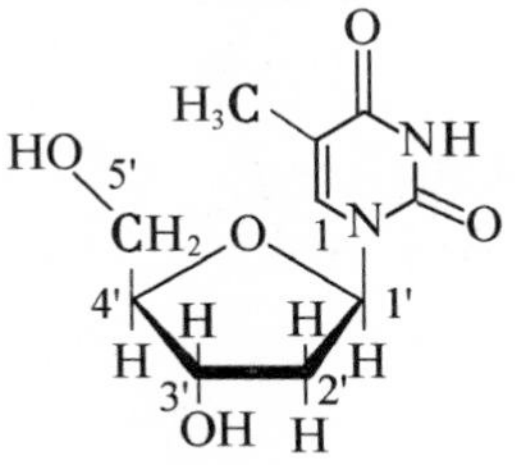

胸腺嘧啶脱氧核苷（脱氧胸苷）

thymidine

RNA 中常见的四种核苷的结构及名称为

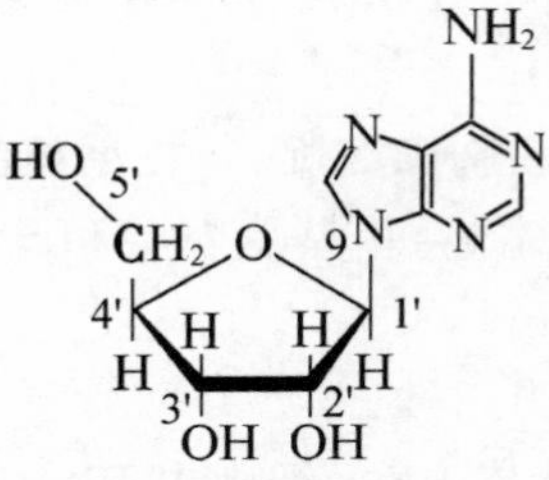

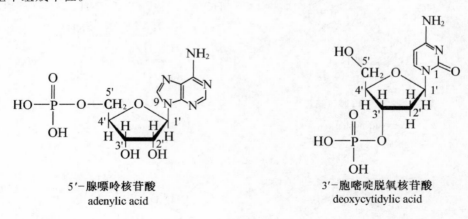

腺嘌呤核苷（腺苷）
adenosine

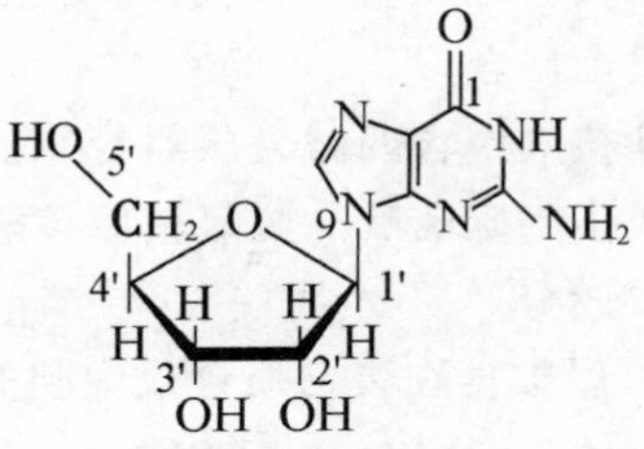

鸟嘌呤核苷（鸟苷）
guanosine

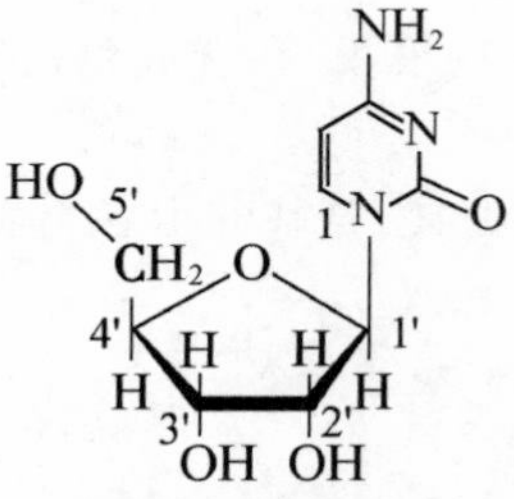

胞嘧啶核苷（胞苷）
cytidine

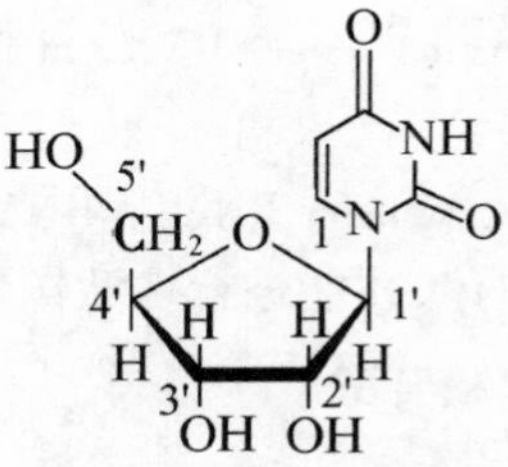

尿嘧啶核苷（尿苷）
uridine

核苷有多种，它们以所含的有机碱及糖的名称命名，词尾用"苷"字表示，如腺嘌呤核苷、胞嘧啶脱氧核苷等。

（2）单核苷酸

单核苷酸是核苷中戊糖的 3' 和 5' 位的羟基与磷酸脱水形成的核苷磷酸酯，它是核酸的基本组成单位。

5'-腺嘌呤核苷酸
adenylic acid

3'-胞嘧啶脱氧核苷酸
deoxycytidylic acid

2.核酸的结构

（1）核酸的一级结构

和 α - 氨基酸是蛋白质的单体一样，核苷酸则是核酸的单体。蛋白质是通过酰胺键把各个氨基酸连接起来,而核酸则是通过磷酸根以双酯的形式把各个核酸中的糖基连接起来。其结构如图 14.6 所示。

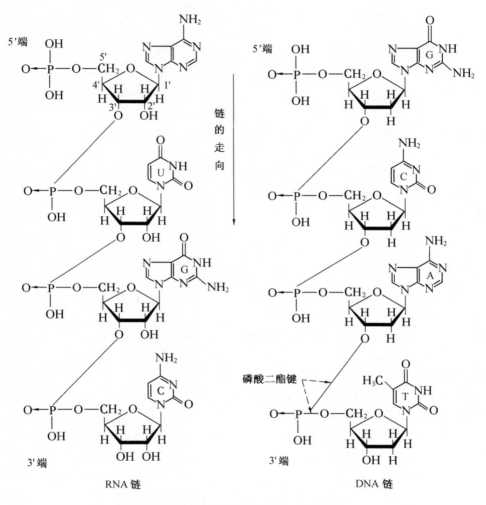

图 14.6　RNA 和 DNA 的一级结构

由图 14.6 可以看出,磷酸根是以双酯的形式,把一个脱氧核糖在 3′位及另一个脱氧核糖在 5′位连接起来,形成一个聚核苷酸链。在此链上按一定的顺序连有杂环碱。

这些碱的性质和在聚核苷酸链上的排列顺序,决定了每一个核酸的特征及其生理作用。核酸分子中各种核苷酸的排列顺序为核酸的一级结构,又称为核苷酸的序列。由于核苷酸间的差别主要是碱基不同,又称为碱基序列。

(2)DNA 的双螺旋结构

与蛋白质一样,核酸也具有特殊的空间结构。X 射线证明,脱氧核糖核酸是两条反向平行的聚脱氧核苷酸链,沿着同一轴向右旋的双螺旋体。如图 14.7 所示。两条链通过它们碱基间的氢键结合成队,配对碱基始终是腺嘌呤(A)与胸腺嘧啶(T)配对,形成两个氢键,鸟嘌呤(G)与胞嘧啶(C)配对,形成三个氢键。这些碱基间的互相匹配的规律称为碱基互补规律(base complementry)或碱基配对规律。

由碱基互补规律可知，当 DNA 分子中的一条多核苷酸的碱基序列确定后，即可推知另一条互补的多核苷酸的碱基序列。这就决定了 DNA 在控制遗传信息中从母代传到子代的高度保真性。

双螺旋体的螺距(一个全回转)为 3.4 nm，其中含有十对连续的核苷酸单位。双螺旋体外面的宽度约为 2.0 nm。碱基间的疏水作用可导致碱基的堆积，这种堆积力维系着双螺旋的纵向稳定，而维系双螺旋横向稳定的因素是碱基对间的氢键。

(3)RNA 的二级结构简介

对 RNA 的研究表明，RNA 分子要比 DNA 分子小得多，大多数天然 RNA 分子是由几十个至几千个单核苷酸经 3′–5′磷酸二酯键连接而成的一条单链。但是单链的许多区域可发生自身回折，在回折区内，可以配对的碱基，以 A–U 、G–C 配对，分别形成两个或三个氢键，配对的多核苷酸链在此区域形成双螺旋结构，并符合碱基配对规律。与 DNA 不同的是，在 RNA 中与腺嘌呤(A)配对的是尿嘧啶(U)。在碱基不能配对的区域则是形成突环(loop)。见图 14.8 和图 14.9。

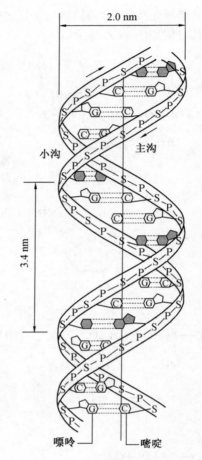

图 14.7　DNA 的双螺旋结构

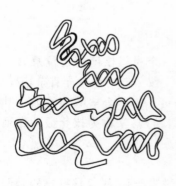

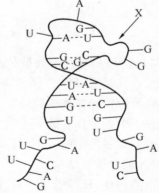

图 14.8　RNA 的二级结构表示在一条 RNA 链中有几个螺旋区域　　图 14.9　RNA 的二级结构 X 表示螺旋的突环部分

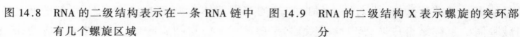

习　题

1. 写出下列氨基酸的结构式。

　　丝氨酸　　半胱氨酸　　赖氨酸　　谷氨酸　　脯氨酸　　组氨酸

2. 写出丙氨酸与下列试剂反应的产物。

　　(1)NaOH　　(2)HCl　　(3)(CH$_3$COO)$_2$O　　(4)CH$_3$OH/H$^+$　　(5)NaNO$_2$ + HCl

3. 由谷氨酸、亮氨酸、赖氨酸和甘氨酸组成的混合液,调溶液的 pH 值至 6.0 时电泳,哪些氨基酸向正极移动? 哪些向负极移动? 哪些氨基酸停留在原处?

4. 人工合成的甜味素是二肽 Asp – Phe,它可能存在几种立体异构体? 若以天然氨基酸为原料,请写出异构体的结构。

5. 蛋白质的二级结构主要包含哪些内容? 稳定蛋白质溶液的因素主要有哪些?

6. 下列各组蛋白质混合物在什么 pH 值时进行电泳,其分离效果最佳?

　　(1)血清白蛋白(pI = 4.9)和血红蛋白(pI = 6.8)

　　(2)红蛋白(pI = 7.0)、卵清蛋白(pI = 4.6)和血清白蛋白(pI = 4.9)

7. 写出将 DNA 和 RNA 彻底水解后,得到最终产物的结构和名称。再将它们一一组合成核酸分子(指出化学键类型和连接方式)。

8. 写出下列化合物的结构式。

　　胞嘧啶脱氧核苷　　　鸟嘌呤核苷　　　6 – 巯基鸟嘌呤　　　5 – 氟尿嘧啶

9. 测得某段 DNA 的碱基顺序为 – TACTGGTA – ,请写出该段互补 DNA 链的碱基顺序。

第15章 有机波谱分析

20世纪30年代以前,测定有机化合物的结构主要通过化学方法,即通过对有机化合物的化学性质和合成的认识来获得结构信息。这种方法耗时、费力,对一个复杂的化学物质,需要经过许多物理及化学转化,才能完成其结构测定。有时,只能搞清楚其构造式,对其空间结构却不得而知。近几十年来,运用现代物理学、电子学、计算机技术,以微量样品、极少的时间,就能准确、快速地测定其化学结构,包括分子的空间构型。对有机化合物来说,可测定其官能团、顺反异构体及精细结构。目前,常用的物理技术仪器有:红外光谱(Infrared Spectroscopy,简写为 IR)、紫外光谱(Ultraviolet Spectrum,简写为 UV)、核磁共振波谱(Nuclear Magnetic Resonance,简写为 NMR)、质谱(Mass Spectrum,简写为 MS),还有 X - 射线单晶衍射、顺磁共振波谱等,通称为波谱分析技术。本章初步介绍紫外光谱、红外光谱、核磁共振氢谱、质谱的基本原理及其在有机化合物结构分析中的应用。

15.1 电磁波谱的概念

电磁波的波长范围很广,可以从极短的宇宙射线一直到较长的无线电波。电磁波的波长与频率的关系为

$$\nu = \frac{c}{\lambda} \tag{15.1}$$

式中,ν 代表频率(Hz);c 代表光速,其值为 2.998×10^{10} cm/s;λ 代表波长(cm)。

电磁波具有能量,分子吸收电磁波从低能级跃迁到高能级,其吸收能与频率之间的关系为

$$\Delta E = h\nu \tag{15.2}$$

式中,ΔE 为吸收能量,即光子的能量(J);h 是 Planck 常数(6.624×10^{-34} J·S),ν 为光的频率(Hz)。

分子内的各种跃迁都是不连续的,即量子化的,只有当光子的能量与两个能级之间的能量相等时,这个光子的能量才能被吸收产生分子内跃迁。分子吸收电磁波所形成的光谱叫吸收光谱。由于分子结构不同,各能级之间的能量差不同,因而形成不同的特征吸收光谱,故可以鉴别和测定有机化合物的结构。

通常将光谱方法又分为:X 射线、真空紫外、紫外 - 可见、近红外、红外及 Raman、远红外、电子自旋、核磁共振等一系列的波谱分析法。

15.2 红外光谱

15.2.1 红外吸收光谱产生原理

波长（λ）在 $0.7 \sim 1\ 000\ \mu m$ 之间的电磁波叫红外线或红外光。用具有连续波长的红外光照射样品，引起分子中振动和转动能级的跃迁，由此产生的吸收曲线，即为红外吸收光谱。而绝大部分化合物的基团振动的波长范围为 $2.5 \sim 25\ \mu m$ 的中红外区。红外光谱图以波长 λ 或波数 $\bar{\nu}$（波长的倒数）为横坐标，表示吸收峰的位置，以透射率或吸光度（$T\%$ 或 A）为纵坐标，表示透过程度或吸收强度。

15.2.2 分子的振动形式和红外光谱

分子的振动分为两大类：一类是伸缩振动，即键长改变，键角不变的振动；伸缩振动又分为对称伸缩振动（ν_s）和不对称伸缩振动（ν_{as}）两种。另一类是弯曲振动，即键角改变，键长不变的振动；弯曲振动又分为面内弯曲振动和面外弯曲振动。前者又分为剪式振动和平面摇摆，后者又分为扭曲振动和非平面摇摆。

分子的振动形式很多，但不是所有的振动都能产生红外吸收，只有偶极矩发生变化的振动，才能在红外光谱中出现吸收峰。如对称炔烃 $RC\equiv CR$ 中，$C\equiv C$ 键的对称伸缩振动无偶极矩变化，不产生红外吸收。偶极矩变化大的振动，如醛、酮分子中 $\diagdown C=O$ 的伸缩振动变动较大，其伸缩振动在 $1\ 725\ cm^{-1}$ 附近出现很强的吸收峰。

两个原子之间的伸缩振动可以看做是一种简谐振动，其振动频率可根据 Hoocke 定律近似估算。

振动频率

$$\nu = \frac{1}{2\pi}\sqrt{\frac{k}{\mu}} \tag{15.3}$$

$$\mu = \frac{m_1 m_2}{m_1 + m_2} \tag{15.4}$$

波数

$$\bar{\nu} = \frac{1}{\lambda} = \frac{\nu}{c} = \frac{1}{2\pi c}\sqrt{\frac{k}{\mu}} \tag{15.5}$$

式中，m_1、m_2 为两原子的质量；μ 为折合质量；k 为常数。

从式（15.5）可见，振动波数 $\bar{\nu}$ 与 $k^{1/2}$ 成正比，与 $\mu^{1/2}$ 成反比。k 越大，μ 越小，$\bar{\nu}$ 越高，即振动频率越高。k 的大小与键能、键长有关，键长越短，键能越大，k 就越大。例 —$C\equiv C$— 与 —$C=C$— 振动频率分别在 $2\ 200\ cm^{-1}$、$1\ 650\ cm^{-1}$ 左右。又例 N—H、O—H、S—H 等键的键能较大，k 大，H 的原子质量小，使 μ 较小，$\bar{\nu}$ 在较大处吸收，出现在高频区 $3\ 200 \sim 3\ 650\ cm^{-1}$。

【例 15.1】 估算 $\bar{\nu}c = 0$ 的数值。已知力常数 $k = 12\ N\cdot cm^{-1}$。

解 由式（15.5）

$$\bar{\nu} = \frac{1}{2\pi c}\sqrt{\frac{k}{\mu}}$$

式中，k 的单位 N·cm^{-1}，m 为原子质量，c 的单位为 cm·s^{-1}，则

$$\bar{\nu} = 1\,303\sqrt{\frac{k}{\mu}} = 1\,303\sqrt{\frac{12}{\dfrac{12 \times 16}{12 + 16}}} = 1\,723.7\ \text{cm}^{-1}$$

用式(15.5)计算羰基振动频率为 1 723.3 cm^{-1}，这与红外光谱检测的羰基振动频率 1 850～1 650 cm^{-1}基本一致。当然这种按经典力学模型，把基团孤立起来的算法十分粗略，过于简化。实际上分子振动遵从量子力学规律，分子中各原子之间存在着复杂的相互作用，对基团频率有着不同程度的影响。

15.2.3　各类有机化合物红外特征吸收

1.饱和烃

饱和烃的红外光谱主要是由 C—H 和碳骨架振动产生。在 2 962～2 853 cm^{-1}处有 CH$_3$—、—CH$_2$—的不对称伸缩振动和对称伸缩振动峰，1 470 cm^{-1}左右有甲基、亚甲基的不对称变形振动吸收峰，1 380 cm^{-1}有甲基的对称变形振动吸收峰，725 cm^{-1}为亚甲基的面内摇摆振动吸收峰。

2.烯烃

烯烃结构中会有双键，有双键的特征频率是 C═C 双键伸缩振动和双键相连═C—H 的伸缩振动和弯曲振动所产生的，═C—H 吸收峰在 3 000～3 095 cm^{-1}和 1 345～1 415 cm^{-1}有吸收峰，═C—H 在 790～995 cm^{-1}也有吸收峰，C═C 在 1 632～1 680 cm^{-1}处有吸收峰。

3.炔烃

炔烃分子中会有不饱和 C≡C，主要的红外特征是 C≡C 的伸缩振动，其位置在 2 300～2 100 cm^{-1}区域。还有 ≡C—H 的相关特征频率，其 ν（ ≡C—H ）吸收峰在 3 310～3 210 cm^{-1}，≡C—H 在 700～600 cm^{-1}处也有，若三键两端的基团相等时，则为非红外活性，无 C≡C 的伸缩振动。

4.芳烃

芳烃的特征吸收主要是苯环上的 ═C—H 键和 C═C 键的振动引起的。苯环存在与否一般根据 3 100～3 000 cm^{-1}区域带环上═C—H 伸缩振动吸收峰和 1 650～1 450 cm^{-1}苯环骨架振动吸收峰来判断。当苯环上进行单取代、二取代及三、四、五取代时各吸收频率不同，由此可以推断苯环的取代基个数及邻、间对位取代情况。

5.醇和酚

醇和酚的结构中都含有—OH，特征吸收峰为 O—H 键的伸缩振动、C—O 键的伸缩振动和键 O—H 的变形振动。ν(O—H)游离、缔合、芳环上邻位取代吸收位置分别为 3 620～3 590，3 250～3 000，3 200～2 500 cm^{-1}，ν(C—O)伯、仲、叔醇、酚分别在 1 050，1 100，1 150，1 200 cm^{-1}处吸收。

6.醚和环氧化合物

醚的结构特点是分子中含有 C—O—C 官能团。脂肪族醚和脂环族醚最主要的特征

频率是 C—O—C 的不对称伸缩振动,其位置在 1 150 ~ 1 060 cm^{-1}范围。芳香醚和乙烯基醚 C—O—C 的不对称伸缩振动峰在 1 275 - 1 200 cm^{-1} 范围。而芳基烷基醚或烯基烷基醚的对称伸缩振动峰在 1 120 ~ 1 020 cm^{-1} 范围,环氧乙烷是三元环醚,其三元环的振动吸收有三个峰,其位置在 1 260 ~ 1 240 cm^{-1},950 ~ 810 cm^{-1}和 840 ~ 750 cm^{-1}范围,这三个峰作为三元环氧基存在的标志,分别是 ν(C—O)环振动。

7.羰基化合物

醛、酮、酸、酯、酰卤和酰胺结构中都含有羰基,伸缩振动峰是一个很强的峰,特征性很强。出现的位置在 1 900 ~ 1 550 cm^{-1}范围,由于化合物不同,其特征频率有所不同。

8.含氮化合物

包括胺类、铵盐、氨基酸、硝基化合物、腈和异腈、胺和铵盐,其特征吸收主要由 N—H 的伸缩振动和变形振动以及 C—N 伸缩振动引起的。

硝基化合物	ν_{as}(NO$_2$)	1 590 ~ 1 500 cm^{-1}	S(强)
	ν_{as}(NO$_2$)	1 390 ~ 1 250 cm^{-1}	S
芳香族硝基化合物还有	ν(C—N)	870 cm^{-1}	m(中)
亚硝基化合物	ν(N=O)	1 620 ~ 1 488 cm^{-1}	S
腈、异腈、异腈酸酯		2 300 ~ 2 100 cm^{-1}区域	
腈(脂肪)	ν(C≡N)	2 260 ~ 2 240 cm^{-1}	S
腈(芳香)		2 240 ~ 2 222 cm^{-1}	S
异腈		2 185 ~ 2 100 cm^{-1}	S
异腈酸酯	ν_{as}(N=C=O)	2 275 ~ 2 240 cm^{-1}	S
	ν_{s}(N=C=O)	1 399 ~ 1 370 cm^{-1}	W(弱)

15.2.4 红外谱图解析实例

解析红外光谱图,主要是依靠化学结构与红外光谱的关系及经验的积累,红外光谱可以提供化合物中所含有的基团,对于复杂分子,必须结合核磁共振、紫外、质谱、元素分析等分析方法,才能完全推出其结构。一般根据化学式,首先计算不饱和度。

不饱和度可由下式进行计算,即

$$U = \frac{\sum n_i (V_i - 2)}{2} + 1 \tag{15.6}$$

式中,U 为不饱和度;n_i 为每种元素的原子个数;V_i 为该元素通常表现的化合价数值。H 为 1,C 为 4,X(卤素)为 1,O 为 2,S 为 2,N 为 3 等。

【例 15.2】 计算 C$_8$H$_8$BrNO 的不饱和度。

解 $U = \dfrac{8 \times (4-2) + 8(1-2) + 1 \times (1-2) + 1 \times (3-2) + 1 \times (2-2)}{2} + 1 = 5$

苯环不饱和度为 4,三个乙烯基加上一个环计 4,若 $U \geqslant 4$,该分子结构就可能有苯环。

【例 15.3】 图 15.1 为乙烯的红外光谱图,解析其结构。

解 3 000 cm^{-1}左右的峰为 ν(=C—H),1 600 cm^{-1}的峰为 C=C 伸缩振动,600、

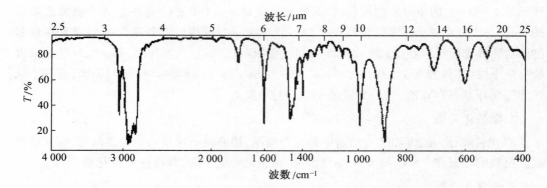

图 15.1 乙烯的红外光谱图

900、1 000 cm^{-1}的峰为═C—H 面外弯曲振动。

【例 15.4】 分析邻二甲苯的红外光谱图,解析其结构。

解 3 010 cm^{-1}为芳基 C—H 伸缩振动,2 800 ~ 2 970 cm^{-1}为甲苯的 C—H 伸缩振动多重峰,1 605、1 495、1 466 cm^{-1}是苯环骨架碳碳共轭双键伸缩振动峰,1 050 cm^{-1}、1 022 cm^{-1}、742 cm^{-1}处分别是芳基 C—H 面内和面外弯曲振动峰。

【例 15.5】 分析乙醇(a)和 4 – 乙基酚(b)与羟基有关的红外特征吸收。

解 3 650 ~ 3 580 cm^{-1}为 ν(O—H)吸收谱带,1 200 ~ 1 000 cm^{-1}为 C—O—H 伸缩振动,1 500 ~ 1 300 cm^{-1}为 O—H 面内弯曲振动,650 cm^{-1}中心为 O—H 的面外弯曲振动。

【例 15.6】 图 15.2 为苯甲醛的红外光谱图和解析谱图。

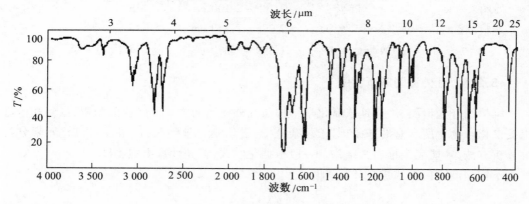

图 15.2 苯甲醛的红外光谱图

解 3 010 cm^{-1}为芳基 C—H 伸缩振动,2 800 ~ 2 970 cm^{-1}为 C—H 伸缩振动多重峰,1 605、1 495、1 466 cm^{-1}是苯环骨架碳碳共轭双键伸缩振动峰,1 050 cm^{-1}、1 022 cm^{-1}、742 cm^{-1}处分别是芳基 C—H 面内和面外弯曲振动峰。1 710 ~ 1 690 cm^{-1}为羰基伸缩振动吸收峰。

【例 15.7】 图 15.3 为亮氨酸的红外光谱,解释其谱图。

解 游离氨基酸有三个主要的红外特征吸收,3 100 ~ 2 600 cm^{-1}为 NH$_4^+$ 伸缩振动,多重复合谱带和倍频谱带使这个吸收区域扩展到 2 000 cm^{-1}、1 660 ~ 1 610 cm^{-1}、1 550 ~ 1 485 cm^{-1},分别是 NH$_3$ 的不对称和对称弯曲振动,1 600 ~ 1 590 cm^{-1}和 1 400 cm^{-1}附近

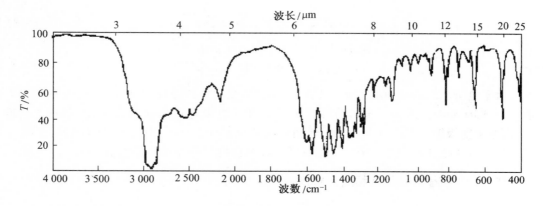

图 15.3　亮氨酸的红外光谱

是羧酸根的不对称和对称伸缩振动。

15.2.5　红外光谱的应用

1.定性分析

从红外光谱图上提供的各种特征频率以及各峰的强度,进行定性分析。

①用已知化合物作标准进行谱图对照,进行定性分析。

②查阅标准谱图式,进行谱库检索。

③根据谱图提供的吸收特征频率、峰强度和峰形,进行定性。看谱图有什么官能团,了解原有活性基团是否完全参与反应,了解新的官能团是否形成。

④利用各类官能团特征频率的不同,测定有机化合物中存在的杂质。

2.结构分析

在测定有机化合物的结构中,红外光谱是一个强有力的工具之一。可以直观地判断化合物的类型以及官能团,与其他仪器配合使用,测定许多未知的新化合物结构。

3.定量分析

有机混合物中,物理性质和化学性质很相近,有时选择红外光谱达到定量分析的目的。根据特征峰,测定其吸光度,采用朗伯比耳定律来定量分析。

15.3　紫外光谱

15.3.1　紫外吸收光谱的基本原理

化合物的分子运动分为分子内的电子运动、分子中各原子核的相对振动和分子的转动。分子的总能量是这三种能量之和,即

$$E = E_e + E_v + E_r \qquad (15.7)$$

式中,E_e、E_v、E_r 分别代表电子能、振动能和转动能,分子中从外界吸收能量,引起分子能级的跃迁,即从基态能级跃迁到激发态能级。分子吸收能量等于两个能级的能量之差,即

$$\Delta E = E_2 - E_1 = h\nu = \frac{hc}{\lambda} \tag{15.8}$$

$$h = 6.624 \times 10^{-34} \text{ J·s} = 4.136 \times 10^{-15} \text{ eV·s}$$

$$c(\text{光速}) = 2.998 \times 10^{10} \text{ cm·s}^{-1}$$

由于电子能级跃迁,吸收 200 ~ 400 nm 波长的光产生的吸收光谱,故叫做紫外吸收光谱(ultraviolet absorption spectrum,简写为 UV)。电子能级能量差间隔最大,一般在 1 ~ 20 eV,而振动能级能量差为 0.5 ~ 1 eV,转动能级差小于 0.5 eV。因此分子吸收同时包括上述三种能级跃迁并产生宽峰吸收,能量间隔太小,因此紫外光谱都是宽带峰。

15.3.2 电子跃迁类型和紫外光谱

根据结构化学理论,分子中电子存在三种轨函电子,σ、π、$n_{(p)}$ 电子,能级高低为

$$\sigma < \pi < n < \pi^* < \sigma^*$$

电子跃迁有四种类型:$\sigma \rightarrow \sigma^*$、$\pi \rightarrow \pi^*$、$n \rightarrow \sigma^*$ 和 $n \rightarrow \pi^*$,电子能级跃迁能量大小顺序为

$$\sigma \rightarrow \sigma^* > n \rightarrow \sigma^* \geqslant \pi \rightarrow \pi^* > n \rightarrow \pi^*$$

其吸收波长范围分别为

$$< 200 \text{ nm}、150 \sim 250 \text{ nm}、200 \text{ nm 附近}、285 \sim 300 \text{ nm}$$

对光的吸收程度通常用吸光度或透过率表示,符合朗伯 – 比耳定律。

$$A = \lg \frac{I_0}{I} = \lg \frac{1}{T} = \varepsilon b C$$

式中 A 为吸光度;T 为透过率,即 $T = \frac{I}{I_0}$;I_0 为入射光强度;I 为透射光强度;ε 为摩尔吸光系数;b 为比色皿的厚度;C 为浓度。

利用上式可求 ε。

最大吸收波长用 λ_{max} 表示,ε_{max} 为最大吸收时摩尔吸光系数。A – λ 作图为光谱吸收曲线,利用此曲线形状,可以定性分析。根据 ε_{max} 或 λ_{max} 吸收带所处的波长范围,吸收带可分为:

R 吸收带,$n \rightarrow \pi^*$ 跃迁,$\varepsilon < 100$。

K 吸收带,$\pi \rightarrow \pi^*$ 跃迁,包括共轭烯烃及烯酮结构等,吸收波长位置在 217 ~ 280 nm。

B 吸收带,$\pi \rightarrow \pi^*$ 跃迁,芳香烃化合物吸收波长位置在 230 ~ 270 nm,常出现多重峰,表现了芳环的精细结构。

E 吸收带,也是芳烃 $\pi \rightarrow \pi^*$ 跃迁产生的吸收带,位置在 184 nm 和 204 nm,可用来识别芳环。

在紫外吸收光谱中,分子结构中能产生 $\pi \rightarrow \pi^*$、$n \rightarrow \pi^*$ 跃迁,导致在 200 ~ 1 000 nm 波长范围内产生的吸收基团,称为生色团。

助色团在分子中可使吸收波长向长波方向移动,并使吸收强度增加的基团叫助色团。常见的助色团有—Cl、—Br、—I、—NH₂、—OH、—OK、—SH、SR 等。

15.3.3 各类有机化合物的紫外特征吸收

1.饱和烃

饱和烃只含有 σ 电子,吸收波长在远紫外区(10 ~ 200 nm),若有 N、O、S、X(卤素)取代

原子基团,可产生 $n \rightarrow \sigma^*$ 跃迁,吸收峰向长波移动。

CH_4	λ_{max}	125 nm	$\sigma \rightarrow \sigma^*$ 跃迁
CH_3OH 电	λ_{max}	183 nm	$n \rightarrow \sigma^*$ 跃迁
CH_3I	λ_{max}	258 nm	$n \rightarrow \sigma^*$ 跃迁

2.不饱和烯烃

不饱和烯烃类有机物含有 π 键,共轭 π 键,可产生 $\pi \rightarrow \pi^*$ 跃迁,最大吸收峰波长移至紫外及可见区范围内,这种基团为生色团。

$CH_2 = CH_2$	λ_{max}	171 nm	$\pi \rightarrow \pi^*$ 跃迁
$CH_2 = CH - CH = CH_2$	λ_{max}	217 nm	共轭 $\pi \rightarrow \pi^*$ 跃迁
二甲基辛四烯	λ_{max}	296 nm	大 π 共轭 $\pi \rightarrow \pi^*$ 跃迁

3.羰基化合物及其衍生物

醛和酮含有 σ 及 π 电子,可产生三种电子跃迁 $n \rightarrow \pi^*$（270～300 nm）、$n \rightarrow \sigma^*$（180 nm）、$\pi \rightarrow \pi^*$ 跃迁（160 nm）。

羧酸、羧酸酯、羧基都是助色团而红移。

CH_3CHO	λ_{max}	290 nm
CH_3COOH	λ_{max}	272.5 nm
CH_3COCl	λ_{max}	225 nm

不饱和羰基化合物,双键与羰基共轭后,除 $n \rightarrow \pi^*$ 跃迁 R 带之外,还出现共轭双键 $\pi \rightarrow \pi^*$ 跃迁 K 带,$\pi \rightarrow \pi^*$ 跃迁为 215～250 nm,$n \rightarrow \pi^*$ 为 310～330 nm（原 270～300 nm）,红移了 15～45 nm。

4.芳香烃化合物

苯是环状共轭体系,紫外光区有三个吸收带。

E_1	λ_{max}	184 nm	$\varepsilon = 60\ 000 \sim 47\ 000$
E_2	λ_{max}	204 nm	$\varepsilon = 7\ 400$
B	λ_{max}	256 nm	$\varepsilon = 230$

以上都是 $\pi \rightarrow \pi^*$ 跃迁,B 带是芳香族化合物的特征吸收带。在非极性溶剂中,在 230～270 nm 出现 7 个精细结构的峰;在极性溶剂中,精细结构会消失或不明显。当有取代基时,E、B 会发生变化。

—H	E	λ_{max}	204 nm	B	λ_{max}	254 nm
—OH	E	λ_{max}	210.5 nm	B	λ_{max}	270 nm
—NO$_2$	E	λ_{max}	252 nm	B	λ_{max}	280 nm

稠环化合物的吸收光谱随着共轭环目的增加,B 带和 E 带发生红移并有致强效应。

不饱和六元杂环化合物的紫外吸收光谱与相应的芳香化合物紫外光谱类似。如吡啶的紫外光谱与苯的紫外光谱类似。只是吡啶的 B 带比苯的 B 带强,而吡啶的精细结构不如苯的明显。

15.3.4 紫外谱图解析实例

【例 15.8】 图 15.4 为胆甾 – 4 – 烯 – 3 – 酮和 4 – 甲基 – 3 – 戊烯 – 2 – 酮的紫外谱图,比较异同性。

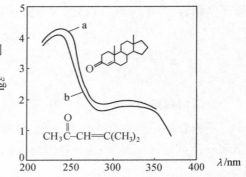

图 15.4 胆甾 – 4 – 烯 – 3 – 酮和 4 – 甲基 – 3 – 戊烯 – 2 – 酮紫外谱图

解 从谱图来看,谱图几乎完全相同,是因为它们具有相同的生色团 α、β – 不饱和酮(即酮羰基与碳碳双键共轭),且在生色团相同的位置都有烷基取代。不过上述两个化合物的相对分子质量相差很大,ε_{max} 不同,因此定性不仅用 λ_{max},而且用 ε_{max} 来比较,再作出结论。

【例 15.9】 试比较苯上一个 H 被 F、Cl、Br、I 取代后,λ_{max} 的变化趋势。

解 E_2 吸收带(204 nm),λ_{max} 会随 F、Cl、Br、I 的相连,向长波方向移动,ε_{max} 也会向增加的趋势发展。实验发现 B 带无上述规律。

【例 15.10】 酚中羟基如何用紫外光谱确定?芳香醚,λ_{max} 会红移,还是蓝移?

解 苯酚,用水作溶剂,E_2 吸收带 $\lambda_{max} = 211$ nm,用此可以方便确定有无苯酚;芳香醚,以水作溶剂,λ_{max} 会红移。

【例 15.11】 苯甲酸 $\lambda_{max} = 230$ nm,当对位 H 分别被 Cl、Br、NH$_2$ 取代时,是向红移,还是蓝移?它们的 λ_{max} 变化顺序如何?

解 对位 H 被取代,通常为红移,向长波方向移动,从给电子能力判断,λ_{max} 向着增大方向移动。

15.3.5 紫外光谱的应用

1.定性分析

虽然紫外光谱,不能直接给出分子结构,分子式等详细准确的结论,但在有机化合物定性下面仍是一个有用的工具。因为紫外吸收光谱主要取决于分子中的发色团和助色团特性,况且紫外吸收光谱,仍然有一些供分析用的特征谱图。如对未知物鉴定,有机化合物分子结构的判断,纯度和杂质的鉴定,以及定量测定。

(1)对未知物鉴定

在相同测试条件下,比较未知物与已知标准物的紫外光谱图,或者与标准紫外谱图对照,二者谱图一致。可认为有可能为同一化合物。另一方面,要比较 ε_{max},只有 λ_{max}、ε_{max} 相同,吸收曲线一致,才可认为同一化合物。

(2)结构测定

根据化合物的紫外吸收光谱可以推测化合物所含的官能团。例如某化合物在 220 ~ 800 nm 范围内无吸收峰,它可能是脂肪族碳氢化合物、胺、醇,不含双键式环状共轭体系。如果在 210 ~ 250 nm 有强吸收带,可能会有两个双键的共轭;在 260 ~ 350 nm 有强吸收带,表示有 3 ~ 5 个共轭。如化合物在 270 ~ 350 nm 范围内出现的吸收峰很弱或无其他强吸收峰,则说明只含有非共轭的,具有 n 电子的生色团。如在 250~300 nm 有中等强度吸收带且有一定的精细结构,则表示有带环的特征吸收。

紫外吸收光谱除可用于推测所含官能团外,还可用来对某些同分异构体进行判别。例如,乙酰乙酸乙酯存在下述酮 – 烯醇互变异构体

$$CH_3C—CH_2—C—OC_2H_5 \rightleftharpoons CH_3—C—CH—C—OC_2H_5$$

酮式   烯醇式

酮式没有共轭双键,它在 204 nm 处仅有弱吸收;而烯醇式有可共轭双键,因此,在 245 nm 处有强的吸收带,故根据它们的紫外吸收光谱可判断其存在与否。

2.纯度检查

如果一化合物在紫外区没有吸收,而其中的杂质有较强吸收,就可方便地检出该化合物中的痕量杂质。

有时可用摩尔吸收系数 ε 检查其纯度。例如,菲的氯仿溶液在 296 nm 处有强吸收,$\lg\varepsilon = 4.10$。用某合成法精制的菲,熔点为 100℃,沸点为 340℃,与菲的物理常数完全一致,但用紫外吸收光谱测定,$\lg\varepsilon$ 低 10%,菲的实际质量分数只有 90%,其余可能是蒽等杂质。

又如,干性油含有共轭双键,而不干性油其双键不相共轭或不含双键。不相共轭的双键具有典型的烯键紫外吸收带,λ_{max} 波长较短;共轭双键谱带所在波长较长,共轭双键越多,吸收谱带波长越长。

3.定量测定

紫外吸光光度法的定量测定原理及步骤与可见区吸光光度法相同。它的应用很广泛,仅以药物分析来说,利用紫外吸收光谱进行定量分析的例子就很多,如一些国家已将数百种药物的紫外吸收光谱的最大吸收波长和吸收系数载入药典。

近年来,用现代化学计量法可以测定多组分有机物,其中包括气体和混合液体。例如,最小二乘法、人工遗传算法、人工神经网络法、小波分析等现代计量法与计算机高级程序结合,可测定三、四、五组分的混合组成,广泛用于环境、医学、生命科学、工程技术领域中。这些都可以用测定混合溶液的紫外光谱,计算机计算来达到不经分离定量测定多组分有机混合物。

15.4 核磁共振谱

核磁共振谱(nuclear magnetic resonance spectroscopy,简写为 NMR)是研究有机化合物结构、构型、构象的主要工具之一。特别是在研究立体异构上,核磁共振谱的功能是其他仪器无法相比的。

15.4.1 核磁共振谱的基本原理

1.原子核的自旋

原子核由带正电荷的质子和中子组成。不同原子核,自旋运动不同,可以用核的自旋

量子数 I 来表示。核的自旋量子数与具体核有关。原子核质量数为奇数,I 为半整数。如 ^1H、^{11}B 等,$I=1/2,2/3$;原子核质量数为偶数,原子序数为奇数时,I 为整数,如 ^2H、^{14}N,$I=1,2$;原子核质量数和原子序数均为偶数 I 为 0,^{12}C,^{16}O 等,无自旋现象。

核磁共振主要是由原子核的自旋引起的,当无线电波照射处于磁场中的试样分子时,引起原子核自旋能级的跃迁而产生的。当原子质量数和原子序数两者之一是奇数或均为奇数 $I \neq 0$,这时,原子核就像陀螺一样绕轴旋转运动,如 ^1H、^{13}C、^9F、^{51}P 等都可以做自旋运动,由于原子核带正电,自旋时产生磁距。有机化学中,应用最广泛的是氢原子核(即质子)的核磁共振谱,称为质子核磁共振谱或氢谱,用 ^1H-NMR 表示,还有 ^{13}C 的 NMR。

有自旋现象的原子核,由于自旋,即产生一定的角动量(P),角动量大小与自旋量子数的 I 有关。

$$P = (h/2\pi)\sqrt{I(I+1)} = \hbar\sqrt{I(I+1)} \tag{15.9}$$

式中　　P——总角动量;

　　　　h——普朗克常数;

　　　　$\hbar$——角动量单位;

　　　　I——核的自旋量子数。

$I = \dfrac{1}{2}$ 的核,^1H、^{13}C、^{19}F、^{31}P 都可看做一种电荷分布均匀的自旋球体。$I > \dfrac{1}{2}$ 的原子,是自旋椭圆体。自旋的原子核是带正电荷的粒子,自旋会产生磁场,形成磁距 μ。

$$\mu = \gamma P = \gamma\hbar\sqrt{I(I+1)} \tag{15.10}$$

式中　　μ——磁距;

　　　　γ——磁旋比;

　　　　I——自旋量子数。

当自旋的核置于 H_0 的磁场强度的外磁场时,其自旋轴又围绕着磁场方向进动,形成回旋。

$$\omega_0 = 2\pi\nu_0 = \gamma H_0 \tag{15.11}$$

式中　　ω_0——核进动的角速度;

　　　　ν_0——进动频率;

　　　　H_0——外磁场强度;

　　　　γ——磁旋比。

2.核磁共振

根据空间量子化规则,一个自旋量子数为 I 的原子核在磁场中只能有 $2I+1$ 个取向,每一个取向用 m 自旋磁量子数来表示,$I = \dfrac{1}{2}$,共 $2 \times \dfrac{1}{2} + 1 = 2$ 个取向,$m = +\dfrac{1}{2}$、$-\dfrac{1}{2}$。

原子核的每一个取向代表核在磁场中的一种能态,能量用 E 表示:

$$E = -\mu H_0\cos\theta$$

式中　　μ——磁距;

　　　　H_0——外磁场强度;

　　　　θ——核磁距与外磁场 H_0 方向之间的夹角。

对 ^1H 来说 $I = \frac{1}{2}$，$m = \pm \frac{1}{2}$，$m = + \frac{1}{2}$，表示与磁场方向相同，$m = - \frac{1}{2}$，与磁场方向相反，其能量分别为 $E = - \mu H_0$，$E = \mu H_0$。

二者能量差为：
$$\Delta E = 2\mu H_0 \qquad (15.12)$$

因为核在磁场中自旋产生的角动量在磁场上的 z 轴投影 P_z，即

$$P_z = \frac{h}{2\pi} I = \hbar I \qquad (15.13)$$

$$\mu = \gamma P_z = \gamma \hbar I \qquad (15.14)$$

则
$$\Delta E = 2\mu H_0 = 2\gamma \hbar I H_0 = 2\gamma \frac{h}{2\pi} \frac{1}{2} H_0 = \gamma \frac{h}{2\pi} H_0 \qquad (15.14)$$

$$\Delta E = h\nu_0 = \gamma \frac{h}{2\pi} H_0 \qquad (15.15)$$

$$\nu_0 = \frac{\gamma H_0}{2\pi} \qquad (15.16)$$

式中　μ_0——^1H 核的进动频率；

　　　h—— 普朗克常量。

在低能级的 ^1H 核，如果吸收 ΔE 的能量，就会跃迁到高能级。也就是只要外界给 ^1H 核提供一个能量 ΔE，^1H 核跃迁，才能进行。

$$E = h\nu = \Delta E = \gamma \frac{h}{2\pi} H_0 = h\nu_0$$

$$\nu = \frac{\gamma}{2\pi} H_0 = \nu_0 \qquad (15.17)$$

也就是当两个振动的频率相等时，这两个振动就会发生共振。核磁共振也是一种共振现象，同样必须满足这个条件。^1H 在外加磁场 H_0 中发生能级分裂，处在两种能级状态。如果在外加磁场 H_0 的垂直方向上加一个小交变磁场 H_1（射频场），设交变磁场 H_1 的频率为 ν，当 $\nu = \nu_0$ 时，也就是说交变磁场的频率与 ^1H 核的进动频率相等时，就发生共振现象。其结果是低能态的核吸收交变场的能量跃迁到高能态，发生核磁共振。

3.核磁共振谱

图 15.5 为乙酸乙酯的氢核共振谱，横坐标表示峰的化学位移，以 δ 或 τ 表示，纵坐标为吸收强度，以积分曲线高度表示各峰的峰面积。通过峰面积的相互之比，即可算出各峰所代表的氢原子数目。J 表示偶合常数，单位为 C（周/秒）或 Hz（赫），它表示核与核之间相互作用后峰发生分裂的大小。

15.4.2　化学位移

实验发现，化合物中各种氢原子所处的化学环境不同，吸收的频率也不同。在不同 ν 处产生吸收，就称化学位移。同样氢原子，化学位移不同，主要来源于氢核外围的电子在外加磁场的感应下，产生对抗磁场，这种屏蔽作用使氢核实受磁场强度稍有降低。

$$H_{实} = H_0(1 - \sigma) \qquad (15.18)$$

式中　$H_{实}$ —— 原子核实受磁场强度；

　　　H_0 —— 外加磁场强度；

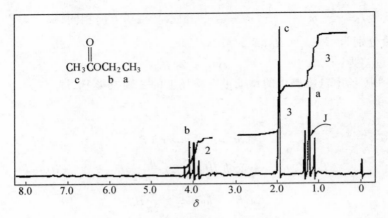

图 15.5 为乙酸乙酯的氢核共振谱

σ——屏蔽常数。

这样氢核发生核磁共振,实际上应满足

$$\nu = \frac{\gamma H_0 (1 - \sigma)}{2\pi} \qquad (15.19)$$

不同的原子核,σ 不同,是与氢核所处的化学环境有关,由于频率差异很小,不能精确测出绝对值,以相对值表示。一般以四甲基硅$(CH_3)_4Si$(简称 TMS) 作为标准,其峰为原点,化学位移 δ 为

$$\delta = \frac{\nu_样 - \nu_标}{\nu_仪} \qquad (15.20)$$

有时化学位移可用 τ 值表示

$$\tau = 10 - \delta \qquad (15.21)$$

$(CH_3)_4Si$ 的屏蔽效应很高,在谱图中,其峰的位置在右边,令 $\delta = 0$。其他氢的核在左边,δ 为负值,常略去负号。当氢核周围电子云密度大时,屏蔽作用大,化学位移向高场方向移动(向右),δ 值较小;当电子云密度小时,屏蔽作用减小,化学位移向低场方向移动(向左),δ 值较大。

影响化学位移的 δ 值有以下几种因素:

(1) 电负性

例如,CH_3X,X 为卤素,X 的电负性越大,吸引电子能力越强,诱异效应使核外电子云密度降低,屏蔽小,共振向低场移动(向左),即 δ 增加的方向移动;相反,给电子基团使质子核外电子云密度增加,屏蔽效应增大,共振吸收向高场,即向 δ 小的方向移动(右移)。

(2) 磁各向异性效应

分子中的某些基团的电子云排布不是球形对称时,它对邻近的质子产生一个各向异性的磁场。处于屏蔽区的核,δ 值向高场移;处于去屏蔽区的核,δ 值向低场移。

由于磁各向异性效应。同是碳键上的氢,化学位移明显不同。

$CH_2{=}CH_2$ $H_2C{=}O$ $CH{\equiv}CH$

$\delta = 4.5 \sim 5.7$ $\delta = 9 \sim 10$ $\delta = 2 \sim 3.1$ $\delta = 7 \sim 8.5$

15.4.3 各类质子的化学位移

1.甲基、亚甲基、次亚甲基氢的化学位移

例如

δ 0.23   0.88   0.89   1.25   0.88   1.46

CH_4 $CH_3—CH_3$ $CH_3(CH_2)_3—CH_3$ $CH_3—CH—CH—CH_3$

$\qquad\qquad\qquad\qquad\qquad\qquad\qquad\qquad\qquad\qquad\qquad\qquad\qquad$ CH_3 CH_3

由这些数据可以看出,在饱和烃中,甲基、亚甲基、次甲基氢的化学位移范围是

$$\delta_{CH_3}=0.9 \qquad \delta_{CH_2}\approx 1.3 \qquad \delta_{CH}=1.5$$

2.烯氢的化学位移

烯氢的化学位移 δ 一般在 $4.5\sim 8$。非共轭体系烯氢 δ 值为 $4.5\sim 5.9$。乙烯型烯氢的化学位移也可以用公式计算,可参考有关文献。

3.芳氢的化学位移

芳氢的化学位移一般出现在 $6.5\sim 8$。苯上的六个氢是等价质子,因而峰重叠在一起,是一个单峰,当有取代基存在时,就会影响各个氢的化学位移。

4.醛基氢的化学位移

醛基氢受到羰基的去屏蔽作用,化学位移的范围一般在 $9.0\sim 10.5$。

             HCHO $CH_3CH_2CH_2CHO$ $CH_3CH=CH—CHO$

δ 9.61   9.74   9.48

            $Ph—CH=CH—CHO$ $Ph—CHO$

δ 9.70   9.96

5.活泼氢的化学位移

活泼氢是指 OH、$COOH$、NH_2、SH 等基团上的氢,它们的化学位移与溶剂、浓度和温度有关,往往不是固定的值。

        醇   酚   烯醇   羧酸 $Ph-SH$ RSO_3H

δ $0.5\sim 5.5$ $10.5\sim 16$ $15\sim 19$ $10\sim 13$ $3\sim 4$ $11\sim 12$

当分子中有多个活泼氢时,易发生化学交换,显示平均化的吸收峰。辨认活泼氢是否存在,可采用以下方法:

①改变浓度和温度,使峰稍加移动来辨认。

②加重水与活泼氢交换,使其峰消失来辨认。

③对 OH 的 H 还可加化学试剂与之反应,使羟基氢消失。

15.4.4 自旋偶合与自旋裂分

图 15.5 可以看出,c 甲基为单峰,而 a 甲基有三重峰,b 亚甲基有四重峰,这是为什么呢? 这是自旋的氢核之间相互干扰的结果,这种现象称为自旋 - 自旋偶合,简称自旋偶

合。

由自旋偶合引起的吸收峰分裂使谱线增多的现象,称为自旋–自旋分裂,简称自旋分裂。偶合大小用偶合常数 J 表示,单位 C/s 或 Hz。

1. 自旋裂分

CH_2 对 CH_3 的影响。^1H 核在磁场中的两种取向分别用 ↑ 和 ↓ 来表示。CH_2 上两个氢三种排列方式,产生三种局部磁场,使邻近 CH_3 的峰裂分为三重峰,高度为 1:2:1

同理 CH_3 的三个氢有四种排列方式,产生四种局部磁场,使邻位 CH_2 峰裂分为四重峰,峰的高度为 1:3:3:1

由上可见,自旋裂分有一定的规律,叫 $n+1$ 规律。某基团的氢有几个氢相邻时,将显示 $n+1$ 个峰。如果相邻氢处在不同环境中,比如一种环境 n 个氢,另一种环境 n' 个,就有可能产生 $(n+1)(n'+1)$ 个峰,事实上有时峰重叠一起,若仪器灵敏度达到,则峰的个数比理论上要少一些。

2. 偶合常数

自旋偶合的强度常用偶合常数 J 表示。J 的大小表示偶合作用的强弱。根据偶合质子间的相隔的化学键的数目,可将偶合作用分为同碳偶合($^2J_{ab}$)、邻碳偶合($^3J_{ab}$)和远程偶合。J 的右下方的字母代表相互偶合的质子,左上方的数字表示相互偶合的质子相隔的键数目。J 值的大小与两个作用核之间的相对位置有关,随着相隔键数的增加会很快减弱,两个质子相隔 2 个或 3 个单键可以发生偶合,超过了 3 个单键以上时,偶合常数有时趋于零。

如 $\overset{a}{C}H_3\overset{b}{C}H_2{-}O{-}\overset{c}{C}H_3$ 中,H_a 和 H_b 之间可以发生偶合裂分,而 H_a 与 H_c 或 H_b 与 H_c 之间偶合极弱,$J{\to}0$,但中间有双键或共轭体系。

$$\overset{a}{C}H_2{=}\overset{b}{C}H{-}\overset{c}{C}H{=}\overset{d}{C}H_2$$

H_a 与 H_d 之间可以发生远程偶合,因此,像芳烃中苯环(有取代基团)的核磁共振是很复杂的。

化学位移随外磁场的改变而改变,而偶合常数与外磁场无关,它不随外磁场的改变而改变。因为自旋偶合的产生是磁核之间的相互作用的结果,是通过成键电子来传递的,不涉及外磁场。

3. 化学等价,磁等价,磁不等价

化学环境(即核周围的电子云密度)相同的核,称为化学等价核,化学等价的核必然具有相同的化学位移。因此,化学位移相同的核称为化学位移等价核。例如,氯乙烷 CH_3CH_2Cl,甲基的 3 个质子为化学等价,亚甲基的 2 个质子为化学等价。再如,2–甲基丙烯中的 H_a、H_b 为化学等价,但 2–氯丙稀中 H_a、H_b 为化学不等价,因为 H_a 和 H_b 所处的化学环境不同。

2-甲基丙烯 | 2-氯丙烯

一组化学位移等价的核，如果对组外任一核的偶合常数也相等，则这组核称为磁等价。例如，CH_3—$CHBr_2$ 中甲基的三个质子，H_a、H_b、H_c 为化学等价的，并且每个质子对 H_d 的偶合常数都是相等的，即 $J_{ad} = J_{bd} = J_{cd}$。因此 H_a、H_b、H_c 为磁等价核。

有些核化学等价，但磁不等价，如对硝基甲苯中，H_a 与 H_b 为化学等价，但 H 之间的偶合常数不等，因此，H_a 与 H_b、H_d 与 H_c 都是化学等价，对硝基甲苯中的磁不等价。

CH_3—$CHBr_2$ 的质子分布 | 对硝基甲苯中的质子分布

磁等价核之间的偶合作用不产生峰的裂分，只有磁不等价核之间的偶合作用，才会产生峰的又一次裂分。

4. 峰面积和氢原子数

核磁共振谱中，吸收峰下面的面积与产生峰的质子数成正比，因此，峰面积比即为不同类型氢核的相对数目。

5. 一级谱和 $n+1$ 规律

当两组（或几组）质子的化学位移之差 $\Delta\delta$ 与其偶合常数 J 的之比至少大于 6 时，$\Delta\delta/J > 6$，呈现一级谱。一级谱的吸收峰的裂分数目符合 $n+1$ 规律，n 为相邻碳原子上磁等价核的数目。

15.4.5 ^1H-NMR 谱解析实例

【例 15.12】 对甲氧基苯酚 ^1H-NMR 谱见图 15.6，解析其谱图。

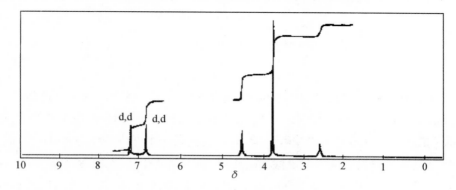

图 15.6 对甲氧基苯酚 NMR 谱

解　$\delta = 3.8$ 为 CH_3-

$$HO-\underset{}{\bigcirc}-OCH_3$$

面积为 3 个单位,即 3 个 H,$\delta = 4.5$ 为酚羟基,$\delta = 6.8,7.3$ 分别是苯环上两组 H,每组 H 有两个质子,所以峰面积为 2。

【例 15.13】　解释下列各种氢核的化学位移 δ。

$$\begin{array}{cc} \overset{2.2\quad 9.8}{CH_3-CHO} & \overset{0.97\quad 1.67\quad 2.42\quad 9.74}{CH_3-CH_2-CH_2-CHO} \end{array}$$

解　醛氢的化学位移在 10 左右的低场,因为醛氢正好位于羰基 π 电子体系形成的各向异性效应的去屏蔽区域内,同时醛氢附近还有羰基氧的作用。羰基邻碳上氢的化学位移在 $2\sim3$ 区域内。

【例 15.14】　2 - 溴 - 4 - 硝基甲苯[1]HNMR 见图 15.7,解析其谱图。

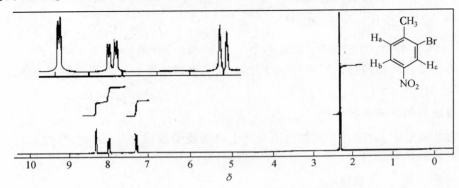

图 15.7　2 - 溴 - 4 - 硝基甲苯的[1]HNMR 谱图

解　甲基峰的化学位移在 $\delta 2.50$ 处,甲基邻位的 H_a 在 $\delta 7.40$ 处,它和其邻位氢 H_b 有偶合,$J = 8.6$ Hz,H_b 在 $\delta 8.04$ 处,它除了和 H_a 发生偶合裂分外,还与间位 H_c 有偶合,$J = 2.2$ Hz,故表现出两个二重峰,H_c 在 $\delta 8.38$ 处,与 H_b 产生偶合,表现出二重峰,H_a、H_b、H_c 的相应 δ 从小 → 大顺序,这与推电子基团和吸电子基团有关。

【例 15.15】　简述核磁共振在鉴别氨基酸中的作用。

$$HO_2C-\underset{\underset{H_C}{|}}{\overset{\overset{H_B}{|}}{C}}-\underset{\underset{NH_2}{|}}{\overset{\overset{H_A}{|}}{C}}-CO_2H$$

解　利用[1]H - NMR 谱提供的化学位移、偶合常数和裂分峰形以及积分值能很好地鉴别各种氨基酸。谱图的分析方法与一般小分子有机物的解析相似,需要注意的是,绝大部分 α - 氨基酸的 α - 碳是一个手性碳原子,如果 β - 碳是个仲碳原子(即 CH_2)的话,该碳上的两个[1]H 是不等价的。如天冬氨酸 H_B、H_C 有着不同的化学位移,是不等价的。因此,H_A、H_B、H_C 之间形成了比较复杂的偶合关系:H_B 和 H_C 分别与 H_A 偶合,使 H_A 变成两个两重峰,H_B 和 H_C 的化学位移相近而偶合常数较大,不符合一级图谱条件。

15.4.6　核磁共振谱的应用

核磁共振谱的应用非常广泛。在低分子化合物、配合物、大分子化合物、高聚物等方面都有广泛的应用。它也是一个定性、定结构的有力工具。在测定未知复杂结构的化合物中,氢谱可以提供化合物中各种氢核的化学环境和数目,提供化合物中存在的官能团信息和化合物的构型、构象信息。除此之外,核磁共振还用于配合物结构的研究、互变异构体的研究、共聚物组成的测定和反应机理的研究等。

15.5　质　谱

15.5.1　质谱的基本原理

质谱(Mass spectroscopy,简写为 MS)是指化合物的原离子和碎片离子按质荷比值由小到大排列而成的谱。主要是正离子谱。

质荷比,即 m/z 表示, m 为质量, z 电荷数,通常 $z=1$。质谱通常以相对丰度% 作纵坐标, m/z 为横坐标,为棒形图。有时列表表示数据。

质谱仪,通常有真空系统、进样系统、离子源——被测试样在高真空条件下汽化,在离子源内,气态分子失去 1 个电子成为带正电的分子离子,分子离子进一步断裂成碎片离子,所有的正离子在电场和磁场的共同作用下,在质量分析器内——按 m/z 大小,从小到大出来,然后进入离子检测器,信号处理,打印出谱图。质量分析器是质谱的核心部件,它的工作原理也就是质谱的基本原理:电荷为 z、质量为 m,在 U 电压下加速,其动能为

$$zU = \frac{1}{2}mv^2 \tag{15.22}$$

式中　　z——离子电荷数;

U——加速电压;

v——离子运动速度。

当此具有一定动能的正离子进入垂直于离子速度方向的均匀磁场时,正离子在磁场力的作用下,将改变运动方向作圆周运动。设离子作圆周运动,轨道半径为 R,离心力 $\frac{mv^2}{R}$ 和磁场力 HzU 相等,故

$$HzU = \frac{mv^2}{R} \tag{15.23}$$

其中, H 为磁场强度,合并两式,可得

$$\frac{m}{z} = \frac{H^2 R^2}{2U} \tag{15.24}$$

式(15.24)称为磁分析器质谱方程式,是质谱分析的主要依据。由此式可见,离子在磁场内运动半径 R 与 m/z、 H、 U 有关。因此,只有在一定的 U 及 H 的条件下,具有一定质荷比 m/z 的正离子才能以运动半径为 R 的轨道到达检测器。

若 H、 R 固定, m/z 与 $1/U$ 有关,只要连续改变加速电压(电压扫描);或 U、 R 固定,

m/z 与 H^2 有关,连续改变 H(磁场扫描),就可使具有不同 m/z 的离子顺序到达检测器发生信号而得到质谱图。

15.5.2　离子主要类型

1.分子离子

有机化合物在质谱仪器的离子源中离子化,丢失成键或非成键轨道一个电子成为分子离子,分子离子用 M^+ 表示。例 CH_4^+,$m/z = 16$

由于多数分子易失去一个电子而带一个正电荷,因而分子离子的质荷比值就相当于相对分子质量。

分子离子在质谱中相应的峰叫分子离子峰。分子离子峰在质谱中有时出现,有时不出现,这主要取决于分子离子的稳定性。一般共轭结构的分子离子较稳定,峰也较强。如芳烃、共轭烯烃和脂环烃,分子离子峰都较强。而羟基化合物和含支链烷烃的分子离子较不稳定,分子离子峰很小或不出现。

2.同位素离子

组成有机化合物的一些主要元素,即 C、H、N、O、S、Cl 和 Br 都具有同位素。由于许多元素都具有两个以上的同位素,因而分子离子峰常用比它高 1、2、3…质量的同位素峰。

3.碎片离子

(1)简单断裂

简单断裂指某些单键的断裂,丙烷在电子源电离后生成的离子进一步发生 C—C 键的断裂。

(2)复杂断裂

功能团与氢结合的消去反应,丢失中性分子,即

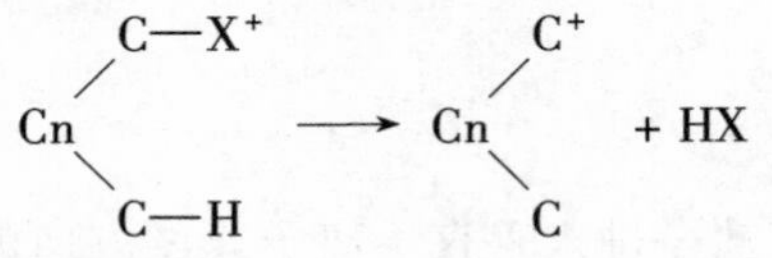

$$\begin{array}{c} C{-}X^+ \\ Cn \\ C{-}H \end{array} \longrightarrow \begin{array}{c} C^+ \\ Cn \\ C \end{array} + HX$$

式中,X = F、Cl、Br、I、OH、SH、OCOCH$_3$ 等。

芳香族化合物邻位取代引起中性碎片的丢失,即

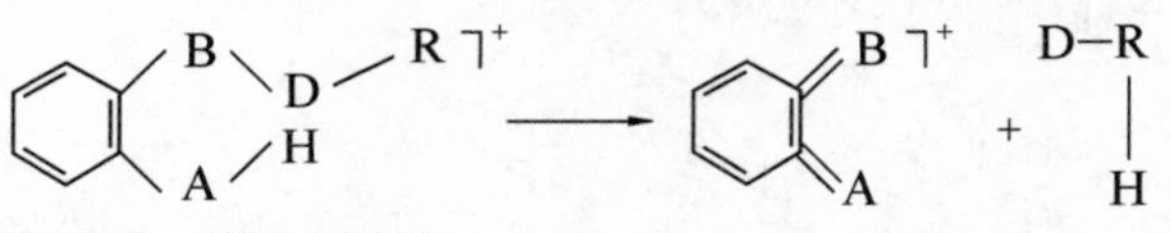

式中,DR = OH、OR、NH$_2$;A = CH$_2$、O、NH。

无规重排又叫随机重排,分子离子上有两个原子或基团交换,产生新离子。

15.5.3　常见几类化合物的 m/z 值

1.烃类

正癸烷的质谱图见图 15.8。

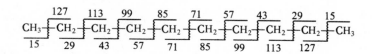

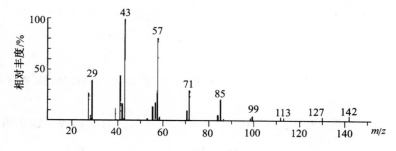

图 15.8　正癸烷的质谱图

m/z 为 15、29、43、57 等离子峰,相连之间相差 14(—CH_2—)。这些峰所表征的离子都是奇数,质量稳定,丰度较大。还有 m/z 为 27、41、55 等离子失去 2 个 H,为烯基。

支链烷烃还会出现 m/z 为 71(C_2H_5—$\overset{|}{\underset{C_2H_5}{CH^+}}$)、85($\overset{+}{\underset{C_2H_5}{CH}}$—$C_3H_7$)等离子峰。

2. 芳烃

(1)有烷基取代时,一般发生苄基断裂,得到较强的 m/z 91 离子峰。

(2)当取代基上有 γ – 氢时,发生麦氏重排。

(3)芳环断裂可得到 m/z 为 39、51、52、63、64、65、74、77 中的部分离子。

3. 醇类

醇的断裂方式主要有简单断裂、失水和碎片离子重排三种。

m/z 31(—CH_2—OH),45、59 等离子。

醇分子离子常发生 1、2 或 1、4 失水,常数(M – 18)峰。若同时失去乙烯,得到(M – 18 – 28) = (M – 46)峰。

4. 酚类

苯酚断裂特征 m/z 为 M – 28,失去 CO,M – 29,失去 CHO,还有 M – 18 失 H_2O 峰。

5. 醛和酮

脂肪醛,α 断裂 m/z 29 CHO^+ 和 M – 1 峰,m/z(44 + n14),直链醛分子离子失水得 M – 18 峰,失乙烯得 M – 28 峰,还有 m/z 56、m/z 57 $C_4H_9^+$ 的峰。

脂肪酮 m/z 为 43、57、71 等离子峰,失去烷基的结果。

6. 羧酸、羧酸酯及酸酐

羧酸、羧酸酯、酸酐电离时,同时发生 C—O 键的断裂,因此脂肪族酸酐的分子离子峰一般不存在。丙酸酐和邻苯二甲酸酐的质谱断裂为:

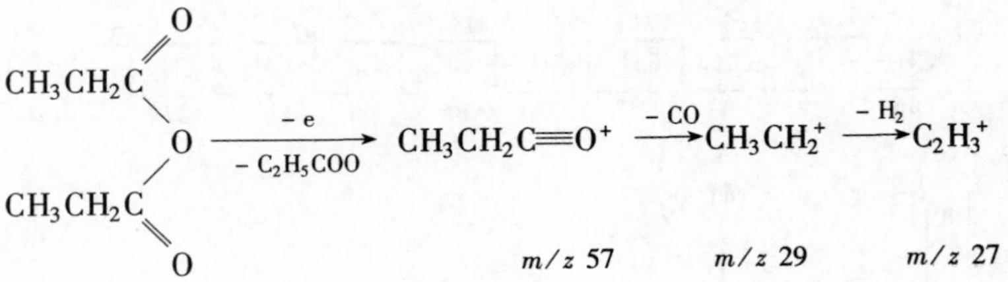

CH₃CH₂C 구조 ...

$$CH_3CH_2C \overset{O}{\underset{O}{<}} \xrightarrow[-C_2H_5COO]{-e} CH_3CH_2C \equiv O^+ \xrightarrow{-CO} CH_3CH_2^+ \xrightarrow{-H_2} C_2H_3^+$$

$$CH_3CH_2C \overset{O}{<}$$

m/z 57　　　　m/z 29　　　　m/z 27

7. 胺类

含奇数个氮的分子离子质量数均为奇数,断裂生成 m/z 为 30,44,58 离子峰。m/z 为 44,$CH_3—CH=NH_2$。

芳胺,苯胺分子离子的断裂,失去 HCN,得 M-27,再失去 H⁺,得 M-28 的峰。

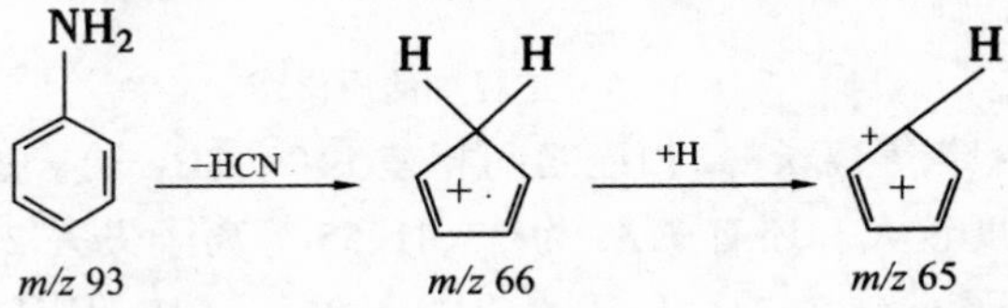

m/z 93　　　　　　m/z 66　　　　　　m/z 65

8. 卤化物

$$C–X (X=F、Cl、Br、I)$$ 断裂

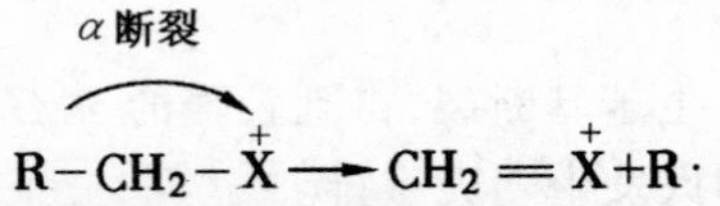

α 断裂

$$R–CH_2–\overset{+}{X} \longrightarrow CH_2=\overset{+}{X}+R\cdot$$

脱 HX 类似于醇脱水,芳香族卤化物失去卤素。

15.5.4 质谱的应用

用质谱仪可测定相对分子量,因许多有机化合物可得到分子离子峰,采用软电离离子源是非常方便的,可直接测定分子离子。分子离子峰多数以(M+1),M+23(M+Na)。M+39(M+K)等峰出现。

利用质谱确定分子式,用同位素丰度法及高分辩质谱法。

利用质谱可测定有机化合物的结构,质谱可以提供化合物的相对分子质量并确定分子式,同时可以通过质谱提供的数据推导化合物的结构。

习　题

1. 下列结构信息由何种光谱提供。

(1)相对分子质量　　(2)共轭体系　　(3)官能团　　(4)质子的化学环境

2. 指出下列化合物的紫外最大吸收(λ_{max})的大小顺序。

(a) 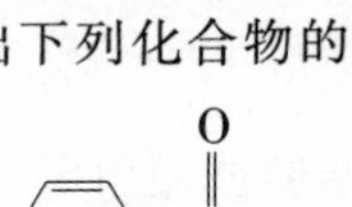 苯甲醛　　　　　(b) 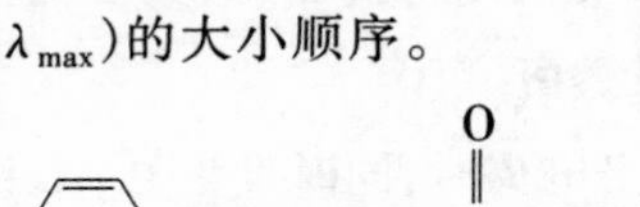 肉桂酸结构

(c)  苯　　　　　　　(d) 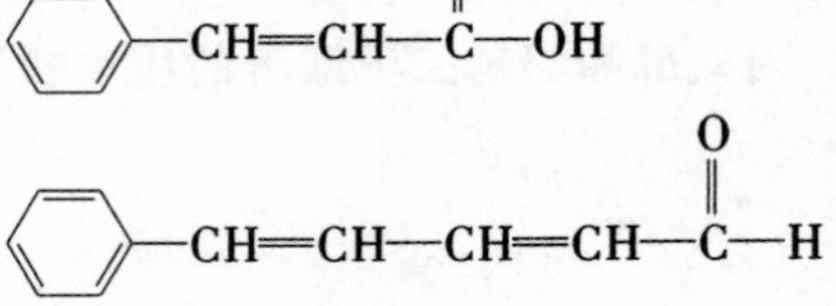 结构

3.指出下列化合物中氢质子化学位移(δ)值的大致范围、裂分峰数目和各质子群的相对峰面积比。

(1)$CH_3CH_2OCH_3$

(2) 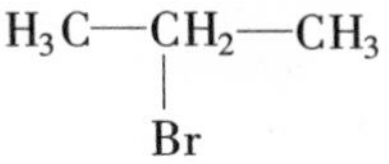 $H_3C\!-\!CH_2\!-\!CH_3$ 中Br在CH₂下方

$$H_3C-\underset{\underset{Br}{|}}{CH_2}-CH_3$$

(3)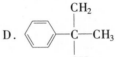

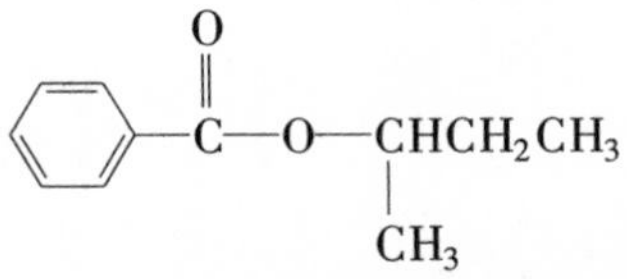

(4)$CH_3CH_2CH_2OH$

4.下面是 $C_{10}H_{14}$ 的核磁共振谱,请根据信号数目、化学位移、积分高度和分裂情况,判断该化合物是下面四个结构式中的哪一个。

A. 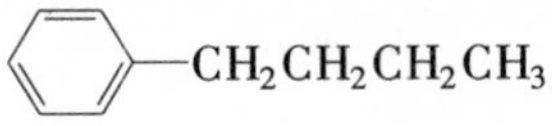 $\langle \text{苯环} \rangle\!-\!CH_2CH_2CH_2CH_3$

B. 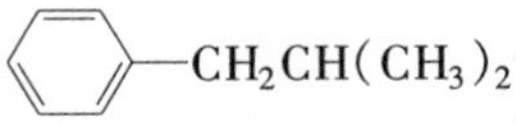 $\langle \text{苯环} \rangle\!-\!CH_2CH(CH_3)_2$

C. 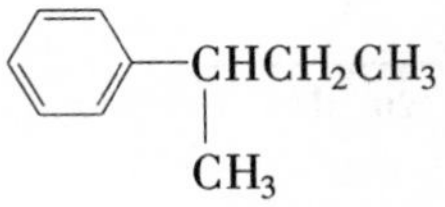 $\langle \text{苯环} \rangle\!-\!\underset{\underset{CH_3}{|}}{CH}CH_2CH_3$

D. $\langle \text{苯环} \rangle\!-\!\underset{\underset{CH_3}{|}}{\overset{\overset{CH_2}{|}}{C}}\!-\!CH_3$

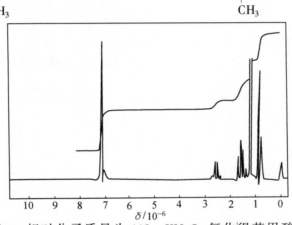

5.某碳氢化合物 A,相对分子质量为 118。$KMnO_4$ 氧化得苯甲酸。A 的 ^1H-NMR 的氢质子峰 δ 分别(10^{-6})为 2.1、5.4、5.5、7.3;其相应峰面积比为 3:1:1:5。试推导 A 的可能结构式。

6.分子式为 C_8H_8 的有机物,具有下述所示的 ^1H-NMR 谱图,试推测该化合物的可能结构式。

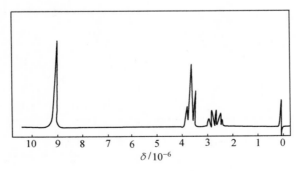

7. 下面指出的 H,它的 ^{1}H – NMR 信号裂分成几主峰?

A. 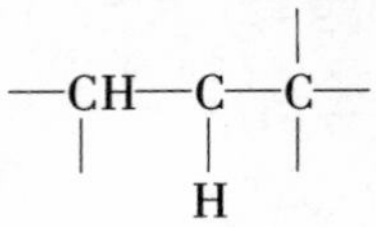 —CH—C—C—
         |
         H

B. —CH—C—C—
               |
               H

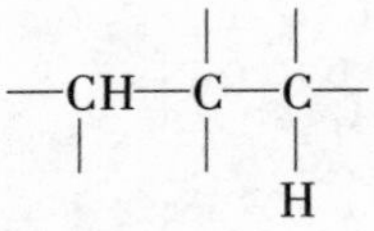

C. —CH₂—C—C—
           |
           H

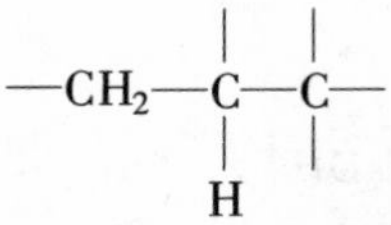

D. 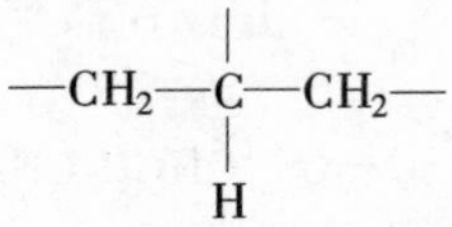 —CH₂—C—CH₂—
            |
            H

8. 2 – 甲基 – 2 – 丁醇是一个叔醇,这里没有分子离子峰。它的四个主要碎片 m/z 73,70,59,55 是通过那些反应形成的?

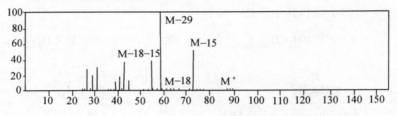

2 – 甲基 – 2 – 丁醇质谱图

9. 试指出下列两张 IR 图是下列化合物中的哪一个。

(1) $C_6H_{14}C≡CH$ (2) $CH_3CH_2COCH_3$

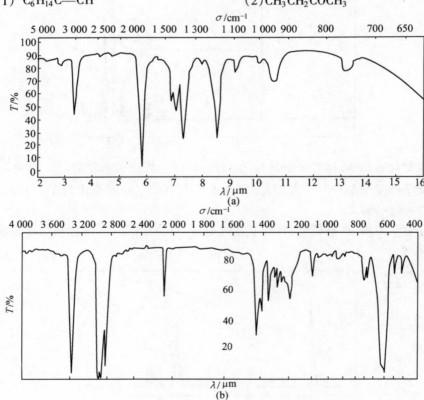

(a)

(b)

10.某化合物的分子式为 C_4H_6O,其光谱性质为:

UV 谱,即在 230 nm 附近有吸收峰,$\varepsilon > 5000$;

^1H – NMR 谱,即 $\delta = 2.03$ 双峰 3H,$\delta = 6.13$ 多重峰 1H,$\delta = 6.87$ 多重峰 1H,$\delta = 9.48$ 双峰 1H;

IR 谱,即在 1 720 cm^{-1}、2 720 cm^{-1}处有强吸收峰。

试推断该化合物的结构式。

参 考 文 献

1 邢其毅等主编.基础有机化学.第 2 版.北京:高等教育出版社,1993
2 徐寿昌主编.有机化学.第 2 版.北京:高等教育出版社,1993
3 傅建熙主编.有机化学.北京:高等教育出版社,2000
4 赵建庄,田孟魁主编.有机化学.北京:高等教育出版社,2003
5 伍越寰等编.有机化学.修订版.合肥:中国科学技术大学出版社,2002
6 徐伟亮主编.有机化学.北京:科学出版社,2002
7 吕以仙等主编.有机化学.第 5 版.北京:人民卫生出版社,2001
8 鲁崇贤,林洪杰主编.有机化学.北京:科学出版社,2003
9 郭灿城主编.有机化学.北京:科学出版社,2001
10 魏荣宝主编.有机化学.天津:天津大学出版社,2003
11 陈宏博主编.有机化学.大连:大连理工大学出版社,2003
12 谷亨杰等主编.有机化学.上海:华东师范大学出版社,1998
13 陈洪超主编.有机化学.成都:四川大学出版社,2003
14 覃兆海等主编.基础有机化学.北京:科学技术文献出版社,2004
15 唐玉海主编.有机化学辅导及典型题解析.西安:西安交通大学出版社,2002
16 王彦广,张珠佳编著.有机化学.北京:化学工业出版社,2004
17 荣国斌,苏克曼编著.有机化学.上海:华东理工大学出版社,2002